基礎から学び考える力をつける

微分積分学

奥村吉孝 著

培風館

本書の無断複写は，著作権法上での例外を除き，禁じられています。
本書を複写される場合は，その都度当社の許諾を得てください。

まえがき

　微分積分学は，17世紀の後半に，ニュートンと少し遅れてライプニッツによって創られた学問であるが，その後の多くの偉大な数学者の貢献によって発展し，現代の科学技術の基礎として必須不可欠な数学となっている。このために，高等学校においても理数系の生徒に対しては，相当な程度の内容まで学習することになっている。大学の理工系の初学年の学生に対しては，必須科目となっている。最近は，大学に入学してすぐ専門分野の講義があるので，偏微分，重積分を含めてできるだけ早く微分積分学の知識を習得することが望ましい。

　本書は，この微分積分学のテキストとして作成されたもので，幅広い学習レベルの学生に適合するように工夫している。微積分は，ニュートンが物体の運動を統一的に記述するための数学的な手段として開発したもので，当初から自然現象の解明と工学的な応用とに密接に結びついている。そのことを念頭に置いて学習するために，処々に物理的な応用について解説している。

　第1章においては，「微分・積分こと始め」として，簡単な整式関数についての微分と積分を概観して，微積分の基本的な概念を早い段階で習得するように試みている。これは他書にはない，本書の特色である。他のテキストでは，関数の微積分に入る前に，関数の定義，数列と関数の極限，関数の連続性等の様々な前提を説明して，やっと微積分の本題に入る。しかし，それでは，その前提を理解するだけで疲れ果ててしまう学生がしばしばみられる。実際には，整式で表される関数の微分・積分を通じて，"微積分の本質"が何かを知ることができる。たとえば，"微積分学の基本定理"は，普通は学期も半分以上が過ぎて定積分を学ぶときにでてくるが，実際は，整式の微積分を通じて理解できるものである。この第1章を学習して"微積分とは何か"を知ることができれば，後の学習の理解も容易になり，その内容も豊富になるだろう。

　第2章では，連続関数についての性質と基本的な初等関数についての解説をし

ている．このうち第 2 章の 3 節「基本的な初等関数」については，初心者向けに解説したもので，いささか初歩的に過ぎて普通のレベルの学生には簡単すぎるかもしれない．そのように思う学生は，読み飛ばしてもよいし，必要となった段階で復習すればよい．

　本書のその後の構成は，第 9 章の「微分方程式」を除いて通常のテキストと同じになっている．「微分方程式」は，第 5 章の積分法の応用としてとり扱ってもよかったが，時間的な余裕がある場合に学習するということで最終章に回した．

　このテキストの内容は，微分積分学で取り扱う項目はすべて網羅している．第 8 章 7 節の「線積分・面積分」については，解説していないテキストが多いが，ベクトル解析につながる重要な事柄なのでとりあげた．そして，それに基づいて，ベクトル解析におけるもっとも重要な定理であるストークスの定理，ガウスの定理の初等的な証明を与えた．余裕のある学生は，是非とも学習してもらいたい．

　このテキストを通じて，基本的な事柄の説明や定理の証明は，懇切丁寧にできるだけ解りやすくしている．全体的には，学生が独学で学習しても十分理解が得られるように工夫して解説している．学習して解らなければ，何度も読み返すことが大事である．解ろうと努力をすることによって，考える力が養えるし，本当の学力もついてくる．解りにくいと思える説明でも，その行間を読み取る努力をすることが大事である．

　数学の学力をつけるためには，例題の解法を理解して問題を自ら手を動かして解くことが大事である．単に，読み飛ばすだけとか，講義を聴くだけでは，"畳の上の水練"で実力はつかない．例題の解法を見てから問題を解くのではなくて，最初から例題を解くぐらいの心構えであると，さらに効果が上がるであろう．

　以上のようなやり方で数学を学習するということは，数学的な知識をつけるだけにとどまらず，文章の読解力を身につけ，物事を論理的に考える力を涵養できることになり，将来的にも，この複雑多岐な社会を生き抜いていく上で大きな力となるであろう．

2012 年 10 月　　奥村吉孝

目 次

第 1 章 微分・積分こと始め   **1**
- 1.1 微分・積分の起源 1
- 1.2 簡単な整式関数の微分・積分 5
  - 1.2.1 微分法 6
  - 1.2.2 積分法 10

第 2 章 関数   **14**
- 2.1 関数の極限 15
- 2.2 連続関数 19
- 2.3 基本的な初等関数 24
  - 2.3.1 有理関数 24
  - 2.3.2 無理関数 31
  - 2.3.3 三角関数 33
  - 2.3.4 指数関数 44
  - 2.3.5 対数関数 47
- 2.4 逆関数 50
- 2.5 合成関数 52
- 2.6 関数の媒介変数表示 53

第 3 章 微分法   **55**
- 3.1 関数の微分 55
- 3.2 初等関数の微分法 60
  - 3.2.1 有理関数の微分 60
  - 3.2.2 無理関数の微分 62
  - 3.2.3 三角関数の微分 64
  - 3.2.4 指数関数の微分 66

		3.2.5 対数関数の微分	68
		3.2.6 三角関数の逆関数の微分	69
	3.3	高次導関数	71
	3.4	媒介変数表示された関数の導関数	75
	3.5	多変数関数の微分 … 偏微分法	76

第4章 微分法の応用 79
- 4.1 曲線の接線 79
- 4.2 物体の速度と加速度 81
- 4.3 平均値の定理とその拡張 83
- 4.4 関数のグラフ 89
- 4.5 関数の級数展開 95
  - 4.5.1 テイラーの定理 95
  - 4.5.2 マクローリン展開 97
- 4.6 方程式の近似解 … ニュートン法 99

第5章 積分法とその応用 101
- 5.1 微分法と積分法の関係 101
- 5.2 不定積分 104
  - 5.2.1 基本的な初等関数の不定積分 104
  - 5.2.2 置換積分法 107
  - 5.2.3 部分積分法 112
  - 5.2.4 分数関数の不定積分 113
  - 5.2.5 三角関数に関する不定積分 116
  - 5.2.6 その他の不定積分 118
- 5.3 定積分 120
  - 5.3.1 広義積分 121
  - 5.3.2 簡単な関数の定積分 123
  - 5.3.3 定積分の置換積分法 125
  - 5.3.4 定積分の部分積分法 128
- 5.4 積分法の応用 129
  - 5.4.1 面積 129
  - 5.4.2 体積 133

	5.4.3	曲線の長さ	135
	5.4.4	放物運動への応用	137
5.5	定積分の近似計算		140

第 6 章　偏微分法　143

- 6.1 簡単な多変数関数 143
- 6.2 関数の極限と連続性 145
- 6.3 偏導関数 147
- 6.4 合成関数の微分法 153
- 6.5 変数変換 156
  - 6.5.1 極座標 156
  - 6.5.2 球座標 158
  - 6.5.3 その他の変数変換 159
  - 6.5.4 2 次の偏導関数の変数変換 160

第 7 章　偏微分法の応用　162

- 7.1 全微分 162
- 7.2 多変数関数の展開 165
- 7.3 2 変数関数の極値 167
- 7.4 陰関数とその極値 171
- 7.5 ラグランジェの未定乗数法 176
  - 7.5.1 条件付きの 2 変数関数の極値 176
  - 7.5.2 条件付きの多変数関数の極値 178
- 7.6 曲線と曲面 182
  - 7.6.1 曲線とその接線，法線 182
  - 7.6.2 曲面とその接平面，法線 184

第 8 章　重積分とその応用　186

- 8.1 重積分の定義と性質 187
- 8.2 重積分の計算 189
  - 8.2.1 長方形領域での重積分 189
  - 8.2.2 一般領域での重積分 191
- 8.3 変数変換 196

- 8.4 広義積分 199
- 8.5 3重積分 201
- 8.6 体積と曲面積 205
  - 8.6.1 体積 205
  - 8.6.2 曲面積 207
- 8.7 線積分と面積分 209
  - 8.7.1 線積分 209
  - 8.7.2 面積分 212
  - 8.7.3 ストークスの定理とガウスの定理 213

第9章 微分方程式　217

- 9.1 1階常微分方程式 217
  - 9.1.1 変数分離形 217
  - 9.1.2 1階線形微分方程式 219
- 9.2 2階線形微分方程式 220
  - 9.2.1 定数係数2階線形同次微分方程式 222
  - 9.2.2 定数係数2階線形非同次微分方程式 225
- 9.3 微分方程式の応用 228
  - 9.3.1 空気抵抗がある放物運動 228
  - 9.3.2 強制振動 230
  - 9.3.3 電気回路 232

問題解答　233

第1章　微分・積分こと始め

　この章においては，微分と積分がどのようにして創りだされてきたかを，簡単な1次元の物体の運動を取り上げて説明する。そして，できるだけ早く微積分に慣れ親しむために，簡単な整式で表される整式関数の微分・積分の概要を説明する。

1.1　微分・積分の起源

　微分・積分は，物体の運動を記述するための数学的な手段として，17世紀後半に，ニュートンによって創設された学問[注1)]である。なぜ，物体の運動を表すために微分・積分が必要であったかを簡単に説明する。

　物体がどのように運動しているかを知るためには，任意の時刻における物体の位置，および速度を知らなければならない。物体の位置は，座標系を設けて表すことができるが，速度はどのようにして表されるかを考える。まず，速度の定義は

$$\text{平均速度} = \frac{\text{移動した距離}}{\text{かかった時間}} \tag{1.1}$$

である。自動車で，距離90kmを2時間で移動すれば，自動車の速度は時速45kmである。この速度は，上の定義式にも書いたように，あくまで平均速度である。実際には，赤信号であればブレーキを踏んで減速して車はストップするし，青信号になれば，アクセルを踏んで加速して速度は徐々に大きくなる。したがって，物体の運動を正確に知るためには，任意の時刻における**瞬間的な速度**を知らなければならない。これを知るために，物体が直線上を運動しているとし，座標系を設け物体の位置を，時間の関数として $x = x(t)$ と表す。

[注1)]歴史的には，ニュートンとは独立にライプニッツによっても，異なった立場から微分積分学が創られている。日本でも，江戸時代初期の和算家関孝和による「発微算法」によって，微分積分学の萌芽的な考えが出されている。

```
        x = x(t)           x = x(t+h)
─────────•──────────────────────•──────────▶
         A                      B
```

図 1.1

時刻 t に点 A にいた物体が，時刻 $t+h$ に点 B に移動したときの平均速度は定義式 (1.1) によって

$$\bar{v} = \frac{x(t+h) - x(t)}{h}$$

となる。$\bar{v}$ は，物体が A 点から B 点まで移動したときの平均速度である。では，時刻 t における物体の速度はどうなるであろうか。この式から，時刻 t における速度は h を限りなく小さくしていけば求まることが容易にわかる。

$$\bar{v} = \frac{x(t+h) - x(t)}{h} \xrightarrow{h \to 0} v = v(t)$$

この式を，極限の記号を用いて

$$v(t) = \lim_{h \to 0} \frac{x(t+h) - x(t)}{h} \tag{1.2}$$

と表す。この式が，**微分の定義式**であり，微分の起源ともいえる式である。

さらに，物体の運動を記述するためには，物体の加速度を知らなければならない。よく知られているように，ニュートン力学の根幹を成す第二法則は，

♣ 物体の質量と加速度の積は，その物体に作用している力に等しい　　(1.3)

である。したがって，物体の運動を求めるためには，加速度の概念を知らなければならない。速度が，位置の時間的な変化分であるのに対して，加速度は，速度の時間的な変化分である。したがって，平均加速度は

$$\bar{a} = \frac{v(t+h) - v(t)}{h}$$

で与えられる。時刻 t における加速度は (1.2) と同様にして

$$a(t) = \lim_{h \to 0} \frac{v(t+h) - v(t)}{h} \tag{1.4}$$

となる。自動車の運転では，ブレーキを踏んで減速しているときは負の加速度で，アクセルを踏んで速度が増加しているときは正の加速度で運動していることになる。

1.1. 微分・積分の起源

式 (1.2), (1.4) を,

$$v = \frac{dx}{dt}, \qquad a = \frac{dv}{dt} \tag{1.5}$$

と表す。加速度 $a = a(t)$ は, 位置関数 $x = x(t)$ によって

$$a = \frac{dv}{dt} = \frac{d}{dt}\left(\frac{dx}{dt}\right) = \frac{d^2x}{dt^2} \tag{1.6}$$

と書き表される。(1.5) は 1 次微分の式であり, (1.6) は 2 次微分の式である。

運動の第 2 法則 (1.3) を式で書き表すと

$$ma = m\frac{dv}{dt} = m\frac{d^2x}{dt^2} = F \tag{1.7}$$

となる。この式は, 運動方程式と言われる。m が物体の質量, F が作用している力である。式 (1.7) において作用する力 F が分かっている時に, 物体がどのような運動をするかを知るためには, 運動方程式 (1.7) を満たす速度 $v(t)$, 続いて位置関数 $x(t)$ を見出せばよい。この過程で**関数を積分**するという操作が必要になる。力が簡単な時間の関数 $F = F(t)$ であるとすると

$$\frac{dv}{dt} = \frac{F(t)}{m}$$

となる。この式では v が未知関数である。v を求めるためには, 微分すれば右辺の $\frac{F(t)}{m}$ となる関数を求めればよい。この操作が積分であり

$$\frac{dv}{dt} = \frac{F(t)}{m} \quad \Longleftrightarrow \quad v = \int \frac{F(t)}{m}\, dt$$

のように積分記号を使って書く。このようにして速度が求まると, 次に同じ積分の操作で位置が時間の関数として求まる。(1.5) より

$$\frac{dx}{dt} = v(t) \quad \Longleftrightarrow \quad x = \int v(t)\, dt$$

となって, 物体の運動が求まる。

以上をまとめると次のようになる。

- 関数の微分は (1.2) が始まりであり, 位置を微分すれば速度であり, 速度を微分すれば加速度になる。

$$\begin{aligned}
v &= \frac{dx}{dt} = \lim_{h \to 0} \frac{x(t+h) - x(t)}{h} \\
a &= \frac{dv}{dt} = \lim_{h \to 0} \frac{v(t+h) - v(t)}{h}
\end{aligned} \tag{1.8}$$

- 積分は，運動方程式 (1.7) から，速度，続いて位置を求めることから始まった．

$$\begin{aligned} \frac{dv}{dt} &= a(t) &\iff& \quad v = \int a(t)\,dt \\ \frac{dx}{dt} &= v(t) &\iff& \quad x = \int v(t)\,dt \end{aligned} \tag{1.9}$$

例題 1.1 物体の位置が時間の関数として $x = t^2$ となっている．速度 v，加速度 a を求めよ．

解答：速度は (1.2) より

$$v(t) = \frac{d\,t^2}{dt} = \lim_{h \to 0} \frac{(t+h)^2 - t^2}{h} = \lim_{h \to 0} \frac{2th + h^2}{h} = \lim_{h \to 0}(2t + h) = 2t$$

となる．加速度は (1.4) より

$$a(t) = \frac{d\,(2t)}{dt} = \lim_{h \to 0} \frac{2(t+h) - 2t}{h} = \lim_{h \to 0} 2 = 2$$

となる．

例題 1.2 物体の加速度が，g を定数として $a = -g$ となっている．任意の時刻における物体の速度 v と位置 x を求めよ．ただし，$t = 0$ での速度，位置を，それぞれ v_0, x_0 とする．（g を重力加速度 $9.8\ \mathrm{m/s^2}$ とすると，この運動は，空気抵抗を無視した物体の鉛直方向の運動となる．）

解答：C を定数として $f(t) = C$ を微分する．

$$\frac{df}{dt} = \lim_{h \to 0} \frac{f(t+h) - f(t)}{h} = \lim_{h \to 0} \frac{C - C}{h} = 0$$

したがって，定数を微分すれば 0 となる．このことと，例題 1.1 の結果，(1.9) の関係を用いて問題を解く．

$$a = \frac{dv}{dt} = -g \quad \iff \quad v = \int -g\,dt = -gt + C_1$$

となる．C_1 は積分定数である．右辺を微分すれば $a = -g$ となることは明らかである．$t = 0$ とすれば，$v = v_0$ なので $C_1 = v_0$ である．よって

$$v = -gt + v_0$$

1.2. 簡単な整式関数の微分・積分

となる。例題 1.1 の結果と (1.9) の関係を用いると

$$v = \frac{dx}{dt} = -gt + v_0 \quad \Longleftrightarrow \quad x = \int (-gt + v_0)\,dt = -\frac{1}{2}gt^2 + v_0 t + C_2$$

$t = 0$ とすれば, $x = x_0$ なので $C_2 = x_0$ である。よって

$$x = -\frac{1}{2}gt^2 + v_0 t + x_0$$

となる。

以上において,微分と積分がいかにして考えだされたか,そして,物体の直線上の運動を理解するためには,微分と積分が重要な数学的な手段となることを説明した。物体の3次元空間における運動,複雑な形状をした物体の体積,表面積を知るためには微分と積分を基礎とした数学が必須である。その他,理工学の諸問題を理解するためには,微積分の知識が必須であることを知るべきである。

問題 1.1 次の問題を解け。

(1) 物体の位置が時間の関数として $x = t^2 + t + 1$ となっている。速度 v, 加速度 a を求めよ。

(2) 物体の加速度が, $a = 1$ となっている。この物体の速度 v, 位置 x を求めよ。ただし, $t = 0$ での速度,位置を,それぞれ 1, 1 とする。

1.2　簡単な整式関数の微分・積分

関数の微分・積分と聞くと非常に難しく思ってしまって,それだけで尻込みする学生がいるが,前節でみたように,簡単な数式の変形で,関数の微分・積分が求まる。他のテキストでは,関数の微積分に入る前に,関数の定義,数列と関数の極限,関数の連続性等の様々な前提を説明して,やっと微積分の本題に入る。しかし,それでは,その前提を理解するだけで疲れ果ててしまう学生がしばしばみられる。この節では,そのような前提なしで,整式で表される整式関数[注1]の微分・積分を通じて,**微積分の本質**が何かを説明する。前節の物体の直線上の運動と合わせて,微積分への理解を深めてもらいたい。

[注1] n を 0 か正の整数として $f(x) = \sum_{k=0}^{n} a_k x^k$

1.2.1 微分法

高等学校でよく出てくる関数として 2 次関数がある。a, b, c を定数として，
$$y = ax^2 + bx + c \tag{1.10}$$
と表される。ここでは，この 2 次関数を
$$y = x^2$$
として，曲線の接線について説明する。この 2 次関数は，図 1.2 に示すように頂点が原点 $(0,0)$ にあり，軸が $x = 0$ の放物線である。この関数のグラフを描くと右図のようになる。図にあるように，この放物線上に点 A, B をとる。A, B の座標を

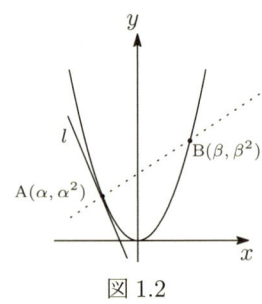

図 1.2

$$\mathrm{A}(\alpha, \alpha^2), \quad \mathrm{B}(\beta, \beta^2)$$
として，直線 AB の方程式を求める。直線 AB の傾きは
$$m = \frac{\beta^2 - \alpha^2}{\beta - \alpha} = \beta + \alpha$$
となる。よって直線 AB の方程式は
$$y = (\beta + \alpha)(x - \alpha) + \alpha^2$$
となる。放物線の上の点 $\mathrm{A}(\alpha, \alpha^2)$ における接線は，点 B を点 A に限りなく近づけて得られることは，図から明らかである。$\beta \to \alpha$ とすると，図 1.2 の接線 l の方程式は
$$y = 2\alpha(x - \alpha) + \alpha^2 \tag{1.11}$$
となる。この接線の傾きを求めるという極限操作が，微分と密接に関係している。

そこで，この放物線の上の点 A の座標を一般的に (x, x^2) で表して，この点における接線の傾きを求める。点 B は，A 点から少し離れた点であることを考慮し h を小さな数であるとして，その座標を $(x+h, (x+h)^2)$ とする。直線 AB の傾きは
$$\bar{m} = \frac{(x+h)^2 - x^2}{(x+h) - x}$$

1.2. 簡単な整式関数の微分・積分

となる。点 A における接線の傾きは，$\bar{m}$ における h を限りなく小さくしていった極限として得られることは図から明らかである。h を限りなく 0 に近づける操作を極限の記号を使って

$$\lim_{h \to 0} \bar{m}$$

と書く。よって，接線の傾きを m とすると

$$m = \lim_{h \to 0} \frac{(x+h)^2 - x^2}{(x+h) - x} = \lim_{h \to 0} \frac{2xh + h^2}{h} = \lim_{h \to 0} (2x + h) = 2x \tag{1.12}$$

となる。$x = \alpha$ とすると，当然，接線 (1.11) の傾き 2α と一致する。

この (1.12) における一連の操作が，**関数 $y = x^2$ を微分する**ということに対応する。(1.12) における接線の傾き m は，x によって書かれているので関数である。この関数を**導関数**といって

$$\frac{dy}{dx} = 2x \tag{1.13}$$

と表す。したがって，導関数 (1.13) は，関数 $y = x^2$ をグラフで書いたときの，接線の傾きを表す関数である。

一般の関数 $y = f(x)$ についても同様で，導関数は

$$\frac{dy}{dx} = \lim_{h \to 0} \frac{f(x+h) - f(x)}{(x+h) - x} = \lim_{h \to 0} \frac{f(x+h) - f(x)}{h} \tag{1.14}$$

で定義される。この式の極限操作を行って得られる関数が $y = f(x)$ の導関数であり，その**導関数**は，グラフの上の点 $(x, f(x))$ における**接線の傾き**を表す関数である。この導関数の書き方として y', $f'(x)$ と書くこともある。

導関数を求める式 (1.14) と，前節で，速度を定義した式 (1.2) は，同じ形をしていて共に微分の定義式である。変数は違っていても，内容は同等であることを深く認識すべきである。前節の $x = x(t)$ をグラフで書いてみると，そのグラフの接線が速度に対応することは，容易に理解できることである。

例題 1.3 $y = 2x^2 - 3x + 1$ を微分して導関数を求めよ。そして，この関数のグラフの上の点 $(2, 3)$ における接線を求めよ。

解答：(1.14) によって

$$\begin{aligned}
y' &= \lim_{h \to 0} \frac{(2(x+h)^2 - 3(x+h) + 1) - (2x^2 - 3x + 1)}{h} \\
&= \lim_{h \to 0} \frac{(2(2xh + h^2) - 3h}{h} = \lim_{h \to 0} (4x - 3 + 2h) = 4x - 3
\end{aligned}$$

よって，導関数は $y' = 4x - 3$ となる．接線の傾きは，$x = 2$ を代入すると $y' = 5$ となり，接線は $y = 5(x - 2) + 3 = 5x - 7$ となる．

- この例題と同様にして，(1.10) の $y = ax^2 + bx + c$ を微分すると

$$\frac{dy}{dx} = 2ax + b$$

が得られる．これより，整式関数の導関数は項別に微分することによって得られることがわかる．

例題 1.4 $y = x^3 - 3x^2$ を微分して導関数を求めよ．そして，この関数のグラフの上の x 座標が $x = 1$ である点における接線を求めよ．

解答：導関数は，項別に微分することによって求めることができるので，まず，$y_1 = x^3$ を微分する．(1.14) によって

$$y_1' = \lim_{h \to 0} \frac{(x+h)^3 - x^3}{h} = \lim_{h \to 0} \frac{3x^2 h + 3xh^2 + h^3}{h}$$
$$= \lim_{h \to 0} (3x^2 + 3xh + h^2) = 3x^2$$

よって，導関数は

$$y' = 3x^2 - 6x$$

となる．$x = 1$ を代入して，接線の傾きを求めると $y' = -3$ となる．グラフの上の x 座標が $x = 1$ である点の y 座標は $y = 1^3 - 3 \cdot 1^2 = -2$ となる．これより，接線の方程式は $y = -3(x - 1) - 2 = -3x + 1$ となる．

例題 1.5 $y = x^4$ を微分して導関数を求めよ．そして，この関数のグラフの上の x 座標が $x = -1$ である点における接線を求めよ．

解答：(1.14) によって

$$\frac{dy}{dx} = (x^4)' = \lim_{h \to 0} \frac{(x+h)^4 - x^4}{h} = \lim_{h \to 0} \frac{4x^3 h + 6x^2 h^2 + 4xh^3 + h^4}{h}$$
$$= \lim_{h \to 0} (4x^3 + 6x^2 h + 4xh^2 + h^3) = 4x^3$$

したがって，$x = -1$ における接線の傾きは $y' = -4$ となる．グラフの上の x 座標が $x = -1$ である点の y 座標は $y = 1$ となる．これより，接線の方程式は $y = -4(x + 1) + 1 = -4x - 3$ となる．

1.2. 簡単な整式関数の微分・積分

以上の内容をまとめると次のようになる。

1. 関数 $y = f(x)$ を微分して得られる導関数 $f'(x)$ は，次の式で定義される。
$$\frac{dy}{dx} = f'(x) = \lim_{h \to 0} \frac{f(x+h) - f(x)}{h} \tag{1.15}$$

2. 導関数 $f'(x)$ は，$y = f(x)$ のグラフ上の点 $(x, f(x))$ の接線の傾きを表す関数である。

3. 簡単な整式関数の導関数
$$\begin{aligned}(C)' &= 0, \quad C \text{ は定数} \\ (x)' &= 1 \\ (x^2)' &= 2x \\ (x^3)' &= 3x^2 \\ (x^4)' &= 4x^3\end{aligned} \tag{1.16}$$

4. 上記より，n を整数として
$$(x^n)' = nx^{n-1} \tag{1.17}$$
が推測できる。この公式の証明は第 3 章で行う。

5. 整式関数の微分は項別に行うことができる。したがって
$$(ax^3 + bx^2 + cx + d)' = 3ax^2 + 2bx + c \tag{1.18}$$

問題 1.2 微分の定義式 (1.15) にしたがって，次の関数の導関数を求めよ。

(1) $f(x) = 2x^2 - 3x + 1$ (2) $f(x) = x^3 - 5x$ (3) $f(x) = 3x^4$

(4) $f(x) = -3x^2 + 2x + 5$ (5) $f(x) = 2x^3 + 6x$ (6) $f(x) = -2x^4 + x$

問題 1.3 次の関数を微分して導関数を求めよ。そして，その関数のグラフの上の x 座標が $x = 1$ である点における接線の方程式を求めよ。

(1) $f(x) = x^2 - 3x + 1$ (2) $f(x) = 2x^2 - 5$ (3) $f(x) = -3x^2 + 4x$

(4) $f(x) = x^3 - 3x$ (5) $f(x) = 2x^3 - 3x - 5$ (6) $f(x) = x^4 - 5x$

1.2.2 積分法

積分法は，図形の面積を求める方法であり，古来から，実用面における必要からいろいろな方法が考えられてきた．その基本的な考え方は，面積を求めようとしている図形を，長方形，三角形に分けて面積を求め，それを加え合わせて全体の図形の面積を求めるというやり方である．"積分"というのは，"分けて積み重ねる"という意味を持っている．この面積の求め方を**区分求積法**という．しかし，直線で囲まれた図形の面積であれば，この方法で簡単に面積を求められるが，周囲が曲線になっているときは，その図形を埋め尽くすためには微小な長方形，三角形が必要になり，全体の面積を求めるためには無限個の長方形，三角形の面積和を計算しなければならない．例を挙げて説明する．

右の図にあるように，関数 $y=x^2$ のグラフの $x=0$ から $x=1$ までの面積 S を区分求積法で求める．図のように，区間 $[0,1]$ を n 個の区間に等分する．図の $\dfrac{k-1}{n} \leq x \leq \dfrac{k}{n}$ の領域の $y=x^2$ の下部の面積と，その上下にある二つの長方形の面積を比べることによって，次の不等式が成り立つ．

$$\sum_{k=1}^{n} \frac{1}{n}\left(\frac{k-1}{n}\right)^2 < S < \sum_{k=1}^{n} \frac{1}{n}\left(\frac{k}{n}\right)^2$$

図 1.3

和をとると

$$\frac{1}{n^3}\frac{(n-1)n(2n-1)}{6} < S < \frac{1}{n^3}\frac{n(n+1)(2n+1)}{6}$$

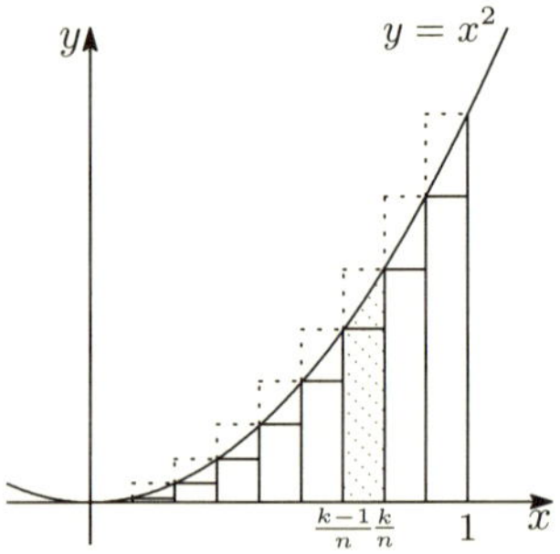

となる．この式は

$$\frac{1}{6}\left(1-\frac{1}{n}\right)\left(2-\frac{1}{n}\right) < S < \frac{1}{6}\left(1+\frac{1}{n}\right)\left(2+\frac{1}{n}\right)$$

と変形できる．n を無限大にすることによって面積が求まり

$$S = \frac{1}{3} \tag{1.19}$$

となる．

この例の関数 $y=x^2$ の場合は，面積を求めるとき $\sum_{k=1}^{n} k^2$ が出てきて，和を求めることができた．しかし，複雑な関数の場合は和を求めることは困難になる．たとえば $y=x\sin x$ の場合は，$\sum_{k=1}^{n} \dfrac{k}{n^2}\sin\dfrac{k}{n}$ が出てきて，和を求めることは簡単にはできない．

1.2. 簡単な整式関数の微分・積分

この困難を解消したのがニュートン，ライプニッツによって独立に開発された積分法である．この方法を，図 1.4 に示すような関数 $f(x)$ を例にとって説明する．

右の図にあるように，関数 $y = f(x)$ のグラフの 0 から x までの点の入った部分の面積を $S(x)$ とする．横線の入った部分まで含めると，面積は $S(x+h)$ となる．この面積の差 $S(x+h) - S(x)$ は，横線の入った部分の面積となる．右図から，その差の面積と，図にある 2 つの長方形の面積を比べると，次の不等式が成り立つ．

$$f(x)h < S(x+h) - S(x) < f(x+h)h \tag{1.20}$$

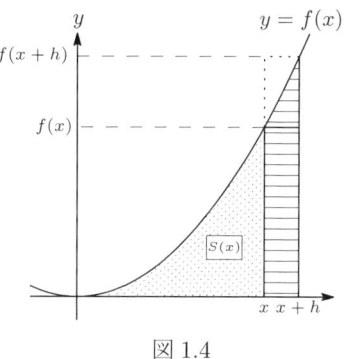

図 1.4

2 つの長方形は，2 つとも底辺の長さは h であり，高さが，$f(x)$ と $f(x+h)$ であるので，不等式 (1.20) が成り立つ．(1.20) を h で割ると

$$f(x) < \frac{S(x+h) - S(x)}{h} < f(x+h)$$

となる．この不等式で，$h \to 0$ とする極限をとると

$$\lim_{h \to 0} \frac{S(x+h) - S(x)}{h} = f(x) \tag{1.21}$$

この式と，導関数の定義式 (1.14) を比べると，"面積を表す関数 $S(x)$ を微分すると関数 $f(x)$ となる"という重要な結論が出てくる．すなわち

$$\frac{dS(x)}{dx} = f(x) \tag{1.22}$$

が成り立つ．この式が，**微分積分学の基本定理**と言われる重要な式である．(1.22) では，$f(x)$ が分かっている関数であり，$S(x)$ が未知関数である．(1.22) を積分記号を使って書くと

$$\frac{dS(x)}{dx} = f(x) \quad \Longleftrightarrow \quad S(x) = \int f(x)\, dx \tag{1.23}$$

となる．この面積を表す関数 $S(x)$ は，図から $x=0$ のとき 0 となるので，条件 $S(0) = 0$ が必要である．

$f(x) = x^2$ の場合は次のようになる．

$$\frac{dS(x)}{dx} = x^2 \iff S(x) = \int x^2 \, dx$$

(1.16) によって $(x^3)' = 3x^2$ だから

$$S(x) = \frac{1}{3}x^3 + C$$

となる．C は積分定数である．条件 $S(0) = 0$ より $C = 0$ となる．よって

$$S(x) = \frac{1}{3}x^3$$

となる．区分求積法の結果と比較するために $x = 1$ とおくと，$S(1) = \frac{1}{3}$ となって (1.19) と一致する．

一般的に $f(x)$ を既知の関数としたとき，(1.23) を満たす関数を**不定積分**という．不定積分には，積分定数 C が含まれ，問題に応じてある値に決定される．

このようにして，ニュートン，ライプニッツの積分法は，面倒な級数の無限和を求める計算をすることもなく，**積分する**という操作でもって面積が求まる．$f(x) = x\sin x$ のような複雑な関数の場合は，無限和を求めることは難しいが，ニュートン，ライプニッツの積分法では，上記で述べた積分するという操作で簡単に面積を求めることができる．無限和を求めることができない関数もある．次に出す例題，問題を自分で計算することによって，このニュートン，ライプニッツの積分法の威力を実感していただきたい．

例題 1.6 $y = x^2 - 2x + 2$ のグラフを描き，この曲線と x 軸，y 軸，直線 $x = 3$ で囲まれる部分の面積を求めよ．

解答：$y = (x-1)^2 + 1$ と変形すると，この曲線は軸が $x = 1$ で頂点が $(1, 1)$ の放物線であることがわかる．図の点の入った部分の区間 $[0, x]$ の面積を $S(x)$ とする．$S(x)$ は

$$\frac{dS(x)}{dx} = x^2 - 2x + 2$$

を満たす．(1.16) によって $(x^3)' = 3x^2$, $(x^2)' = 2x$, $(x)' = 1$ だから

$$S(x) = \int (x^2 - 2x + 2) \, dx = \frac{1}{3}x^3 - x^2 + 2x + C$$

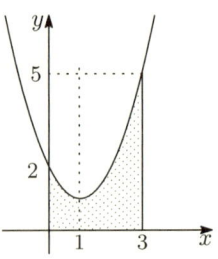

1.2. 簡単な整式関数の微分・積分

となる。$S(0) = 0$ なので $C = 0$ である。よって $S(x) = \frac{1}{3}x^3 - x^2 + 2x$ となる。求める面積は $S(3) = 6$ となる。

例題 1.7 $y = x^2 + 2x - 3$ のグラフを描き，この曲線と x 軸，および，直線 $x = 2$ で囲まれる部分の面積を求めよ。

解答：$y = (x+1)^2 - 4$ と変形すると，この曲線は軸が $x = -1$ で頂点が $(-1, -4)$ の放物線であることがわかる。右図のようになる。

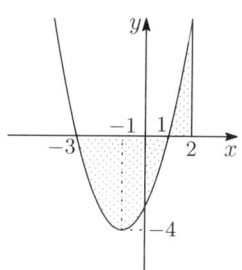

$$\frac{dS(x)}{dx} = x^2 + 2x - 3$$

となる面積を表す関数 $S(x)$ を求める。(1.16) によって $(x^3)' = 3x^2$, $(x^2)' = 2x$, $(x)' = 1$ だから

$$S(x) = \int (x^2 + 2x - 3)\, dx = \frac{1}{3}x^3 + x^2 - 3x + C$$

面積と微分を関連付けた議論から，$f(x) < 0$ の領域からは，面積も負となって出てくる。したがって，$f(x)$ が負の部分と正の部分に分けて面積を求める。$-3 \leqq x \leqq 1$ では $f(x) \leqq 0$ である。$x = -3$ を起点とすると $S(-3) = 0$ となるので $C = -9$ となる。これより $S(x) = \frac{1}{3}x^3 + x^2 - 3x - 9$ である。したがって，負になっている部分の面積は $-S(1) = \frac{32}{3}$ となる。
$1 \leqq x \leqq 2$ では $f(x) \geqq 0$ である。$S(1) = 0$ とすると $C = \frac{5}{3}$ となる。よって $S(x) = \frac{1}{3}x^3 + x^2 - 3x + \frac{5}{3}$ である。これより，正の部分の面積は $S(2) = \frac{7}{3}$ となる。よって求める面積の和は $S = \frac{32}{3} + \frac{7}{3} = 13$ である。

問題 1.4 次の関数の不定積分を求めよ。

(1) $f(x) = -2x + 1$ (2) $f(x) = x^2 - 4x + 2$ (3) $f(x) = -3x^2 + 4x$

(4) $f(x) = x^3 - 3x$ (5) $f(x) = 2x^3 - 3x - 5$ (6) $f(x) = -x^4 + 2x$

問題 1.5 次の関数と x 軸で囲まれる部分の面積を求めよ。

(1) $f(x) = -x^2 + 3x$ (2) $f(x) = x^2 - 3x + 2$ (3) $f(x) = -3x^2 + 6x$

(4) $f(x) = x^2 - 4x - 12$ (5) $f(x) = x^2 - x - 2$ (6) $f(x) = -x^2 + 5x$

第2章　関数

　図 2.1 に表わすように，集合 X の元 x に対して，集合 Y の元 y を対応させる関係を"**写像**"といっているが,, この集合 X, Y が数の集合であるとき，この対応関係を"**関数**"といって $\boldsymbol{y} = \boldsymbol{f(x)}$ と表す．

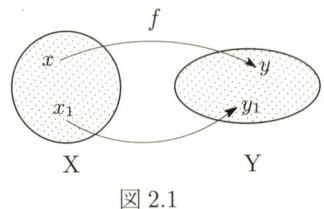

図 2.1

　最も簡単な関数は $f(x) = x$ であり，対応関係は $y = x$ である．これは実数から実数への恒等写像を表す．図 2.2 にあるように，数直線上に原点と単位の長さをもうけて，原点からの距離 (原点から右は $+$，左は $-$) を実数に対応させると，実数全体は，数直線を隙間なく埋め尽くすことはよく知られた事実である．この事実が**連続性**の起源である．このことを，数列 a_n $(= 1, 2, 3, \cdots)$ を用いて，少し

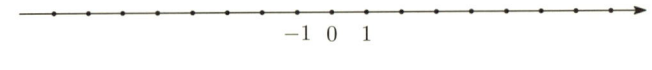

図 2.2

数学的な表現で説明する．次の数列を考える．$n = 1, 2, 3, \cdots \to \infty$ として

$$a_n = 4\left(1 - \frac{1}{3} + \frac{1}{5} - \frac{1}{7} + \cdots + \frac{(-1)^{n-1}}{2n-1}\right)$$

とする．この数列は，円周率 π に収束する数列である．よく知られたように，円周率は

$$\pi = 3.14159265358979323846264338327 95\cdots$$

2.1. 関数の極限

のように，繰り返しなしでどこまでも続く無理数である．これに対して，a_n は分数の和からなる有理数である．実数は，有理数と無理数を含めた集合であるので，このようにして収束する数列の収束点は必ず実数である．この実数の性質を**完備**であるという．この実数の完備性が，数直線を隙間なく埋め尽くす**連続性**と密接に関連している．

次に，関数についての用語を説明する．関数 $y = f(x)$ について，x が決まれば，それに対応して y が決まるという関係であるので，x を**独立変数**，y を**従属変数**という．x のとる範囲を，関数 $f(x)$ の**定義域**という．それに対して，y のとる範囲を**値域**という．定義域を

$$a \leqq x \leqq b \quad を \quad [a, b]$$
$$a < x < b \quad を \quad (a, b)$$

等として表す．$[a, b]$ を閉区間，(a, b) を開区間という．無限大を，∞ なる記号で表す．実数の全体 R は，マイナス無限大からプラス無限大までの値をとるので

$$R = (-\infty, \infty)$$

である．

2.1 関数の極限

関数 $f(x)$ において，変数 x が，定数 a に限りなく近づいたときの極限を

$$\lim_{x \to a} f(x)$$

と書く．特に，x が，a より大きいところから近づいたときの極限を

$$\lim_{x \to a+0} f(x)$$

小さいところから近づいたときの極限を

$$\lim_{x \to a-0} f(x)$$

と書く．この二つの極限が，図 2.3a のように異なることもある．

$$\lim_{x \to a+0} f(x) = \beta, \qquad \lim_{x \to a-0} f(x) = \alpha.$$

二つの極限が一致して，$\alpha = \beta$ であるとき

$$\lim_{x \to a} f(x) = \alpha \tag{2.1}$$

と書く。このとき，グラフは，図 2.3b のようになる。

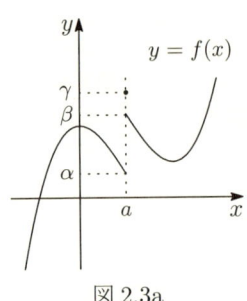

図 2.3a

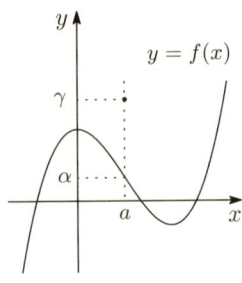

図 2.3b

極限 $\lim_{x \to a} f(x)$ において，a は，関数 $f(x)$ の定義域に含まれていても，いなくてもよい。**極限は，x を a に限りなく近づける操作であり $x = a$ とすることではない**。a が，定義域に含まれている場合，$x = a$ における関数の値を $f(a) = \gamma$ としたとき，γ は，図 2.3a, 図 2.3b のように α, β と異なっていてもよいし，$\gamma = \alpha$ でもよい。関数 $f(x)$ のグラフが図 2.4 のような場合は

$$\lim_{x \to a-0} f(x) = -\infty$$
$$\lim_{x \to a+0} f(x) = \infty$$

となる。関数の極限に関して，次の定理が成り立つ。

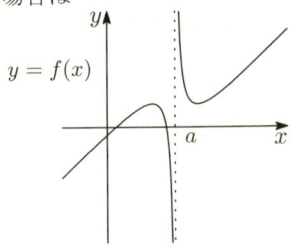

図 2.4

定理 2.1

α, β を有限な定数として $\lim_{x \to a} f(x) = \alpha$, $\lim_{x \to a} g(x) = \beta$ であるとき

(1) $\lim_{x \to a}(f(x) + g(x)) = \alpha + \beta$ (2) $\lim_{x \to a} cf(x) = c\alpha$ （c は定数）

(3) $\lim_{x \to a} f(x)g(x) = \alpha\beta$ (4) $\lim_{x \to a} \dfrac{f(x)}{g(x)} = \dfrac{\alpha}{\beta}$ （$\beta \neq 0$）

2.1. 関数の極限

証明：(1) と (3) を証明する。

(1)　　$|(f(x)+g(x))-(\alpha+\beta)| = |(f(x)-\alpha)+(g(x)-\beta)|$

$\qquad \leqq |f(x)-\alpha|+|g(x)-\beta| \xrightarrow{x \to a} 0,$　　よって (1) が成り立つ。

(3)　　$|f(x)g(x)-\alpha\beta| = |(f(x)-\alpha)g(x)+\alpha(g(x)-\beta)|$

$\qquad \leqq |f(x)-\alpha||g(x)|+|\alpha||g(x)-\beta| \xrightarrow{x \to a} 0,$　　よって (3) が成り立つ。

関数の極限の大小関係において次のことが成り立つ。

定理 2.2

α, β を有限な定数として $\lim_{x \to a} f(x) = \alpha,\ \lim_{x \to a} g(x) = \beta$ であるとき

(1)　x が十分 a に近いとき，常に $f(x) < g(x)$ であるとき　$\alpha \leqq \beta$

(2)　x が十分 a に近いとき，常に $f(x) < h(x) < g(x)$ であり，

　　　かつ $\alpha = \beta$ であるとき　$\lim_{x \to a} h(x) = \alpha$

---

(1) の**証明**：x が十分 a に近いとき，$\epsilon > 0$ をとると

$$|f(x)-\alpha| < \epsilon \implies \alpha - \epsilon < f(x) < \alpha + \epsilon$$
$$|g(x)-\beta| < \epsilon \implies \beta - \epsilon < g(x) < \beta + \epsilon$$

となる。もし $\beta < \alpha$ とすると，ϵ を十分小さくとって $\beta + \epsilon < \alpha - \epsilon$ とすることができる。このとき，x が十分 a に近いとき $g(x) < f(x)$ となって，前提と矛盾する。よって，$\alpha \leqq \beta$ となる。

(2) の**証明**：x が十分 a に近いとき，

$$f(x) - \alpha < h(x) - \alpha < g(x) - \alpha$$

となる。x を，さらに a に近づけると $f(x) - \alpha \xrightarrow{x \to a} 0,\ g(x) - \alpha \xrightarrow{x \to a} 0$ となるので $h(x) - \alpha \xrightarrow{x \to a} 0$ となって $\lim_{x \to a} h(x) = \alpha$ が成り立つ。

(1) において，極限値の大小関係に等号が付くことに注意せよ。たとえば $1 - x^2 < 1 + x^2$ であるが $x \to 0$ の極限をとると

$$\lim_{x \to 0}(1 - x^2) = \lim_{x \to 0}(1 + x^2) = 1$$

である．(2) の例では $1-x^2 < 1+x^2 < 1+2x^2$ であるが $x \to 0$ の極限をとると，極限値はすべて 1 に等しくなる．

例題 2.1 次の極限を求めよ．

(1) $\displaystyle\lim_{x \to 3}(x^2 - 2x + 2)$ (2) $\displaystyle\lim_{x \to a}\frac{x^2 - a^2}{x - a}$ (3) $\displaystyle\lim_{x \to 0}\frac{\sqrt{3x+1} - \sqrt{x+1}}{x}$

(4) $\displaystyle\lim_{x \to 1+0}\frac{x^2}{x - 1}$ (5) $\displaystyle\lim_{x \to \infty}\frac{3x^2 - 2x + 4}{2x^2 - 3}$ (6) $\displaystyle\lim_{x \to \infty}(\sqrt{4x^2 + 3x} - 2x)$

解答：

(1) $\displaystyle\lim_{x \to 3}(x^2 - 2x + 2) = 3^2 - 2 \cdot 3 + 2 = 5$

(2) a は，関数 $f(x) = \dfrac{x^2 - a^2}{x - a}$ の定義域には含まれないことを注意せよ．

$$\lim_{x \to a}\frac{x^2 - a^2}{x - a} = \lim_{x \to a}\frac{(x-a)(x+a)}{x - a} = \lim_{x \to a}(x + a) = 2a$$

(3) $\displaystyle\lim_{x \to 0}\frac{\sqrt{3x+1} - \sqrt{x+1}}{x} = \lim_{x \to 0}\frac{(3x+1) - (x+1)}{(\sqrt{3x+1} + \sqrt{x+1})x}$

$$= \lim_{x \to 0}\frac{2}{(\sqrt{3x+1} + \sqrt{x+1})} = 1$$

(4) $\displaystyle\lim_{x \to 1+0}\frac{x^2}{x - 1} = \lim_{x \to 1+0}\frac{(x-1)^2 + 2(x-1) + 1}{x - 1}$

$$= \lim_{x \to 1+0}\left((x-1) + 2 + \frac{1}{x-1}\right) = \infty$$

(5) $\displaystyle\lim_{x \to \infty}\frac{3x^2 - 2x + 4}{2x^2 - 3} = \lim_{x \to \infty}\frac{3 - \frac{2}{x} + \frac{4}{x^2}}{2 - \frac{3}{x^2}} = \frac{3}{2}$

(6) $\displaystyle\lim_{x \to \infty}(\sqrt{4x^2 + 3x} - 2x) = \lim_{x \to \infty}\frac{(4x^2+3x) - 4x^2}{(\sqrt{4x^2+3x} + 2x)} = \lim_{x \to \infty}\frac{3}{\sqrt{4 + \frac{3}{x}} + 2} = \frac{3}{4}$

問題 2.1 次の極限を求めよ．

(1) $\displaystyle\lim_{x \to 2}\frac{x^4 - 3x^2}{x^2 - 2}$ (2) $\displaystyle\lim_{x \to -2}\frac{x + 2}{x^2 + 3x + 2}$ (3) $\displaystyle\lim_{x \to 0}\frac{\sqrt{4+x} - \sqrt{4-x}}{x}$

(4) $\displaystyle\lim_{x \to 1}\frac{x^4 - 1}{x - 1}$ (5) $\displaystyle\lim_{x \to \infty}\frac{5x^2 - 3x + 4}{3x^2 + 4x - 3}$ (6) $\displaystyle\lim_{x \to \infty}x(\sqrt{x^2+1} - \sqrt{x^2-1})$

2.2 連続関数

関数の連続性[注1]は，次のように定義される。

関数の連続性

関数 $f(x)$ の定義域を I とする。a が区間 I に含まれる $(a \in I)$ とする。

$$\lim_{x \to a} f(x) = f(a) \tag{2.2}$$

が成り立つとき，$f(x)$ は $x = a$ で連続であるという。区間 I のすべての点で $f(x)$ が連続であるとき，$f(x)$ は，I で連続であるという。

$x = a$ で，関数 $f(x)$ が連続であるというのは，図 2.3b において $\gamma = \alpha = f(a)$ となっているときであり，曲線が連続的につながっているときである。図 2.3b に描かれているグラフの関数では，すべての点で連続である。図 2.3a のようなグラフであると，関数 $f(x)$ は $x = a$ で不連続，その他の点で連続である。

関数の連続性に関して，次の定理が成り立つ。

定理 2.3：加減乗除でつくられる関数の連続性

関数 $f(x)$, $g(x)$ が $x = a$ で連続であるとき，次の関数も $x = a$ で連続である。ただし，c は定数であり，$\dfrac{f(x)}{g(x)}$ においては $y(u) \neq 0$ である。

$$f(x) \pm g(x), \quad cf(x), \quad f(x)g(x), \quad \frac{f(x)}{g(x)}$$

証明：$\lim_{x \to a} f(x) = f(a)$, $\lim_{x \to a} g(x) = g(a)$ であるので，定理 2.1 より，明らかである。

定理 2.4：合成関数の連続性

関数 $g(x)$ が $x = a$ で連続であり，関数 $f(u)$ が，$u = g(a)$ で連続であるとき，合成関数

$$y = f(g(x)) \quad \Longleftrightarrow \quad y = f(u), \quad u = g(x) \tag{2.3}$$

も，$x = a$ で連続である。

[注1] より数学的な表現では次のようになる。微小な $\epsilon > 0$ が決まるとそれに対応して $\delta > 0$ なる δ が決まり，$|x - a| < \delta$ を満たす任意の x に対して $|f(x) - f(a)| < \epsilon$ が成り立つ。

証明する前に，合成関数について説明する。合成関数とは，二つの基本的な関数を組み合わせて作られた関数である。たとえば

$$y = (x^2+1)^5 \iff y = u^5, \quad u = x^2+1$$
$$y = \sin(2x-3) \iff y = \sin u, \quad u = 2x-3$$
$$y = e^{-\frac{x^2}{2}} \iff y = e^u, \quad u = -\frac{x^2}{2}$$
$$y = \log(x^3+x^2+1) \iff y = \log u, \quad u = x^3+x^2+1$$

この場合は，二つの基になる関数は，x の整式関数，三角関数，指数関数，対数関数の基本的な関数であるが，一般的にはどのような関数であってもよい。微分積分学，および，理工学の応用で出てくる関数は，殆どすべて，定理 2.3 にある関数の加減乗除，および，この関数の合成によって作られる。物理的な現象を説明するために出てくる関数は，極めて特異な現象を除いて連続関数で表される。

合成関数の一般の書き方は

$$y = f(g(x)) \iff y = f(u), \quad u = g(x)$$

である。上記の例でいうと

$$y = f(g(x)) = (x^2+1)^5 \iff y = f(u) = u^5, \quad u = g(x) = x^2+1$$
$$y = f(g(x)) = e^{-\frac{x^2}{2}} \iff y = f(u) = e^u, \quad u = g(x) = -\frac{x^2}{2}$$

等である。

証明：$g(x)$ は $x = a$ で連続であるので，$u = g(x)$ において，x を限りなく a に近づけると

$$u = g(x) \xrightarrow{x \to a} g(a)$$

となる。$f(u)$ は $u = g(a)$ で連続であるので，$y = f(u)$ において，u を限りなく $g(a)$ に近づけると

$$y = f(u) \xrightarrow{x \to a} f(g(a))$$

となる。よって，x を限りなく a に近づけると

$$y = f(g(x)) \xrightarrow{x \to a} f(g(a))$$

となって，$\lim_{x \to a} f(g(x)) = f(g(a))$ となり，$y = f(g(x))$ は $x = a$ で連続である。

2.2. 連続関数

次に，一般的な関数を作る際の基になる基本的な初等関数の連続性に関する定理を紹介する。基本的な関数については，2.3 節において詳しく説明している。

定理 2.5：基本的な初等関数の連続性

次の基本的な関数は，その定義域で連続である。p は任意の定数であり，e は，ここでは $e \neq 1$ なる正の定数とする。必ずしも自然対数の底でなくてもよい。

(1) $f(x) = x^p$　　(2) $f(x) = \sin x$,　　(3) $f(x) = \cos x$

(4) $f(x) = e^x$　　(5) $f(x) = \log_e x$

証明：(1) n が正整数のとき $x^n = x \cdot x \cdot x \cdots x$ である。実数の連続性から $f(x) = x$ は連続であるので，定理 2.3 より x^n も連続である。m を正整数として $n = \frac{1}{m}$ のとき $y = x^{\frac{1}{m}}$ より $x = y^m$ となる。y に不連続点があると x にも不連続点があり矛盾する。したがって，定理 2.3，定理 2.4 より，p が有理数のとき，$f(x) = x^p$ は，その定義域で連続である。p が無理数のときも連続[注1]であることが示せる。

(2) $|\sin x - \sin a| = \left|2 \sin \dfrac{x-a}{2} \cos \dfrac{x+a}{2}\right| \leq |x-a| \left|\cos \dfrac{x+a}{2}\right| \xrightarrow{x \to a} 0$

よって $\sin x$ は連続。なお，$|\sin h| \leq |h|$ は，不等式 (3.10) であって証明は，後ほど行う。(3) の証明も，(2) と同様である。

(4) n を正整数として，$\lim\limits_{n \to \infty} e^{\frac{1}{n}} = 1$ を証明をする。$e > 1$ のときは $e^{\frac{1}{n}}$ は単調減少数列である。$e^{\frac{1}{n}} > 1$ であるので，数列 $e^{\frac{1}{n}}$ は極限値 $\alpha \geq 1$ を持つ。$\alpha > 1$ とすると $e > \alpha^n$ となる。$n \to \infty$ とすると $e \to \infty$ となって矛盾する。よって $\alpha = 1$ である。$0 < e < 1$ とすると，$e^{\frac{1}{n}}$ は単調増加数列であり，$e^{\frac{1}{n}} < 1$ であるので，数列 $e^{\frac{1}{n}}$ は極限値 $\alpha \leq 1$ を持つ。$\alpha < 1$ とすると $e < \alpha^n$ となる。$n \to \infty$ とすると $e \to 0$ となって矛盾する。よって $\alpha = 1$ である。結局，$\lim\limits_{h \to 0} e^h = 1$ となる。この結果と，指数法則 (2.29) を使って，関数 e^x の連続性を証明する。

$$\lim_{x \to a} e^x = \lim_{x \to a}(e^x - e^a) + e^a = \lim_{x \to a} e^a \left(\frac{e^x}{e^a} - 1\right) + e^a$$
$$= \lim_{x \to a} e^a \left(e^{x-a} - 1\right) + e^a = e^a$$

(5) $\log_e x = y$ とおくと，対数の定義から $x = e^y$ となる。(4) における指数関数の連続性より，y に不連続点があると，x に不連続点があることになって，矛盾する。よって，$y = \log_e x$ は連続である。

[注1] 45 ページの α が無理数であるときの x^α の定義より，任意の微小量 $\varepsilon > 0$ が決まると，非常に大きな正整数 N，微小量 δ が決まり，$n > N$，$|x-a| < \delta$ に対して $|x^\alpha - x^{\alpha_n}| < \varepsilon$，$|a^\alpha - a^{\alpha_n}| < \varepsilon$，$|x^{\alpha_n} - a^{\alpha_n}| < \varepsilon$ となる。ここで，α_n は，α に収束する有理数の数列である。$|x^\alpha - a^\alpha| = |x^\alpha - x^{\alpha_n} + x^{\alpha_n} - a^{\alpha_n} + a^{\alpha_n} - a^\alpha| \leq |x^\alpha - x^{\alpha_n}| + |x^{\alpha_n} - a^{\alpha_n}| + |a^{\alpha_n} - a^\alpha| < 3\varepsilon$ となり，α が無理数であるときも，x^α は連続となる。

一般の関数の連続性 定理 2.5 より次のことが結論できる。理工学に出てくる殆どすべての関数は，定理 2.5 にある基本的な関数を基として，関数の加減乗除，合成関数によって作られている。このようにして作られた関数は，定理 2.3，定理 2.4 によって，その定義域において連続となる。

次に，連続関数に対して成り立つ，応用上重要な定理を証明するのに必要な基本的な定理であるワイエルシュトラスの定理を紹介する。

定理 2.6 : ワイエルシュトラスの定理

x 軸上の閉区間 $[a, b]$ に，無限個の点列 $\{x_n, n = 1, 2, 3, \cdots\}$ がある。この無限点列には，少なくとも一つの収束点が存在する。

証明 区間 $[a, b]$ を 2 等分する。2 つの区間のうちどちらかの区間には，無限個の点列が含まれる。その区間を取り出し，2 等分する。再びどちらかの区間には無限個の点列が含まれるので，それを取り出す。この操作を n 回行うと，その区間の長さは $\frac{b-a}{2^{n-1}}$ となり，その中に無限個の点列がある。$n \to \infty$ とすると，区間の長さが 0 となり，一つの収束点が決まる。開区間 (a, b) でも成り立つ。

定理 2.7 : 中間値の定理

関数 $f(x)$ は，閉区間 $[a, b]$ で連続であり，$f(a) = \alpha$，$f(b) = \beta$ である。いま，$\alpha < \beta$ であるとして，$\alpha < \gamma < \beta$ なる任意の値 γ に対して
$$f(c) = \gamma, \quad a < c < b$$
となる c が少なくとも一つ存在する。$\alpha > \beta$ のときでも，同様である。

証明：連続というのは，グラフに描いたとき，曲線が切れ目なくつながっていることであるから，右図において明らかであるが，少し，数学的な説明を加えておく。

図 2.5 において，$F(x) = f(x) - \gamma$ としたとき，$F(a) < 0 < F(b)$ である。a より少し大きい δ をとる。$F(\delta) < 0$ となる δ の範囲の上限を c とする。このとき，$F(c) = f(c) - \gamma = 0$ となる。

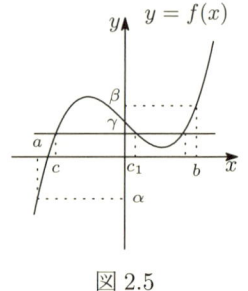

図 2.5

もし $F(c) < 0$ であれば，$F(x)$ の連続性より，c より大きな δ で $F(\delta) < 0$ となる δ があって，上限である c の意味に反する。$F(c) > 0$ であれば，$F(x)$ の連続性より，$\delta < c$ で，$F(\delta) > 0$ となる δ が存在してしまって c の意味に反する。

2.2. 連続関数

定理 2.8：最大値，最小値の存在定理

関数 $f(x)$ が，閉区間 $[a,b]$ で連続であるとき，$f(x)$ は，区間 $[a,b]$ で最大値，最小値をもつ。

証明：この定理もグラフを描いてみれば明らかであるが，数学的な言葉を使って証明しておく。関数 $f(x)$ は連続であるから，連続の定義 (2.2) より，任意の $x \in [a,b]$ に対して $f(x)$ は有限である。したがって，上限 α と下限 β が存在[注1]する。$\epsilon > 0$ なる小さな数に対して

$$\alpha - \frac{\epsilon}{2^n} < f(x) < \alpha, \qquad n = 1, 2, 3, \cdots \tag{2.4}$$

を満たす x の集合から x_n を選ぶ。x_n の存在は，定理 2.7 の中間値の定理より保証される。このとき

$$a \leqq x_1, x_2, x_3, \cdots, x_n, \cdots \leqq b$$

が成り立つ。定理 2.6 のワイエルシュトラスの定理より，数列 $\{x_n, n=1,2,3,\cdots\}$ は，有限区間の中の無限集合であるので，収束点 x_0 をもつ。収束点 x_0 は，$a \leqq x_0 \leqq b$ を満たす。(2.4) において $n \to \infty$ とすると $f(x_0) = \alpha$ となる。よって，関数 $f(x)$ は，最大値 α を持つ。最小値も同様にして証明できる。

例題 2.2 連続関数 $f(x)$ は，区間 $[-1, 1]$ で $-1 \leqq f(x) \leqq 1$ である。方程式 $f(x) = x$ は，$-1 \leqq x \leqq 1$ において，少なくとも一つの実数解をもつことを示せ。

解答：$F(x) = f(x) - x$ とする。$F(1) = f(1) - 1 \leqq 0$, $F(-1) = f(-1) + 1 \geqq 0$ だから，中間値の定理より，方程式 $F(x) = f(x) - x = 0$ は，$-1 \leqq x \leqq 1$ において，少なくとも一つの解をもつ。

問題 2.2 方程式 $x^4 - 4x^2 - 8x - 4 = 0$ は，区間 $[-1, 0]$, $[2, 3]$ に実数解を持つことを示せ。

問題 2.3 方程式 $(1-x^2)\sin x + \sqrt{2}\cos x - 1 = 0$ は，0 と $\frac{\pi}{2}$ の間，および $\frac{\pi}{2}$ と 2π の間に少なくとも一つの実数解を持つことを示せ。

問題 2.4 次の関数は，$(-\infty, \infty)$ で連続であることを示せ。

(1) $f(x) = \cos 2x$　(2) $f(x) = (x^2+x+1)^5$　(3) $f(x) = e^{-x^2}$, (e は正の定数)

[注1]Weierstrass の定理 2：数の集合 S が有界ならば，集合 S の上限と下限が存在する。

2.3 基本的な初等関数

この節においては，理工学の専門書に出てくる関数の基となる基本的な初等関数について解説する。いささか初歩的に過ぎて簡単すぎると思う学生は，読み飛ばしてもよい。また，以下の章の微分や積分で必要となる事柄が出てくれば読み返して復習すればよい。ここでは，整式関数，有理関数，無理関数，三角関数，指数関数，対数関数の一番基本的な形をした関数を取り扱う。また，その逆関数についても説明する。理工学で取り扱う関数は，これらの基本的な関数の加減乗除によってできる関数，そして，それらの合成関数，逆関数からできている。

2.3.1 有理関数

まず，有理関数を作っている**整式関数**を定義する。整式関数は，n を 0 を含む自然数として

$$f(x) = a_n x^n + a_{n-1} x^{n-1} + \cdots + a_1 x + a_0 \tag{2.5}$$

とかかれる。この整式関数を，単に**整式**と呼ぶことが多い。

有理関数とは，この整式関数からつくられた関数であり，$f(x)$, $g(x)$ を整式関数とすると

$$\text{有理関数} = \frac{f(x)}{g(x)} \tag{2.6}$$

となる関数である。$g(x)$ が定数であれば，この有理関数は**整式関数**であるが，そうでなければ**分数関数**である。この呼び名は，有理数の定義に由来している。n, m を整数として 有理数 $= \dfrac{n}{m}$ である。無理数とは，いかなる整数 n, m でもこのようにかけない数である。

整式の関数で，もっとも簡単なものは 1 次関数，2 次関数である。

$$f(x) = ax + b, \qquad f(x) = ax^2 + bx + c \ (a \neq 0) \tag{2.7}$$

である。$y = f(x)$ としたときのグラフが，1 次関数は直線，2 次関数は放物線になることはよく知られたことである。たとえば

$$f(x) = 2x + 1,$$
$$f(x) = 2x^2 - 4x + 3 = 2(x-1)^2 + 1$$

については右図のようになる。

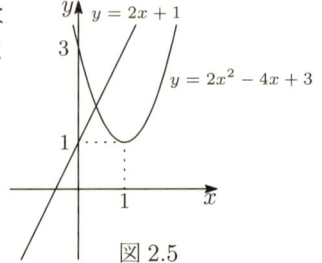

図 2.5

2.3. 基本的な初等関数

$y = ax + b$ のグラフについては，傾きが a で y 切片が b である。$y = 2x + 1$ では，図 2.5 のように傾きは 2 であり，y 切片が 1 である。2 次式の変形

$$y = ax^2 + bx + c = a\left(x + \frac{b}{2a}\right)^2 - \frac{b^2 - 4ac}{4a}$$

については，その変形の仕方も含めて習熟しておかなけらばならない。グラフを描いたときは $x = -\frac{b}{2a}$ が軸であり，頂点は $\left(-\frac{b}{2a}, -\frac{b^2 - 4ac}{4a}\right)$ の放物線である。$y = 2x^2 - 4x + 3$ のグラフでは，図 2.5 にあるように，軸は $x = 1$ であり，頂点は $(1, 1)$ である。

3 次以上の整式のグラフは，微分法を使って描かれる。二つの整式を組み合わせて作られる合成関数も，展開すれば整式となる。例えば，合成関数

$$y = (x^2 - 1)^3 \iff y = u^3, \quad u = x^2 - 1$$

は，展開すると

$$y = x^6 - 3x^4 + 3x^2 - 1$$

となる。しかし，このような合成関数のグラフを描くような場合は，展開することなく，合成関数の微分法を使って導関数を求めて，関数の増減を知ることができる。整式の因数分解に関して次の定理[注1)]が成り立つ。

定理 2.9 : 整式の因数分解

実数係数の整式は，実数の範囲内では，必ず，その因数が 1 次式か，因数分解できない 2 次式の整式に因数分解できる。

証明：ガウスによる代数学の基本定理

n 次代数方程式は，n 個の複素数の解を持つ

によって，実数係数の n 次方程式

$$f(x) = x^n + a_{n-1}x^{n-1} + \cdots + a_1 x + a_0 = 0$$

は，n 個の複素数の解をもつ。その一つの解が，α, β を実数として $x = \alpha + i\beta$ であったとする。上記の n 次方程式全体の複素共役をとると，係数が実数である

[注1)] 4 次以下の代数方程式は，代数的な解が求まる。したがって，4 次以下の整式は，定理 2.9 による因数分解が具体的にできる。5 次以上の整式では，代数的な方法では因数分解できない場合があるが，定理 2.9 は原理的には成り立つ。

ことから
$$\bar{x}^n + a_{n-1}\bar{x}^{n-1} + \cdots + a_1\bar{x} + a_0 = 0$$
となって，共役複素数 $\bar{x} = \alpha - i\beta$ も解となる．$\beta \ne 0$ であるとすると，$x = \alpha \pm i\beta$ が解であることから，$f(x)$ は，実数の範囲内で

$$\begin{aligned}f(x) &= (x - \alpha - i\beta)(x - \alpha + i\beta)(x^{n-2} + c_{n-3}x^{n-3} + \cdots + c_1 x + c_0) \\ &= (x^2 - 2\alpha x + \alpha^2 + \beta^2)(x^{n-2} + c_{n-3}x^{n-3} + \cdots + c_1 x + c_0)\end{aligned}$$

と因数分解できる．解が実数のときは，$\beta = 0$ となり

$$f(x) = (x - \alpha)(x^{n-1} + c'_{n-2}x^{n-2} + \cdots + c'_1 x + c'_0)$$

と因数分解できる．残りの整式についても同じことが成り立つので，定理が証明された．

例題 2.3 $y = 2x^2 - 3x + 2$ を平方を含む式に変形して，グラフを描け．

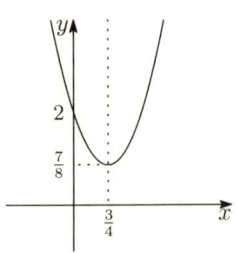

解答：$y = 2x^2 - 3x + 2 = 2\left(x^2 - \frac{3}{2}x\right) + 2$
$= 2\left\{\left(x - \frac{3}{4}\right)^2 - \frac{9}{16}\right\} + 2$
$= 2\left(x - \frac{3}{4}\right)^2 + \frac{7}{8}$
これは，軸が $x = \frac{3}{4}$ で，頂点が $\left(\frac{3}{4}, \frac{7}{8}\right)$ にある放物線である．

例題 2.4 次の式を，実数の範囲内で因数分解せよ．

(1) $f(x) = x^3 + 1$ (2) $f(x) = x^4 + x^2 + 1$ (3) $f(x) = x^5 - x$

解答：(1) $x^3 + 1 = (x + 1)(x^2 - x + 1)$

(2) $x^4 + x^2 + 1 = x^4 + 2x^2 + 1 - x^2 = (x^2 + 1)^2 - x^2 = (x^2 + x + 1)(x^2 - x + 1)$

(3) $x^5 - x = x(x^4 - 1) = x(x^2 - 1)(x^2 + 1) = x(x - 1)(x + 1)(x^2 + 1)$

問題 2.5 $y = -2x^2 - 3x + \frac{7}{8}$ を平方を含む式に変形して，グラフを描け．

問題 2.6 次の式を，実数の範囲内で因数分解せよ．

(1) $f(x) = x^3 - 1$ (2) $f(x) = x^4 + 3x^2 + 4$ (3) $f(x) = x^5 - 5x^3 + 4x$

2.3. 基本的な初等関数

分数関数

分数関数のうちで，もっとも簡単な関数は，k を定数として

$$y = \frac{k}{x}$$

である。この関数のグラフを x 軸方向に p，y 軸方向に q だけ平行移動した関数は

$$y = \frac{k}{x-p} + q \qquad (2.8)$$

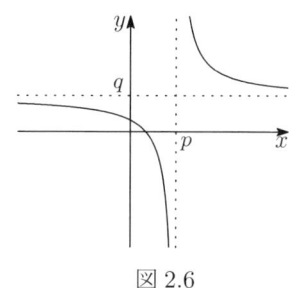

図 2.6

となる。$k > 0$ のときのグラフを描くと，図 2.6 のようになる。$x \to \pm\infty$ とすると，グラフの曲線は，直線 $y = q$ に徐々に近づく。また，$x \to p$ とすると，直線 $x = p$ に徐々に近づく。このような直線をグラフの漸近線という。この二つの漸近線が直交しているので，この曲線を**直角双曲線**という。

関数 (2.8) の定義域は $x \neq p$ なる実数である。その定義域で連続である。また，y の取る範囲である値域は $y \neq q$ であるすべての実数である。関数 (2.8) は，通分すると $y = \dfrac{qx - pq + k}{x - p}$ となって，分数関数の定義式 (2.6) の形になる。

直角双曲線と一次関数の和は，やはり，グラフが双曲線の関数である。たとえば，

$$y = x + q + \frac{k}{x-p}$$

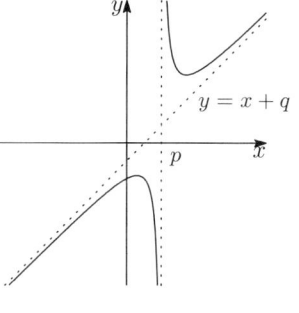

$k > 0$ のときのグラフを描くと，図 2.6 のようになる。この双曲線の漸近線は $y = x + q$ と $x = p$ である。この場合も，通分すると

$$y = \frac{(x+q)(x-p) + k}{x-p}$$

図 2.7

となって，分数関数の定義式 (2.6) の形になる。

グラフが双曲線になる関数は，分子が 1 次式，分母が，せいぜい 2 次式の分数関数である。これらの関数の定義域は，分母が 0 となる点 $x = p$ を除いた実数全体である。一般に，分数関数 (2.6) の定義域は，分母の関数 $g(x)$ が 0 となる点を除いた実数全体となる。

分母が2次以上の整式になる分数関数として，まず，分母が因数分解できる2次式になっている場合を考える。そのもっとも簡単なものは

$$y = \frac{1}{(x-p)(x-q)} = \frac{1}{x^2 - (p+q)x + pq}$$

である。グラフは，$q < p$ のとき，図 2.8 のようになる。この形の分数関数は，部分分数に分けて書くことができる。この関数の部分分数展開は，$p \neq q$ として

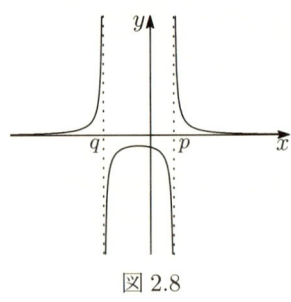

図 2.8

$$y = \frac{1}{p-q}\left(\frac{1}{x-p} - \frac{1}{x-q}\right)$$

である。分数関数を，部分分数に分けて書くことは，積分する際にも必要になるので，簡単な例を挙げて説明しておく。

例題 2.5 次の関数を部分分数に分解せよ。

(1) $f(x) = \dfrac{1}{x^2 - x - 2}$ (2) $f(x) = \dfrac{x}{x^2 + x - 2}$ (3) $f(x) = \dfrac{x^3}{x^2 - x - 6}$

解答：(1) $x^2 - x - 2 = (x-2)(x+1)$ と因数分解できるので，A, B を定数として

$$\frac{1}{x^2 - x - 2} = \frac{A}{x-2} + \frac{B}{x+1}$$

とおく。右辺を通分すると

$$\frac{A}{x-2} + \frac{B}{x+1} = \frac{A(x+1) + B(x-2)}{(x-2)(x+1)} = \frac{(A+B)x + (A-2B)}{(x-2)(x+1)}$$

したがって

$$A + B = 0, \qquad A - 2B = 1$$

とおくと，上の式が成り立つ。この A, B に関する連立方程式を解くと $A = \frac{1}{3}$，$B = -\frac{1}{3}$ となる。したがって

$$\frac{1}{x^2 - x - 2} = \frac{1}{3}\left(\frac{1}{x-2} - \frac{1}{x+1}\right)$$

2.3. 基本的な初等関数

(2) $x^2+x-2=(x+2)(x-1)$ と因数分解できるので，A, B を定数として

$$\frac{x}{x^2+x-2}=\frac{A}{x+2}+\frac{B}{x-1}$$

とおく．右辺を通分すると

$$\frac{A}{x+2}+\frac{B}{x-1}=\frac{A(x-1)+B(x+2)}{(x+2)(x-1)}$$

この問題では、代入法で A, B をもとめる．$f(x)=A(x-1)+B(x+2)$ とおくと，恒等式 $f(x)=x$ が成り立てばよい．

$$f(1)=3B=1 \implies B=\frac{1}{3}, \qquad f(-2)=-3A=-2 \implies A=\frac{2}{3}$$

となる．したがって

$$\frac{x}{x^2+x-2}=\frac{1}{3}\left(\frac{2}{x+2}+\frac{1}{x-1}\right)$$

となる．

(3) この問題の場合は，分子の整式の次数が分母のそれより高いので，分子の整式を分母の整式で割り算して，商と余りを求める．その結果

$$\frac{x^3}{x^2-x-6}=x+1+\frac{7x+6}{x^2-x-6}$$

となる．$x^2-x-6=(x-3)(x+2)$ と因数分解できるので，A, B を定数として

$$\frac{7x+6}{x^2-x-6}=\frac{A}{x-3}+\frac{B}{x+2}$$

とおく．右辺を通分すると

$$\frac{A}{x-3}+\frac{B}{x+2}=\frac{A(x+2)+B(x-3)}{(x-3)(x+2)}$$

この問題も代入法で A, B を求める．$f(x)=A(x+2)+B(x-3)$ とおくと，恒等式 $f(x)=7x+6$ が成り立てばよい．

$$f(-2)=-5B=-8 \implies B=\frac{8}{5}, \qquad f(3)=5A=27 \implies A=\frac{27}{5}$$

となる．したがって

$$\frac{x^3}{x^2-x-6}=x+1+\frac{1}{5}\left(\frac{27}{x-3}+\frac{8}{x+2}\right)$$

これまでの問題は，分数関数の分母が1次式に因数分解できる問題であった．定理2.9によって，整式は1次式と2次式の積に因数分解される．次に，分母に2次式が出てくる場合を考察する．

例題 2.6 次の関数を部分分数に分解せよ．

$$f(x) = \frac{1}{x^3+1}$$

解答：この問題の分母は，例題2.4に出てきた整式であるので，その答えを借用する．$x^3+1 = (x+1)(x^2-x+1)$ であるので

$$\frac{1}{x^3+1} = \frac{A}{x+1} + \frac{Bx+C}{x^2-x+1}$$

とおく．2次式の分子は $Bx+C$ のように1次式になることに注意せよ．右辺を通分すると

$$\frac{1}{x^3+1} = \frac{A(x^2-x+1)+(x+1)(Bx+C)}{(x+1)(x^2-x+1)}$$

$$= \frac{(A+B)x^2+(-A+B+C)x+A+C}{(x+1)(x^2-x+1)}$$

これより

$$A+B=0, \qquad -A+B+C=0, \qquad A+C=1$$

であればよい．この A, B, C についての連立方程式を解くと $A=\frac{1}{3}, B=-\frac{1}{3}, C=\frac{2}{3}$ となる．したがって

$$\frac{1}{x^3+1} = \frac{1}{3}\left(\frac{1}{x+1} + \frac{-x+2}{x^2-x+1}\right)$$

と部分分数に分解される．

定理2.9によって，実数係数の整式は，因数が，1次式か2次式の整式に因数分解されるので，(2.6) の形の分数関数は，部分分数に分解すると，整式の部分と分母が1次式，および，2次式になった分数関数の和に分解される．

問題 2.7 次の関数のグラフを描け．

(1) $\quad y = 1 - \dfrac{1}{x+1}$ \qquad\qquad (2) $\quad y = x + \dfrac{1}{x-1}$

2.3. 基本的な初等関数

問題 2.8 次の分数関数を部分分数に分解せよ。

(1) $f(x) = \dfrac{1}{x^2 - 5x + 6}$ (2) $f(x) = \dfrac{x}{x^2 + 3x + 2}$ (3) $f(x) = \dfrac{x^3}{x^2 + x - 6}$

(4) $f(x) = \dfrac{x}{x^3 - 1}$ (5) $f(x) = \dfrac{x^2}{x^4 - 1}$ (6) $f(x) = \dfrac{1}{(x^2 - 1)(x + 2)^2}$

2.3.2 無理関数

無理関数のうち，もっとも基本的な関数は，$p = \dfrac{1}{n}$（n は ± 1 でない整数），C を定数としたとき，
$$y = Cx^p \tag{2.9}$$
である。例を挙げると，
$$y = x^{\frac{1}{2}} = \sqrt{x}, \quad y = -x^{-\frac{1}{2}} = \dfrac{-1}{\sqrt{x}}, \quad y = x^{\frac{1}{3}} = \sqrt[3]{x}, \quad y = 2x^{-\frac{1}{3}} = \dfrac{2}{\sqrt[3]{x}}$$
などである。(2.9) と整式関数 $f(x)$ との合成関数は
$$y = C\bigl(f(x)\bigr)^p \tag{2.10}$$
となって，一般的な無理関数となる。例を挙げると
$$y = (x+1)^{\frac{1}{2}} = \sqrt{x+1}, \quad y = (2x-3)^{-\frac{1}{2}} = \dfrac{1}{\sqrt{2x-3}}, \quad y = -(x^2)^{\frac{1}{3}} = -\sqrt[3]{x^2},$$
$$y = -(x^2)^{-\frac{1}{3}} = -\dfrac{1}{\sqrt[3]{x^2}}, \quad y = (1-x^2)^{\frac{1}{2}} = \sqrt{1-x^2}, \quad y = (x^5)^{\frac{1}{2}} = x^{\frac{5}{2}} = \sqrt{x^5}$$

無理関数のグラフ

無理関数のうち一番基本的なものは
$$y = x^{\frac{1}{2}} = \sqrt{x}$$
であるが，この関数を x 軸に p，y 軸に q だけ平行移動した関数は
$$y = \sqrt{x-p} + q$$
となる。この関数の定義域は $x \geqq p$ であり，値域は $y \geqq q$ である。
図 2.9 は $p = -3$, $q = 1$ としたときのグラフである。点線のグラフは $y = -\sqrt{x+3} + 1$ である。

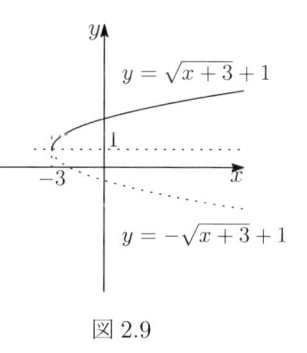

図 2.9

$$y - q = \sqrt{x-p} \geqq 0 \iff x = (y-q)^2 + p, \quad y \geqq q$$

であるので，図 2.9 にあるように，二つのグラフ $y = \pm\sqrt{x+3} + 1$ を合わせると $x = (y-1)^2 - 3$ となり，軸が $y = 1$，頂点が $(-3, 1)$ の放物線である。

つぎに (2.10) において，$p = \frac{1}{2}$ で $f(x)$ が 2 次式の場合を考察する。このときの簡単な形で
$y = \sqrt{r^2 - a^2x^2}, \quad y = -\sqrt{r^2 - a^2x^2}$
は，2 乗すると
$$y^2 = r^2 - a^2x^2 \iff \frac{x^2}{\frac{r^2}{a^2}} + \frac{y^2}{r^2} = 1$$
となるので，楕円の上半分，下半分になる。
$a = 1$ のときは，半径が r の円である。
右図は，$r = 1, a = \frac{1}{2}$ のときのグラフである。

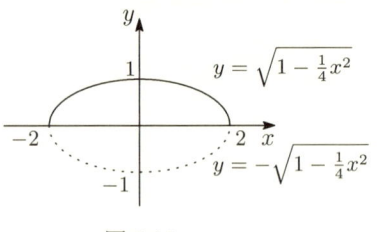

図 2.10

次に，グラフが双曲線になる場合を考える。
$y = \sqrt{\pm b^2 + a^2x^2}, \quad y = -\sqrt{\pm b^2 + a^2x^2}$
は，2 乗すると
$$y^2 = \pm b^2 + a^2x^2 \iff \frac{x^2}{\frac{b^2}{a^2}} - \frac{y^2}{b^2} = \pm 1$$
となるので，双曲線の上半分，下半分になる。
双曲線の漸近線は $y = \pm ax$ である。
右図は，$b = 1, a = \frac{1}{2}$ のときのグラフである。

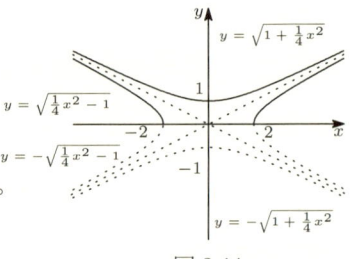

図 2.11

無理関数のグラフとしては，以上のべたように (2.10) における $f(x)$ が 2 次式までの整式になっている場合を知っておけば十分である。そのような無理関数の定義域は $f(x) \geqq 0$ となる領域である。

問題 2.9 次の無理関数のグラフを描け。

(1) $y = \sqrt{-x+3} - 1$ (2) $y = -\sqrt{2x+4} + 1$ (3) $y = \sqrt{x-2} + 1$

(4) $y = \sqrt{4-x^2}$ (5) $y = -\sqrt{4+x^2}$ (6) $y = \frac{1}{2}(\sqrt{4x-x^2} + 1)$

2.3.3 三角関数

この節では，復習も兼ねて，三角比から始めて，三角関数の初歩について解説する．

三角比

図 2.12 における ∠C を直角とする直角三角形 ABC の辺の長さを，図にあるように a, b, c とする．∠ABC $= \theta$ とする．三角比は，次の式で定義される．

$$\sin\theta = \frac{c}{a}, \quad \cos\theta = \frac{b}{a}, \quad \tan\theta = \frac{c}{b} \quad (2.11)$$

この三角比を，それぞれ，正弦（サイン），余弦（コサイン），正接（タンジェント）という．

図 2.12

例題 2.7 右図にあるように，ある人が，28m 離れた地点からビルの屋上を見上げたら，仰角が 38° であった．目の高さを 1.6m としてビルの高さを，小数第 2 位を四捨五入して求めよ．また，目の位置からビルの屋上までの距離を，同様に求めよ．38° の三角比は電卓から求めよ．

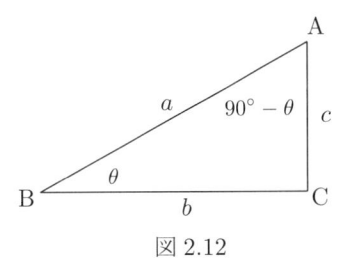

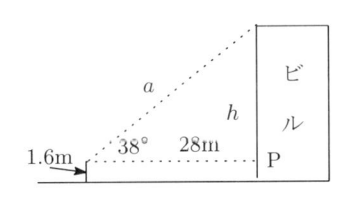

解答：図の P 点からビルの屋上までの高さは (2.11) の $\tan\theta$ の定義から $28\tan 38°$ である．したがってビルの高さは

$$h = 1.6 + 28\tan 38° = 1.6 + 28 \times 0.7813 = 23.5\text{m}$$

となる．また，$\cos\theta$ の定義から

$$\frac{28}{a} = \cos 38° \implies a = \frac{28}{\cos 38°} = \frac{28}{0.7880} = 35.5\text{m}$$

$90° - \theta$ の三角比

図 2.12 から，直ちに三角比に関する次の関係式が求まる．

$$\begin{aligned}
\sin(90° - \theta) &= \frac{b}{a} = \cos\theta \\
\cos(90° - \theta) &= \frac{c}{a} = \sin\theta \\
\tan(90° - \theta) &= \frac{b}{c} = \frac{1}{\tan\theta} = \cot\theta
\end{aligned} \quad (2.12)$$

また，直角三角形に対して成り立つ三平方の定理 (ピタゴラスの定理) より

$$b^2 + c^2 = a^2 \iff \left(\frac{b}{a}\right)^2 + \left(\frac{c}{a}\right)^2 = 1$$

より，しばしば使われる次の公式が出てくる．

$$\sin^2\theta + \cos^2\theta = 1 \tag{2.13}$$

図 2.12 における角度 θ は，$0° \leqq \theta \leqq 90°$ であるが，後で述べるように，任意の角度に一般化される．公式 (2.12), (2.13) は，任意の角度において成り立つ．

問題 2.10 右図において，AC, BC, AP, BP, CP の長さを求めよ．ただし，三角形 ABC は直線 CP と直交している．三角比の値は電卓を使って求め，答えは小数第 3 位を四捨五入して求めよ．

(ヒント：三角形の正弦定理[注1] を使え)

問題 2.11 右図において，AB$= a$ として，BC, AC の長さを a で表せ．それより

$\sin 30°,$ $\cos 30°,$ $\tan 30°$
$\sin 60°,$ $\cos 60°,$ $\tan 60°$

を求めよ．O は AB の中点である．

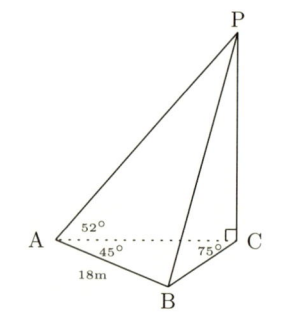

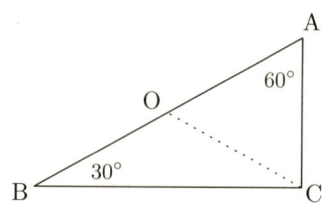

問題 2.12 右図を利用して

$\sin 45°,$ $\cos 45°,$ $\tan 45°$

を求めよ．

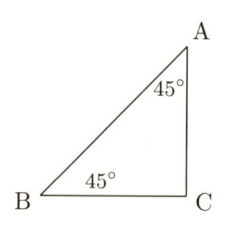

[注1] $\triangle$ABC において，BC $= a$, CA $= b$, AB $= c$ とすると $\dfrac{a}{\sin \angle A} = \dfrac{b}{\sin \angle B} = \dfrac{c}{\sin \angle C} = 2r$

2.3. 基本的な初等関数

微積分で使う角度の単位：ラジアン

これまで使ってきた角度の単位は，**度数法**に基づくもので，円を 360 個の扇形に分けて，その一つの扇形の中心角を $1°$ とするものであった．微分積分学で使う角度の単位は，**弧度法**によるもので，その角度の単位は**ラジアン**である．次に，弧度法についての説明を行う．

右図の円の半径は 1 である．したがって，円周の長さは 2π である．扇形 OAP の弧の長さが，中心角の大きさに比例することは明らかである．中心角と扇形の弧の長さが比例するということは，度数法でも基本的なことであった．そこで，弧度法とは，半径 1 の扇形の**弧の長さ**で，角度を表す方法である．
したがって，弧度法では，点 P が A を出発して円周の上を 1 周して A に戻ってきたときの回転角は 2π ラジアンである．中心角を θ としたとき，弧度法では，弧の長さ l は，定義より $l = \theta$ である．なお，弧度法で，角度を π を用いて書くとき，単位の**ラジアンは省略**して表示する場合が多い．直角に相当する角度は $\frac{\pi}{2}$ ラジアンであるが，単に $\frac{\pi}{2}$ とかいて，単位のラジアンは省略する．しかし，弧度法で，角度を数字で表すときは"ラジアン"は省略しない．たとえば，1 ラジアンと書く．単に"1"だけでは何のことかわからない．

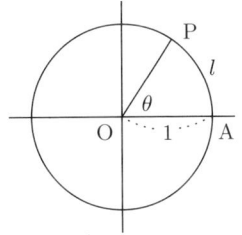

半径が r で，角度が，弧度法で θ の扇形の弧の長さ l と面積 S は

$$l = \theta r, \qquad S = \frac{1}{2}\theta r^2 \tag{2.14}$$

である．$\theta = 2\pi$ のときは，$l = 2\pi r$, $S = \pi r^2$ となって，半径 r の円の円周と，面積になる．

度数法と弧度法の関係

$$\begin{aligned} 360° &= 2\pi \text{ ラジアン} = (6.28\cdots) \text{ ラジアン} \\ 1 \text{ ラジアン} &= \frac{180°}{\pi} = (57.295\cdots)° \end{aligned} \tag{2.15}$$

問題 2.13 次の，度数法と弧度法の対応関係をかけ．小数第 3 位を四捨五入せよ．

度数法	$30°$		$60°$		$120°$		$36°$	
弧度法		$\frac{\pi}{4}$		$\frac{\pi}{2}$		0.5 ラジアン		2.8 ラジアン

一般角の正弦 (サイン) と余弦 (コサイン)

図 2.13 における xy 座標の原点を O とする。原点 O を中心とする円の半径は 1 である。この円周上に点 P, P′, P″ がある。したがって，OP = OP′ = OP″ = 1 である。一般角を次のように定義する。x 軸から左回りに回転した角度の符号を $+$，右回りの角度を $-$ とする。したがって，図 2.13 において，P は第一象限にあるから $0 \leqq \theta \leqq \frac{\pi}{2}$ となる。P′ は第三象限にあり，左回りなので $\pi \leqq \theta' \leqq \frac{3}{2}\pi$ となる。P″ は第四象限にあり，右回りの角度だから $-\frac{1}{2}\pi \leqq \theta'' \leqq 0$

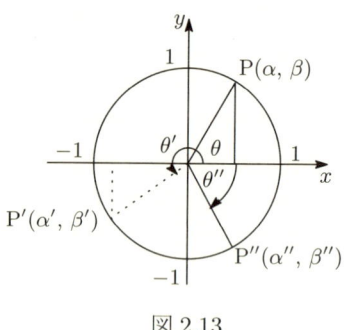

図 2.13

となる。2π より大きな角度や，-2π より小さな角度も，同じように測ることができる。左回りに 1 回転すれば 2π，2 回転すれば 4π となる。右回りに 1 回転すれば -2π，2 回転すれば -4π である。

このような一般角の三角比は，次のように定義する。P は第一象限にあるから $0 \leqq \theta \leqq \frac{1}{2}\pi$ となるので，三角比の定義 (2.11) より $(\cos\theta, \sin\theta) = (\alpha, \beta)$ となる。このように，角度 θ の余弦と正弦は，半径 1 の円周上の点 P の座標に対応している。したがって，図 2.13 における θ', θ'' の余弦，正弦も，対応した半径 1 の円の円周上の点 P′, P″ の x 座標，y 座標で定義される。一般的に

$$(\cos\theta, \sin\theta) = (\alpha, \beta) \tag{2.16}$$

となる。もう一度 **強調しておくと**「角度 θ の，余弦 (コサイン)，正弦 (サイン) は，半径 1 の円周上における，対応する点の x 座標，y 座標である。」

式 (2.16) と図 2.14 よりただちに次の関係式を導くことができる。

$$\begin{aligned}
\sin(-\theta) &= -\sin\theta, \quad \cos(-\theta) = \cos\theta \\
\sin(\theta \pm \pi) &= -\sin\theta, \quad \cos(\theta \pm \pi) = -\cos\theta \\
\sin(\pi - \theta) &= \sin\theta, \quad \cos(\pi - \theta) = -\cos\theta \\
\sin\left(\frac{\pi}{2} \pm \theta\right) &= \cos\theta, \ \cos\left(\frac{\pi}{2} \pm \theta\right) = \mp\sin\theta
\end{aligned} \tag{2.17}$$

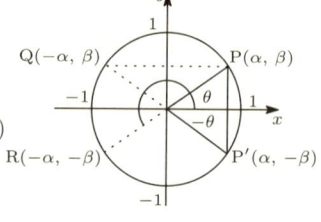

図 2.14

また，n を正整数として

$$\sin(\theta \pm 2n\pi) = \sin\theta, \quad \cos(\theta \pm 2n\pi) = \cos\theta$$

2.3. 基本的な初等関数

三角関数

ここまでは，角度を表示するのに θ を使ってきた。三角関数といったときは，角度を表す独立変数として x，従属変数として y を使う。余弦，正弦の定義 (2.16) より，右図の XY 座標上における，原点 O を中心とする単位円の円周上の点 P の座標は

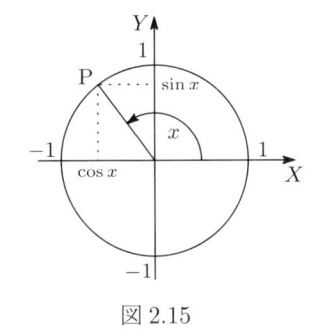

$$P(\cos x, \sin x)$$

図 2.15

になるので[注1]，正弦（サイン）関数は

$$y = \sin x \tag{2.18}$$

余弦（コサイン）関数は

$$y = \cos x \tag{2.19}$$

となり，それぞれ，点 P の Y 座標，X 座標となる。正接（タンジェント）関数は

$$y = \tan x = \frac{\sin x}{\cos x} \tag{2.20}$$

と表される。

三角関数の符号

正弦関数，余弦関数の符号は，それらが図 2.15 の円周上の点 P の座標との関連によって，直ちにわかる。次の図のようになる。

$y = \sin x$ (P の Y 座標) の符号　　　$y = \cos x$ (P の X 座標) の符号　　　$y = \tan x = \frac{\sin x}{\cos x}$ の符号

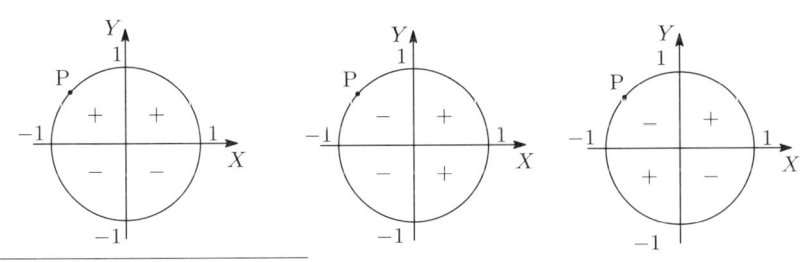

[注1] ここで定義する三角関数の逆数を次のように表記する場合もある。
$$\frac{1}{\sin x} = \operatorname{cosec} x = \csc x, \quad \frac{1}{\cos x} = \sec x, \quad \frac{1}{\tan x} = \frac{\cos x}{\sin x} = \cot x$$

三角関数のグラフ

三角関数のグラフは，図 2.15 における点 P の座標が $(\cos x, \sin x)$ であることを基にして描くことができる．もう一度，各三角関数に対応した図を下にあげておく．

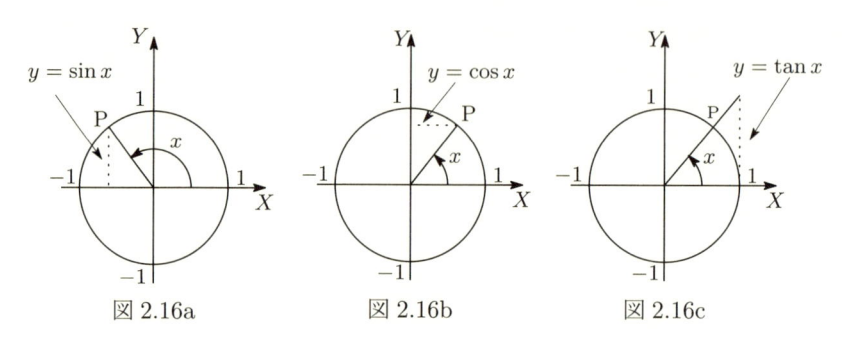

図 2.16a　　　　　図 2.16b　　　　　図 2.16c

$y = \sin x$ は，図 2.16a における点 P の Y 座標になるので，グラフは下図のようになる．

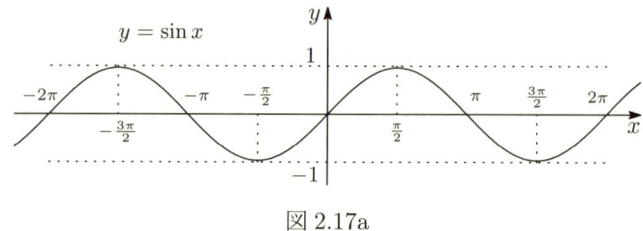

図 2.17a

$y = \cos x$ は，図 2.16b における点 P の X 座標になるので，グラフは下図のようになる．

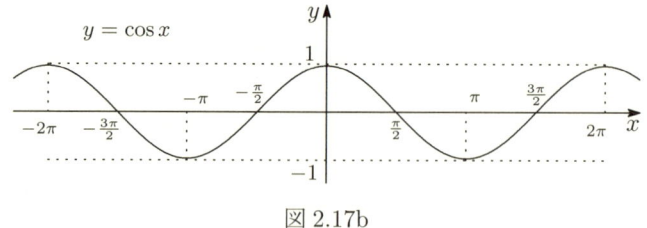

図 2.17b

2.3. 基本的な初等関数

$y = \tan x$ は，図 2.16c において，点 P が第一，第四象限にあるときは，原点と P を結ぶ直線が直線 $x = 1$ と交わる点の Y 座標になる．点 P が第二，第三象限にあるときは，原点と P を結ぶ直線が直線 $x = -1$ と交わる点の Y 座標に $-$ をつけたものになる．これより，$y = \tan x$ のグラフは，右図の 2.17c となる．$x = \pm \frac{\pi}{2}$ では $y \to \pm\infty$ となってグラフは不連続となる．

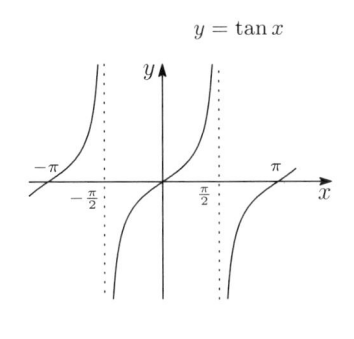

図 2.17c

三角関数の周期

図 2.17 からわかるように，三角関数 $y = \sin x$，$y = \cos x$ の定義域は，実数全体であり，$y = \tan x$ の定義域は，n を任意の整数として $x = \dfrac{2n+1}{2}\pi$ を除く実数全体である．また，図 2.16 から

$$\sin(x + 2\pi) = \sin x, \qquad \cos(x + 2\pi) = \cos x \tag{2.21}$$

が成り立つ．これより，$y = \sin x$，$y = \cos x$ の周期は 2π である．また，

$$\tan(x + \pi) = \frac{\sin(x + \pi)}{\cos(x + \pi)} = \frac{-\sin x}{-\cos x} = \tan x$$

であるので，$y = \tan x$ の周期は π である．

例題 2.8 次の関数の周期を求めてグラフを描け．

(1)　　$y = 2\cos 2x$　　　(2)　　$y = \sin \frac{1}{2}x$　　　(3)　　$y = \tan \frac{1}{2}x$

解答：周期を τ とする．(1) では，$2\tau = 2\pi$ とおいて $\tau = \pi$ である．(2) では，$\dfrac{\tau}{2} = 2\pi$ とおいて $\tau = 4\pi$ である．(3) では，$\dfrac{\tau}{2} = \pi$ とおいて $\tau = 2\pi$ である．

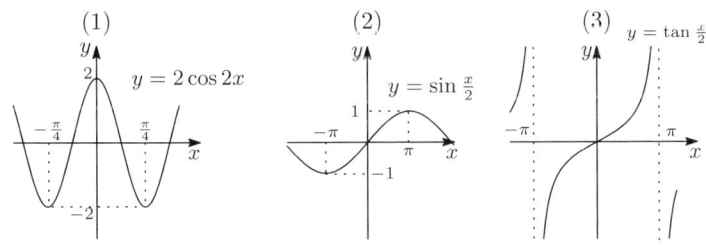

問題 2.14 次の関数の周期を求めてグラフを描け。

(1)　$y = 2\sin 2x$　　(2)　$y = \cos \frac{1}{2}x$　　(3)　$y = \tan \frac{2}{3}x$

三角関数の加法定理

　三角関数に関する公式は非常にたくさんあるが，それらの殆どの公式のもとになっているのが加法定理である。また，それ自体，汎用性のある定理である。その定理の紹介と証明をする。

定理 2.10：三角関数の加法定理

$$\sin(x+y) = \sin x \cos y + \cos x \sin y$$
$$\cos(x+y) = \cos x \cos y - \sin x \sin y \qquad (2.22)$$
$$\tan(x+y) = \frac{\tan x + \tan y}{1 - \tan x \tan y}$$

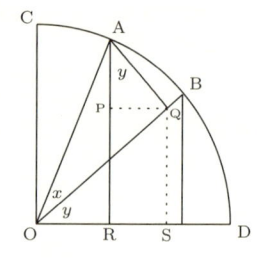

証明：右図は，半径 1 の四分円である。したがって，OC = OA = OB = OD = 1 である。A から OD に下した垂線の足を R とする。A より OB に下した垂線の足を Q とする。Q から AR，OD に下した垂線の足を，それぞれ P, S とする。∠AOB = x, ∠BOD = y とおくと ∠ARO = ∠AQO = $\frac{\pi}{2}$ だから，∠PAQ = y となる。図より，

$$AR = AP + PR = AP + QS = AQ \cos y + OQ \sin y$$
$$OR = OS - RS = OS - PQ = OQ \cos y - AQ \sin y$$

となる。AQ = OA$\sin x$ = $\sin x$, OQ = OA$\cos x$ = $\cos x$ となるので

$$AR = \sin x \cos y + \cos x \sin y$$
$$OR = \cos x \cos y - \sin x \sin y$$

となる。AR = $\sin(x+y)$, OR = $\cos(x+y)$ なので，$0 < x, y < \frac{\pi}{2}$ のときの定理が証明された。図では，$0 < x + y < \frac{\pi}{2}$ となっているが，$\frac{\pi}{2} \leqq x + y \leqq \pi$ でも，同じように証明できる。x, y が，一般の角度の場合は，三角関数の間の関係式 (2.17) を使って証明できる。たとえば，$\pi < x < \frac{3\pi}{2}, -\frac{\pi}{2} < y < 0$ のときは

$$\sin(x+y) = \sin\left(x - \pi + y + \frac{\pi}{2} + \frac{\pi}{2}\right) = \cos\left(x - \pi + y + \frac{\pi}{2}\right)$$

2.3. 基本的な初等関数

ここで，コサインの加法定理を使うと (2.22) におけるサイン関数の加法定理が出てくる。x, y が，一般の角度の場合でも，$\pm\pi, \pm\frac{\pi}{2}$，および，その倍数を使って，第一象限の角度に持っていってから (2.22) を使うと，結局は，(2.22) の形の式が出てくる。また，タンジェント関数の加法定理は，次のようにして証明できる。

$$\tan(x+y) = \frac{\sin(x+y)}{\cos(x+y)} = \frac{\sin x \cos y + \cos x \sin x}{\cos x \cos y - \sin x \sin y} = \frac{\tan x + \tan y}{1 - \tan x \tan y}$$

(2.22) において $y \to -y$ とおくと

定理 2.10': 三角関数の加法定理

$$\begin{aligned}
\sin(x-y) &= \sin x \cos y - \cos x \sin y \\
\cos(x-y) &= \cos x \cos y + \sin x \sin y \\
\tan(x-y) &= \frac{\tan x - \tan y}{1 + \tan x \tan y}
\end{aligned} \tag{2.23}$$

加法定理 (2.22) と (2.23) から，いろいろな三角関数の公式が出てくる。加法定理は，その基本となる定理であるから，その形を覚えておかなければならない。他の公式は，加法定理から，どのようにしたら出てくるかを知っておくだけでよい。たとえば (2.22) で，$x = y$ とおくと

$$\begin{aligned}
\sin 2x &= 2 \sin x \cos x \\
\cos 2x &= \cos^2 x - \sin^2 x = 2\cos^2 x - 1 = 1 - 2\sin^2 x \\
\implies \cos^2 x &= \frac{1 + \cos 2x}{2}, \quad \sin^2 x = \frac{1 - \cos 2x}{2}
\end{aligned} \tag{2.24}$$

となって，倍角の公式が出てくる。また，(2.22) と (2.23) を加えたり引いたりすると，積を和に変える公式，和を積に変える公式が出てくる。

三角関数の合成

加法定理より

$$\sin(x + \alpha) = \sin x \cos \alpha + \cos x \sin \alpha$$

となるので $\cos\alpha = \frac{a}{\sqrt{a^2+b^2}}, \sin\alpha = \frac{b}{\sqrt{a^2+b^2}}$ となる a, b を選ぶと，次の式が成り立つことがわかる。

$$a \sin x + b \cos x = \sqrt{a^2 + b^2}\, \sin(x + \alpha) \tag{2.25}$$

これが三角関数の合成の式である。

例題 2.9 弧度法による角度を度数法で表し，次の三角比を求めよ．

(1) $\sin\dfrac{5}{12}\pi$ (2) $\cos\dfrac{7}{12}\pi$

解答：(1) $\dfrac{5}{12}\pi = \dfrac{5}{12} \times 180° = 75° = 45° + 30°$

$\sin 75° = \sin(45° + 30°) = \sin 45° \cos 30° + \cos 45° \sin 30° = \dfrac{1}{\sqrt{2}}\dfrac{\sqrt{3}}{2} + \dfrac{1}{\sqrt{2}}\dfrac{1}{2} = \dfrac{\sqrt{6}+\sqrt{2}}{4}$

(2) $\dfrac{7}{12}\pi = \dfrac{7}{12} \times 180° = 105° = 45° + 60°$

$\cos 105° = \cos(45° + 60°) = \cos 45° \cos 60° - \sin 45° \sin 60° = \dfrac{1}{\sqrt{2}}\dfrac{1}{2} - \dfrac{1}{\sqrt{2}}\dfrac{\sqrt{3}}{2} = \dfrac{\sqrt{2}-\sqrt{6}}{4}$

例題 2.10 関数 $y = \sin x + \cos x$ のグラフを描け．

解答：$\cos\alpha = \dfrac{1}{\sqrt{2}}, \sin\alpha = \dfrac{1}{\sqrt{2}}$ より，α を求めると $\alpha = \dfrac{\pi}{4}$ となる．よって，三角関数の合成 (2.25) より

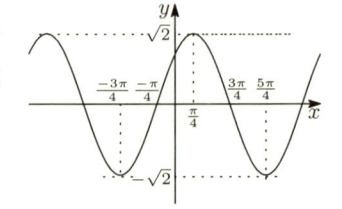

$$y = \sin x + \cos x = \sqrt{2}\sin\left(x + \dfrac{\pi}{4}\right)$$

となる．

例題 2.11 次の三角関数の積を和に変えよ．

(1) $\sin 2x \cos x$ (2) $\sin 2x \sin x$ (3) $\cos 2x \cos x$

解答：(1) サインとコサインの積が出てくるのは，サインの加法定理であるから

$$\sin 2x \cos x = \dfrac{1}{2}\big(\sin(2x+x) + \sin(2x-x)\big) = \dfrac{1}{2}\big(\sin 3x + \sin x\big)$$

(2) サインとサインの積が出てくるのは，コサインの加法定理であり，その符号に注意して

$$\sin 2x \sin x = \dfrac{1}{2}\big(-\cos(2x+x) + \cos(2x-x)\big) = \dfrac{1}{2}\big(\cos x - \cos 3x\big)$$

(3) コサインとコサインの積が出てくるのは，コサインの加法定理であり，その符号に注意して

$$\cos 2x \cos x = \dfrac{1}{2}\big(\cos(2x+x) + \cos(2x-x)\big) = \dfrac{1}{2}\big(\cos 3x + \cos x\big)$$

例題 2.12 次の三角関数の和を積に変えよ．

(1) $\sin 2x + \sin x$ (2) $\cos 2x - \cos x$

2.3. 基本的な初等関数

解答：(1) $\sin 2x + \sin x = \sin(\alpha+\beta) + \sin(\alpha-\beta) = 2\sin\alpha\cos\beta$

となるので，α, β を，$\alpha+\beta = 2x$, $\alpha-\beta = x$ となるように決めればよい。

これより $\alpha = \dfrac{3}{2}x$, $\beta = \dfrac{1}{2}x$ となるので $\sin 2x + \sin x = 2\sin\dfrac{3}{2}x\cos\dfrac{1}{2}x$

(2) $\cos 2x - \cos x = \cos(\alpha+\beta) - \cos(\alpha-\beta) = -2\sin\alpha\sin\beta$

となるので，(1) と同様にして $\cos 2x - \cos x = -2\sin\dfrac{3}{2}x\sin\dfrac{1}{2}x$

例題 2.13 $-\pi \leqq x < \pi$ であるとき，次の方程式を解け。

$$\sin x + \cos 2x = 0$$

解答：$\sin x + \cos 2x = \sin x + (\cos^2 x - \sin^2 x) = \sin x + 1 - 2\sin^2 x = 0$

となる。$2\sin^2 x - \sin x - 1 = (2\sin x + 1)(\sin x - 1) = 0$ より $\sin x = -\dfrac{1}{2}, 1$

$\sin x = -\dfrac{1}{2}$ より $x = -\dfrac{\pi}{6}, -\dfrac{5\pi}{6}$，$\sin x = 1$ より $x = \dfrac{\pi}{2}$

問題 2.15 弧度法による角度を度数法で表し，次の三角比を求めよ。

(1)　$\sin\dfrac{7}{12}\pi$　　(2)　$\cos\dfrac{1}{12}\pi$

問題 2.16 次の，関数のグラフを描け。

(1)　$y = \sin x - \sqrt{3}\cos x$　　(2)　$y = \sin x \cos x + \cos^2 x$

問題 2.17 次の三角関数の積を和に変えよ。

(1)　$\sin 3x \cos x$　　(2)　$\sin x \sin 3x$　　(3)　$\cos 3x \cos x$

問題 2.18 次の三角関数の和を積に変えよ。

(1)　$\sin 3x - \sin x$　　(2)　$\cos 3x + \cos x$

問題 2.19 $0 \leqq x < \pi$ であるとき，次の方程式を解け。

(1)　$\sin x - \cos 2x = 0$　　(2)　$\cos 3x + \cos x = 0$

問題 2.20 次の問題を，加法定理を使って解け。

(1) $\sin 3x$ を $\sin x$ を使ってかけ。

(2) $\cos 3x$ を $\cos x$ を使ってかけ。

問題 2.21 $\sin 18°$ を求めよ。(ヒント：$\theta = 18°$ とすると $5\theta = 90°$)

2.3.4 指数関数

この節では，指数，および指数関数のもっとも簡単な例をあげ，それを一般化することによって，指数関数についての要点を説明する。

指数法則

a, b を正定数とする。n を正整数として，a を n 回掛けた数を a^n と書くことは，よく知られたことである。この a の肩にかかっている数が**指数**である。この指数の定義から，次の式が成り立つことは容易にわかる。

$$a^5 \times a^3 = (a \cdot a \cdot a \cdot a \cdot a)(a \cdot a \cdot a) = a^{5+3}$$
$$(a^5)^3 = (a^5) \cdot (a^5) \cdot (a^5) = a^{5\times 3}$$
$$(ab)^3 = (ab)(ab)(ab) = a^3 b^3$$
$$\frac{a^5}{a^3} = \frac{a \cdot a \cdot a \cdot a \cdot a}{a \cdot a \cdot a} = a^{5-3}$$

同様にして，n, m を正整数とすると，次の指数に関する関係式がでてくる。

$$a^n \times a^m = a^{n+m}, \quad (a^n)^m = a^{n\times m}, \quad (ab)^n = a^n b^n \tag{2.26}$$

この関係式を**指数法則**という。$n > m$ とすると

$$\frac{a^n}{a^m} = a^{n-m}$$

そこで，

$$\frac{1}{a^m} = a^{-m} \tag{2.27}$$

と定義すると

$$a^n \times a^{-m} = a^{n+(-m)}, \quad (a^n)^{-m} = a^{n\times(-m)}, \quad (ab)^{-n} = a^{-n} b^{-n}$$

が成り立ち，指数法則 (2.26) は，負の整数も含めた，任意の整数で成り立つことがわかる。

$$\frac{a^n}{a^n} = a^{n-n} = a^0 = 1 \tag{2.28}$$

はしばしば使われる重要な式である。

次に，指数が分数となる場合を考察しよう。n を正整数として $a^{\frac{1}{n}}$ を n 回かけると a となる**正の数**とする。このような数は一意的に決まってくる。$(a^{\frac{1}{n}})^m = (a^m)^{\frac{1}{n}}$

2.3. 基本的な初等関数

となることは，各項を n 回かければわかる。そこで，この量を $a^{\frac{m}{n}}$ とおく。したがって，$(a^{\frac{1}{n}})^m = (a^m)^{\frac{1}{n}} = a^{\frac{m}{n}}$ となる。また，$\frac{1}{a^{\frac{m}{n}}} = a^{-\frac{m}{n}}$ と表す。

$$(a^{\frac{1}{n}} a^{\frac{1}{m}})^{nm} = (a^{\frac{1}{n}})^{nm} (a^{\frac{1}{m}})^{nm} = a^m a^n = a^{n+m}$$

となるので
$$a^{\frac{1}{n}} a^{\frac{1}{m}} = a^{\frac{n+m}{mn}} = a^{\frac{1}{n}+\frac{1}{m}}$$

となる。他の2つの式も同様にして成り立つ。指数が整数の指数法則 (2.26) を考慮すれば，指数法則は，n, m を分数 (有理数) にまで拡張しても成り立つことがわかる。次に，指数が無理数になっている場合を考える。無理数は，有理数の数列の極限値とみることができる。たとえば，

$$1.4, \quad 1.41, \quad 1.414, \quad 1.4142, \quad 1.41421, \quad 1.414213, \quad \cdots \to \sqrt{2}$$

となる。いま，α, β を無理数として，この無理数に収束する有理数の単調増大数列を $\{\alpha_n\}, \{\beta_n\}, \ n = 1, 2, 3, \cdots$ とする。この数列に対応して決まる数列 $\{a^{\alpha_n}\}, \{a^{\beta_n}\}$ は，$a > 1$ のときは上に有界な単調増大数列，$0 < a < 1$ のときは下に有界な単調減少数列である。したがって，ワイエルシュトラスの定理より極限値を持つので，それを a^α, a^β とする。α_n, β_n は有理数だから指数法則 (2.26)

$$a^{\alpha_n} \times a^{\beta_n} = a^{\alpha_n + \beta_n}, \quad (a^{\alpha_n})^{\beta_n} = a^{\alpha_n \times \beta_n}, \quad (ab)^{\alpha_n} = a^{\alpha_n} b^{\alpha_n}$$

が成り立つ。この式において $n \to \infty$ とすると，正整数に対する指数法則 (2.26) が，無理数に対しても成り立つことがわかる。

指数法則

a, b を正定数とする。α, β を任意の実数として

$$a^\alpha a^\beta = a^{\alpha+\beta}, \quad (a^\alpha)^\beta = a^{\alpha\beta}, \quad (ab)^\alpha = a^\alpha b^\alpha \tag{2.29}$$

が成り立つ。なお

$$a^{-\alpha} = \frac{1}{a^\alpha}, \qquad a^0 = 1 \tag{2.30}$$

である。

累乗根：n を正整数として $a^{\frac{1}{n}}$ を，a の n 次の累乗根といって，$\sqrt[n]{a}$ と書く。今までにもよく出てきているのは平方根 $a^{\frac{1}{2}} = \sqrt{a}$ や立方根 $a^{\frac{1}{3}} = \sqrt[3]{a}$ である。累乗根の計算は，指数になおして，指数法則を使ってやると計算しやすくなる。

指数関数とそのグラフ

a を 1 でない正定数とするとき,任意の実数 x に対して,数 a^x が,1 対 1 に対応することが分かった。そこで

$$y = a^x \tag{2.31}$$

とかいて,この関数を指数関数という。定理 2.5 の (4) より,この関数は,すべての x において連続である。

指数関数のグラフを,$y = 2^x$ と $y = \left(\frac{1}{2}\right)^x$ を例にとり,その概形がどのようになるか調べる。まず,$y = 2^x$ について,整数 x に対応した y の値は次の表のようになる。

x	-5	-4	-3	-2	-1	0	1	2	3	4	5
y	0.03125	0.0625	0.125	0.25	0.5	1	2	4	8	16	32

この表で,たとえば,

$$2^{-3} = \frac{1}{2^3} = \frac{1}{8} = 0.125$$

である。グラフは連続であるから,この表にもとづいて,$y = 2^x$ のグラフを描くと図 2.18 のようになる。
$y = \left(\frac{1}{2}\right)^x$ は,$y = 2^{-x}$ となるので,そのグラフは,$y = 2^x$ のグラフと y 軸対称になる。それゆえ,$y = \left(\frac{1}{2}\right)^x$ のグラフは,図 2.18 のようになる。

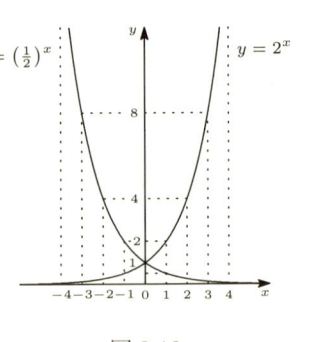

図 2.18

図 2.18 に示したグラフが,指数関数のグラフの典型的な形をしている。指数関数 $y = a^x$ のグラフは,$a > 1$ のときは,右上がりの単調増加であり,$0 < a < 1$ のときは,右下がりの単調減少で,図 2.19 に示すグラフとなる。

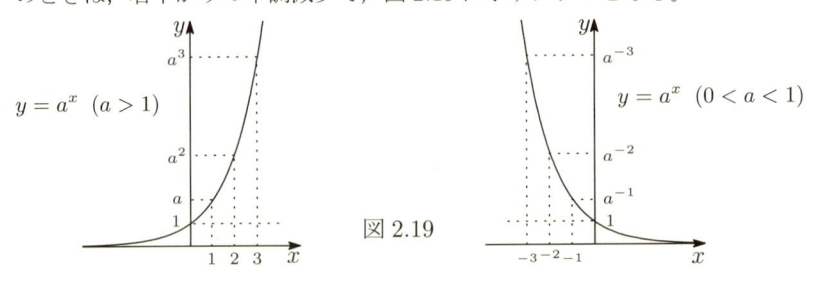

図 2.19

2.3. 基本的な初等関数

問題 2.22 次の式を簡単にせよ．

(1) $2^3 \times (-2)^{-4} \div 2^{-2}$ (2) $a^0 a^{-3} a^4$ (3) $(a^{-3}b^2)^{-2}$ (4) $2^{\frac{1}{3}} \div 16^{\frac{1}{3}}$

(5) $\sqrt{ab} \div \sqrt[3]{a^4 b^2} \times \sqrt[6]{a^5 b}$ (6) $\left\{ 1 + \dfrac{1}{4}\left(a^{\frac{1}{2}} - a^{-\frac{1}{2}}\right)^2 \right\}^{\frac{1}{2}}$

問題 2.23 次の数の大小関係を決めよ．

$$4^{\frac{2}{3}}, \qquad (\sqrt{2})^3, \qquad \sqrt[5]{64}, \qquad (0.25)^{-\frac{5}{8}}, \qquad 4^{0.7}$$

2.3.5 対数関数

対数は，16世紀末にヨスト・ビュルギ（1588年）やジョン・ネイピア（1594年）によって考案されもので，実用的な計算の必要性から考え出されたものである．次に，その対数が考え出された経緯を説明する．次の掛け算を計算してみよう．

$$37.8^5 \times \sqrt{85936}$$

関数電卓を使えば，瞬時にできてしまうが，手で計算すれば，相当な時間がかかるはずである．100年も前であれば，電卓はないので，このような計算でも，まともに計算をするのは大変なことであった．このような掛け算を，足し算で済ませて近似値を求めるのが，対数を使った計算である．その概要を説明しよう．

もし，$37.8 = 10^p, 85936 = 10^q$ となる p, q が分かったとすると，指数法則から

$$37.8^5 \times \sqrt{85936} = (10^p)^5 \times \sqrt{10^q} = 10^{5p + \frac{q}{2}}$$

となる．実際，常用対数表というものがあり，それによると $p = 1.5775$, $q = 4.9342$ となっている．$5p + \frac{q}{2} = 10.3546$ となる．そこで，$10^{10.3546} = 10^{10} \times 10^{0.3546}$ となるが，これも常用対数表によると $10^{0.3546} = 2.262$ となっているので

$$37.8^5 \times \sqrt{85936} \fallingdotseq 2.262 \times 10^{10}$$

となる．電卓による精密な計算では，$2.2622810971265 \times 10^{10}$ となり，上の値は実用的な計算としては，十分な精度の計算結果となる．

対数とは，上で述べた，p, q にあたるものである．これらは，実際には無限少数で表される数値であるが，対数の記号で $p = \log_{10} 37.8$, $q = \log_{10} 85936$ と書き表している．このことを念頭に置いて，次に述べる対数の一般的な定義を理解してもらいたい．

第2章 関数

対数の定義

正の数 x を，a $(a > 0, \ a \neq 1)$ を底とする指数で書くと
$$x = a^p \tag{2.32}$$
となる p がただ一つ決まってくる。この指数 p を
$$p = \log_a x \tag{2.33}$$
とかいて，a を底とする x の対数という。したがって，任意の x に対して
$$x = a^{\log_a x} \tag{2.34}$$
となる。この式は，証明すべきものではなくて，対数の定義である。

以上において述べたように，対数は指数と密接に関連している。実際，指数法則 (2.29)，(2.30) は，すべて対数の法則に変換できる。

対数の法則

対数の定義 (2.34) より
$$x = a^{\log_a x}, \qquad y = a^{\log_a y}$$
とかける。$x = a$ とすると
$$a = a^1 = a^{\log_a a} \implies \log_a a = 1$$
$x = 1$ とすると
$$1 = a^0 = a^{\log_a 1} \implies \log_a 1 = 0$$
対数の定義 (2.34) より $xy = a^{\log_a xy}$ である。一方，指数法則 (2.29) より
$$xy = a^{\log_a x} a^{\log_a y} = a^{\log_a x + \log_a y} \implies \log_a x + \log_a y = \log_a xy$$
対数の定義 (2.34) より $\frac{x}{y} = a^{\log_a \frac{x}{y}}$ である。一方，指数法則 (2.29) より
$$\frac{x}{y} = \frac{a^{\log_a x}}{a^{\log_a y}} = a^{\log_a x - \log_a y} \implies \log_a x - \log_a y = \log_a \frac{x}{y}$$
p を任意の実数として，$x^p = a^{\log_a x^p}$ である。指数法則より
$$x^p = (x)^p = \left(a^{\log_a x}\right)^p = a^{p \log_a x} \implies \log_a x^p = p \log_a x$$
次に，対数の底 a を b に変換する公式を紹介する。$x = a^{\log_a x}$ の両辺を b を底とする指数で書き，上の公式を使うと
$$b^{\log_b x} = b^{\log_b (a^{\log_a x})} = b^{\log_a x \log_b a} \implies \log_b x = \log_a x \log_b a$$
$$\implies \log_a x = \frac{\log_b x}{\log_b a}$$

2.3. 基本的な初等関数

以上の，対数に関する公式の導出は，対数の定義と指数法則を知っていれば，理解は容易である．まとめると次のようになる．

対数に関する公式

$$\log_a x + \log_a y = \log_a xy, \quad \log_a x - \log_a y = \log_a \frac{x}{y} \tag{2.35}$$

$$\log_a x^p = p \log_a x$$

底の変換公式

$$\log_a x = \frac{\log_b x}{\log_b a} \tag{2.36}$$

任意の $a\,(a>0, a \neq 1)$ に対して成り立つ式

$$\log_a a = 1, \qquad \log_a 1 = 0 \tag{2.37}$$

対数関数のグラフ

(2.32), (2.33) において $p=y$ とおくと

$$x = a^y \iff y = \log_a x \tag{2.38}$$

となって，対数関数が定義できる．この関係式から，対数関数のグラフは，指数関数のグラフにおいて x と y を取り換えたものであることがわかる．対数関数 $y = \log_a x$ のグラフは，$a>1$ のときは，右上がりの単調増加であり，$0<a<1$ のときは，右下がりの単調減少で，図 2.20 に示すグラフとなる．

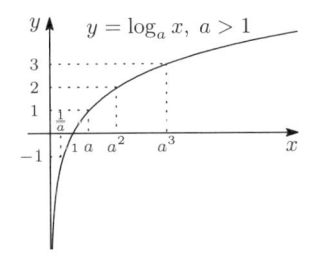

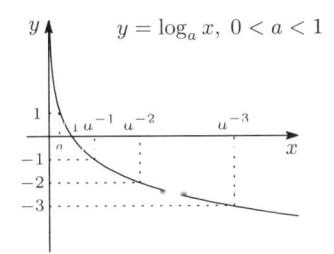

図 2.20

(2.38) において，$a = 10$ となっているのが，**常用対数**である．微分積分で出てくる対数は，**自然対数**で $a = e = 2.7182\cdots$ となっている．常用対数は，複雑な計算を手で遂行するために用いられた．そのためには $x = 10^y$ において $1 < x < 10$ に対応する y の値をあらかじめ計算しておいて，それを表にまとめた常用対数表が必要である．現在では，有効数字 4 ケタの表が一般的である．インターネットで「常用対数表」と打ち込めば，すぐ取り寄せられる．ネイピアは，20 年かけて対数表を作成し 1614 年に発表した．その対数表が，計算機のない 17 世紀におけるヨハネスケプラーの複雑な天体の軌道計算をはじめとして，その後の急速な科学技術の発展を支えた事実は留意しておくべきことである．

問題 2.24 次の式を簡単にせよ．

(1) $4^{\log_2 3}$ (2) $\log_2 6 - 2 \log_2 \dfrac{\sqrt{3}}{2}$ (3) $\log_3 81$ (4) $\log_2 0.125$ (5) $\log_3 \dfrac{1}{27}$

(6) $(\log_2 3 + \log_4 9)(\log_3 4 + \log_9 2)$ (7) $\log_3 18 - \dfrac{1}{2} \log_3 14 + \log_3 \sqrt{\dfrac{7}{54}}$

問題 2.25 次の方程式の解を求めよ．

(1) $\log_2(3x^2 - 1) + \log_2(2 - x) - \log_2(3 - 4x) = \log_4(x - 2)^2$

(2) $\log_4(x - 1)^2 + \log_8(2x - 5)^3 = \log_2(x + 29)$

2.4　逆関数

関数 $y = f(x)$ が，区間 $[a, b]$ で，単調増加，あるいは単調減少とする．したがって，そのグラフは図 2.19 や図 2.20 のようなグラフとなる．それより，容易に分かるように，y の値に対して x の値がひとつだけ対応している．このことから，逆関数を定義することができる．その逆関数の定義を述べておく．

逆関数

関数 $y = f(x)$ が，区間 $[a, b]$ で，単調増加，あるいは単調減少とする．x と y を取り換えた式 $x = f(y)$ において，x を与えれば，y の値がひとつ決まる．その関数を $y = f^{-1}(x)$ とおいて，関数 $y = f(x)$ の逆関数という．

$$x = f(y) \quad \Longleftrightarrow \quad y = f^{-1}(x) \qquad (2.39)$$

2.4. 逆関数

一次関数の逆関数

直ちに逆関数が求められる関数は一次関数 $y = ax + b$, $(a \neq 0)$ である。定義より
$$x = ay + b \implies y = \frac{1}{a}(x - b)$$
となる。$a = 0$ のときの $y = b$ の逆関数は，$x = b$ である。直線 $y = x$ が，それ自身で逆関数になっていることは明らかである。関数と，その逆関数のグラフは，直線 $y = x$ に対して対称になっている。

指数関数の逆関数

前節で述べた対数関数が，指数関数の逆関数になっていることは，その定義式 (2.38) から明らかである。指数関数と，その逆関数の対数関数のグラフが，直線 $y = x$ に対して対称になっていることは図 2.19 や図 2.20 からも明らかである。

三角関数の逆関数

関数 $y = \sin x$ は，図 17a より，$\left[-\frac{\pi}{2}, \frac{\pi}{2}\right]$ で単調増加関数となっている。よって，その逆関数は

$$x = \sin y \iff y = \sin^{-1} x, \quad -1 \leqq x \leqq 1, \, -\frac{\pi}{2} \leqq y \leqq \frac{\pi}{2} \tag{2.40}$$

関数 $y = \cos x$ は，図 17b より，$[0, \pi]$ で単調減少関数となっている。よって，その逆関数は

$$x = \cos y \iff y = \cos^{-1} x, \quad -1 \leqq x \leqq 1, \, 0 \leqq y \leqq \pi \tag{2.41}$$

関数 $y = \tan x$ は，図 17c より，$\left(-\frac{\pi}{2}, \frac{\pi}{2}\right)$ で単調増加関数となっている。よって，その逆関数は

$$x = \tan y \iff y = \tan^{-1} x, \quad -\infty < x < \infty, \, -\frac{\pi}{2} < y < \frac{\pi}{2} \tag{2.42}$$

これら 3 つの三角関数の逆関数のグラフは，下の図 2.21 になる。

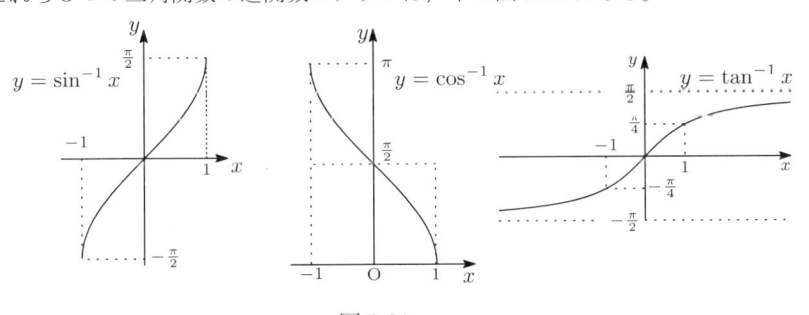

図 2.21

例題 2.14 次の逆三角関数の値を求めよ。(1), (2), (3) は弧度法, (4), (5), (6) は度数法で答えよ。関数電卓を使って小数第 3 位を四捨五入せよ。

(1) $\sin^{-1}\dfrac{1}{2}$　　(2) $\cos^{-1}\left(-\dfrac{1}{2}\right)$　　(3) $\tan^{-1}\sqrt{3}$

(4) $\sin^{-1}\dfrac{1}{4}$　　(5) $\cos^{-1}\dfrac{1}{5}$　　(6) $\tan^{-1}3$

解答：(1) $\sin^{-1}\dfrac{1}{2}=\theta$ とおくと $\sin\theta=\dfrac{1}{2}$ より, $\theta=\dfrac{\pi}{6}$
(2) $\cos^{-1}\left(-\dfrac{1}{2}\right)=\theta$ とおくと $\cos\theta=-\dfrac{1}{2}$ より, $\theta=\dfrac{2\pi}{3}$
(3) $\tan^{-1}\sqrt{3}=\theta$ とおくと $\tan\theta=\sqrt{3}$ より, $\theta=\dfrac{\pi}{3}$
(4), (5), (6) は関数電卓を使う。(4) 14.48° (5) 78.46° (6) 71.57°

問題 2.26 次の逆三角関数の値を求めよ。(7), (8), (9) は度数法で答えよ。関数電卓を使って小数第 3 位を四捨五入せよ。

(1) $\sin^{-1}\left(-\dfrac{1}{\sqrt{2}}\right)$　　(2) $\cos^{-1}\dfrac{1}{2}$　　(3) $\tan^{-1}\left(-\dfrac{1}{\sqrt{3}}\right)$

(4) $\sin^{-1}\dfrac{\sqrt{3}}{2}$　　(5) $\cos^{-1}(-1)$　　(6) $\tan^{-1}1$

(7) $\sin^{-1}\dfrac{\sqrt{2}}{3}$　　(8) $\cos^{-1}\dfrac{2}{3}$　　(9) $\tan^{-1}10$

2.5　合成関数

合成関数については，すでに 2.1.2 の連続関数の節において説明しているが，関数を微分するときや積分するとき，その関数の成り立ちを知るうえで非常に重要になるので，もう一度説明しておく。合成関数は $y=f(g(x))$ と書かれているが，これは二つの関数の連続的な変換

$$x \xrightarrow{g} u=g(x) \xrightarrow{f} y=f(u)$$

とみることができる。これをまとめて書くと

$$y=f(g(x)) \iff y=f(u), \quad u=g(x) \tag{2.43}$$

となる。いくつか例を挙げて書くと次のようになる。

2.6. 関数の媒介変数表示

$$y = (x^2+1)^{10} \iff y = u^{10}, \quad u = x^2+1$$
$$y = \sin 2x \iff y = \sin u, \quad u = 2x$$
$$y = \cos^3 x \iff y = u^3, \quad u = \cos x$$
$$y = e^{-x^2} \iff y = e^u, \quad u = -x^2$$
$$y = \log_2(x^2+x+1) \iff y = \log_2 u, \quad u = x^2+x+1$$

$e = 2.718281\cdots$ は自然対数の底で，指数関数，対数関数の微分で出てくる。大体，以上の合成関数のパターンを知っておけば大丈夫であろう。また，2重の合成関数になっている場合もある。

$$y = \sin^3 2x \iff y = v^3, \quad v = \sin u, \quad u = 2x$$
$$y = e^{-\cos^2 x} \iff y = e^v, \quad v = -u^2, \quad u = \cos x$$

などである。これらの関数の成り立ちを知っておけば，次章で述べる関数の微分も，より理解しやすくなる。

問題 2.27 次の合成関数を，この節で示したように，基本的な関数を用いて書け。

(1) $y = (-x+2)^3$　(2) $y = \sin^2 x$　(3) $y = \cos x^3$　(4) $y = e^{-x}$

(5) $y = \log_e \sin x$　(6) $y = \sqrt{x^2+1}$　(7) $y = \sin 2x$　(8) $y = \sin^{-1} 2x$

2.6　関数の媒介変数表示

　物体が平面上を運動しているとき，その位置 (x,y) は時間とともに変化していく。したがって，運動している物体の位置 (x,y) は時間の関数であるので

$$x = x(t), \qquad y = y(t) \tag{2.44}$$

とかける。物体が運動して移動していく道筋を軌道という。その軌道は，(2.44)において t を消去すると x, y の間の関数として得られる。したがって，(2.44)における x, y は，t を媒介変数とした関数となっている。

　具体的に，空気抵抗を無視した地上における放物運動を考える。地上から 1m の所から 45° 上方に向かって物体を秒速 20m で投げたとき，運動方程式を解くことによって，(2.44)における x, y 座標は

$$x = 10\sqrt{2}\,t, \qquad y = -5t^2 + 10\sqrt{2}\,t + 1$$

となる。簡単のために重力定数は $g = 10\text{m/s}^2$ とした。t を消去すると
$$y = -\frac{1}{40}(x-20)^2 + 11$$
となる。この場合は，x，y の関数関係は，今まで取り扱った形になるが，そうはならない複雑な曲線でも，媒介変数表示で書き表すことができる。

サイクロイドと呼ばれる次の曲線は $y = f(x)$ の形にするのは難しい。
$$x = a(t - \sin t), \qquad y = a(1 - \cos t)$$
この曲線を図で表すと次のようになる。

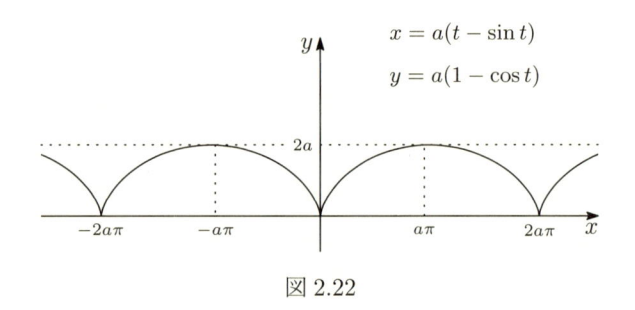

図 2.22

楕円の標準形は
$$\frac{x^2}{a^2} + \frac{y^2}{b^2} = 1$$
である。この単純な曲線でも，1つの $y = f(x)$ の形の関数では表せない。媒介変数表示では
$$x = a\cos\theta, \qquad y = b\sin\theta$$
となる。

双曲線の標準形は
$$\frac{x^2}{a^2} - \frac{y^2}{b^2} = 1$$
である。媒介変数表示は
$$x = a\cosh\theta = a\frac{e^\theta + e^{-\theta}}{2}, \qquad y = b\sinh\theta = b\frac{e^\theta - e^{-\theta}}{2}$$
である。このようにして，関数の媒介変数表示は，より広範な関数関係を表現することができる。

第3章　微分法

　第1章において，運動している物体の速度を求めるには，式 (1.2) にあるように位置を時間で微分すればよいことを知った．また，グラフの接線を求めるときには，その傾きは，その関数を微分した式 (1.14) で与えられた．第1章においては，整式関数のみを取り扱ったが，そこで述べた微分と積分に関する基本的な概念は，すべての関数に対しても成り立つ．この章では，基本的な関数と，それからつくられる一般的な関数の微分法について解説する．

3.1　関数の微分

　第1章において，整式関数に対して定義した微分の定義式 (1.12) は，一般の関数に対しても成り立つことを，図 3.1 における $y = f(x)$ のグラフを用いて確かめる．その後，二つの関数の和，定数倍，積，商の微分法を述べ，ついで合成関数，逆関数の微分法を説明する．そして，第2章において説明した基本的な関数の導関数を求め，それらを使った一般的な関数の微分法について学ぶ．

導関数の定義

図 3.1 で，点 P の座標は $(x, f(x))$，点 Q の座標は $(x+h, f(x+h))$ であるから，直線 PQ の傾さは
$$\frac{f(x+h) - f(x)}{h}$$
となる．この式で，$h \to 0$ とすると，
点 $\mathrm{P}(x, f(x))$ における接線の傾きになる．
この接線の傾きが，関数 $f(x)$ の導関数である．
これより，**導関数**の定義式は
$$\frac{dy}{dx} = \lim_{h \to 0} \frac{f(x+h) - f(x)}{h} \quad (3.1)$$
となる．

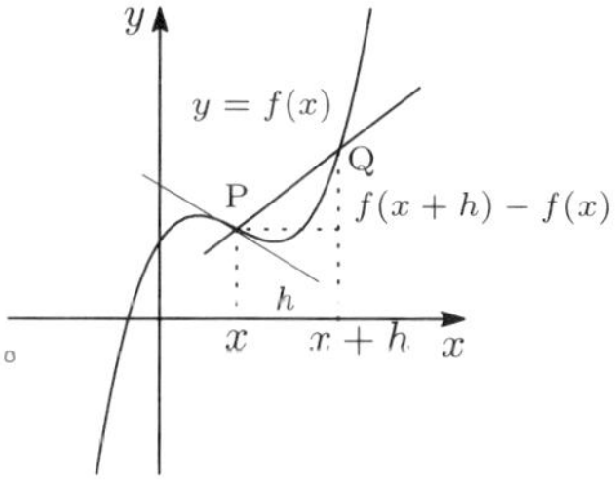

図 3.1

$y = f(x)$ の導関数の表示は，下記にあるようにいくつかあり，場合によって使い分ける．
$$\frac{dy}{dx}, \qquad y', \qquad f'(x), \qquad \frac{df}{dx}$$
最初に，この導関数が存在するための条件を考えよう．**微分可能**ということであるが，それは，微分の定義式 (3.1) にある極限が存在することである．導関数は，接線の傾きを表すものであるから，微分可能であるためには，グラフが滑らかに連続的に変化している必要がある．グラフが不連続になっているところや，とがったところでは微分可能ではない．区間 $[a, b]$ で，関数 $f(x)$ が微分可能であるとき，区間内のすべての点で (3.1) にある極限が存在する．そのための必要条件として，少なくとも分子の極限は 0 にならなければならない．
$$\lim_{h \to 0}(f(x+h) - f(x)) = 0 \iff \lim_{h \to 0} f(x+h) = f(x)$$
この式は，区間 $[a, b]$ で関数 $f(x)$ が**連続**であることを表している．

次に，微分可能な二つの関数の和，定数倍，積，商の微分法についての定理を紹介する．

定理 3.1：微分可能な関数の和，定数倍，積，商の微分法

$f(x)$, $g(x)$ は，区間 I で微分可能である．この時，区間 I で，次の式が成り立つ．c は定数であり，商の公式では $g(x) = 0$ となる x は除く．

$$\begin{aligned}
&(f(x) + g(x))' = f'(x) + g'(x) \\
&(cf(x))' = cf'(x) \\
&(f(x)g(x))' = f'(x)g(x) + f(x)g'(x) \\
&\left(\frac{1}{g(x)}\right)' = -\frac{g'(x)}{g^2(x)}, \qquad \left(\frac{f(x)}{g(x)}\right)' = \frac{f'(x)g(x) - f(x)g'(x)}{g^2(x)}
\end{aligned} \qquad (3.2)$$

証明：和と定数倍の証明は簡単であるので省略する．微分の定義 (3.1) より
$$\begin{aligned}
(f(x)g(x))' &= \lim_{h \to 0} \frac{f(x+h)g(x+h) - f(x)g(x)}{h} \\
&= \lim_{h \to 0} \frac{f(x+h)g(x+h) - f(x)g(x+h) + f(x)g(x+h) - f(x)g(x)}{h} \\
&= \lim_{h \to 0} \left(\frac{f(x+h) - f(x)}{h} g(x+h) + f(x) \frac{g(x+h) - g(x)}{h}\right)
\end{aligned}$$

3.1. 関数の微分

関数の極限に関する定理 2.1 より

$$(f(x)g(x))' = \lim_{h\to 0}\frac{f(x+h)-f(x)}{h}\lim_{h\to 0}g(x+h)+f(x)\lim_{h\to 0}\frac{g(x+h)-g(x)}{h}$$
$$=f'(x)g(x)+f(x)g'(x)$$

同様にして

$$\left(\frac{1}{g(x)}\right)' = \lim_{h\to 0}\frac{\frac{1}{g(x+h)}-\frac{1}{g(x)}}{h} = -\lim_{h\to 0}\frac{g(x+h)-g(x)}{h}\frac{1}{g(x+h)g(x)} = -\frac{g'(x)}{g^2(x)}$$

商の公式は，次のように変形して積の公式を適用すれば証明できる．

$$\left(\frac{f(x)}{g(x)}\right)' = \left(f(x)\cdot\frac{1}{g(x)}\right)' = f'(x)\frac{1}{g(x)} - f(x)\frac{g'(x)}{(g(x))^2} = \frac{f'(x)g(x)-f(x)g'(x)}{g^2(x)}$$

★ 以下の例題，問題を解くにあたって必要な整式関数の微分は，第 1 章の (1.16), (1.17) に出てきている．n を正整数として $(x^n)' = nx^{n-1}$ を利用せよ．

例題 3.1 次の関数を微分せよ．

(1) $f(x) = 2x^3 - 4x + 3$ (2) $f(x) = (x^2-1)(2x-1)$ (3) $f(x) = \dfrac{x}{2x^2+1}$

解答：(1) は，和と定数倍の公式を使う．$(2x^3-4x+3)' = 2\cdot 3x^2 - 4\cdot 1 = 6x^2 - 4$

(2) は，和，定数倍，積の公式を使う．

$$\bigl((x^2-1)(2x-1)\bigr)' = (x^2-1)'(2x-1) + (x^2-1)(2x-1)'$$
$$= 2x(2x-1) + (x^2-1)\cdot 2 = 6x^2 - 2x - 2$$

(3) は，和，定数倍，商の公式を使う．

$$\left(\frac{x}{2x^2+1}\right)' = \frac{(x)'(2x^2+1) - x(2x^2+1)'}{(2x^2+1)^2} = \frac{(2x^2+1) - x\cdot 4x}{(2x^2+1)^2} = \frac{-2x^2+1}{(2x^2+1)^2}$$

問題 3.1 次の関数を微分せよ．

(1) $f(x) = -3x^3 + x^2 - 3$ (2) $f(x) = (x^2+1)(x-2)$ (3) $f(x) = \dfrac{x-1}{x^2+1}$

(4) $f(x) = 5x^3 - x^2 + 3$ (5) $f(x) = (x^2-1)(x+2)$ (6) $f(x) = \dfrac{2x-1}{x+1}$

(7) $f(x) = \dfrac{x^4}{4} + \dfrac{x^3}{3} - 3x$ (8) $f(x) = (x^3+1)(3x-2)$ (9) $f(x) = \dfrac{2x+3}{x^2-1}$

次に，合成関数の微分法を紹介する。

定理 3.2：合成関数の微分法

合成関数を $y = f(g(x))$ とかいたとき
$$y = f(g(x)) \iff y = f(u), \quad u = g(x)$$
である。$f(u)$ が u について微分可能，$g(x)$ が x について微分可能ならば
$$\frac{dy}{dx} = \frac{dy}{du}\frac{du}{dx} \tag{3.3}$$
が成り立つ。

証明：最初に，$u = g(x)$ は，x のある区間で一定となることはない関数とする。
$$\frac{dy}{dx} = \lim_{h \to 0} \frac{f(g(x+h)) - f(g(x))}{h}$$
$k = g(x+h) - g(x)$ とすると，前提より $k \ne 0$ である。よって
$$\frac{dy}{dx} = \lim_{h \to 0} \frac{f(u+k) - f(u)}{h} = \lim_{h \to 0} \frac{f(u+k) - f(u)}{k} \frac{g(x+h) - g(x)}{h}$$
となる。$h \to 0$ のとき，$k \to 0$ となるので
$$\frac{f(u+k) - f(u)}{k} \xrightarrow{k \to 0} \frac{df}{du} = \frac{dy}{du}, \quad \frac{g(x+h) - g(x)}{h} \xrightarrow{h \to 0} \frac{dg}{dx} = \frac{du}{dx}$$
である。よって (3.3) が成り立つ。次に，ある区間で $u = g(x)$ が一定であるとすると，その区間で $\frac{du}{dx} = 0$ である。u が一定であるから $y = f(u)$ も一定となり，$\frac{dy}{dx} = 0$ となる。よって，一般的に (3.3) が成り立つ。

例題 3.2 次の関数を微分せよ。

(1) $y = (x^2 + 1)^{10}$　　(2) $y = (2x + 1)^5$　　(3) $y = \dfrac{1}{(2x^2 - 3)^3}$

解答：(1) $y = (x^2 + 1)^{10} \iff y = u^{10}, \quad u = x^2 + 1$ と書けるので，
(3.3) より $\dfrac{dy}{dx} = \dfrac{dy}{du}\dfrac{du}{dx} = 10u^9 \cdot 2x = 20x(x^2 + 1)^9$

(2) $y = (2x + 1)^5 \iff y = u^5, \quad u = 2x + 1$ と書けるので，
(3.3) より $\dfrac{dy}{dx} = \dfrac{dy}{du}\dfrac{du}{dx} = 5u^4 \cdot 2 = 10(2x + 1)^4$

3.1. 関数の微分

(3) $y = \dfrac{1}{(2x^2-3)^3} \iff y = \dfrac{1}{u^3}, \quad u = 2x^2 - 3$ と書けるので,

(3.3) と商の微分公式より $\dfrac{dy}{dx} = \dfrac{dy}{du}\dfrac{du}{dx} = -\dfrac{3u^2}{u^6} \cdot 4x = -\dfrac{12x}{(2x^2-3)^4}$

注：慣れてくれば，上記のように分解した形におかなくても微分できる。

問題 3.2 次の関数を微分せよ。

(1) $y = (x+1)^3$　　　(2) $y = (3x-2)^2$　　　(3) $y = \dfrac{1}{2x-1}$

(4) $y = (-2x+1)^4$　　(5) $y = (x^2+x+1)^3$　　(6) $y = \dfrac{1}{(-x+1)^2}$

(7) $y = (-x^2+2x+1)^5$　(8) $y = x(2x-3)^6$　　(9) $y = \dfrac{x-1}{(2x+1)^3}$

(10) $y = (2x+1)^4(x-1)^5$　(11) $y = (x^3+1)^5$　(12) $y = \dfrac{1}{(x^2+1)^2}$

次に，逆関数の微分法を述べる。

定理 3.3：逆関数の微分法

逆関数 $y = f^{-1}(x)$ は，$x = f(y)$ とかけるので，その導関数は
$$\frac{dy}{dx} = \frac{1}{\dfrac{dx}{dy}} \tag{3.4}$$
となる。

証明：$x = f(y)$ の両辺を x で微分すると，合成関数の微分法より
$$\frac{dx}{dx} = \frac{df(y)}{dx} = \frac{df(y)}{dy}\frac{dy}{dx} \iff \frac{dy}{dx} = \frac{1}{\dfrac{df(y)}{dy}} = \frac{1}{\dfrac{dx}{dy}}$$

例題 3.3 次の関数の逆関数を求めて微分せよ。

(1) $y = x^2, \ (x \geqq 0)$　　(2) $y = 2x+1$　　(3) $y = \dfrac{1}{2}(x+1)^2 - 1, \ (x \leqq -1)$

解答：(1) $x = y^2, \ (y \geqq 0) \iff y = \sqrt{x}$, (3.4) より $\dfrac{dy}{dx} = \dfrac{1}{\dfrac{dx}{dy}} = \dfrac{1}{2y} = \dfrac{1}{2\sqrt{x}}$

(2) $x = 2y + 1 \longleftrightarrow y = \frac{1}{2}(x-1)$ と書けるので,

(3.4) より $\dfrac{dy}{dx} = \dfrac{1}{\frac{dx}{dy}} = \dfrac{1}{2}$

(3) $x = \frac{1}{2}(y+1)^2 - 1, \ (y \leqq -1) \longleftrightarrow y = -\sqrt{2(x+1)} - 1$ と書けるので,

(3.4) より $\dfrac{dy}{dx} = \dfrac{1}{\frac{dx}{dy}} = \dfrac{1}{y+1} = -\dfrac{1}{\sqrt{2(x+1)}}$

問題 3.3 次の関数の逆関数を求めて微分せよ.

(1) $y = x^2, \ (x \leqq 0)$ (2) $y = -2x + 1$ (3) $y = 4(x-1)^2 - 1, \ (x \geqq 1)$

(4) $y = x^3,$ (5) $y = -3x + 2$ (6) $y = \dfrac{1}{4}(x+1)^2 + 1, \ (x \leqq -1)$

3.2 初等関数の微分法

この節では，第 2 章で出てきた基本的な初等関数の導関数の導出法を解説する．基本的な初等関数とは，有理関数，無理関数，三角関数，指数関数，対数関数のうちで最も簡単な形をした関数である．それらの関数の逆関数の微分法も述べる．そして，それらの基本的な初等関数の加減乗除，定数倍，合成によって作られる一般的な初等関数の微分法について学習する．

3.2.1 有理関数の微分

最初に，有理関数の基本となる $y = x^n, \ (n = 0, 1, 2, 3, \cdots)$ の導関数を求める．

$$\begin{aligned}
\frac{d}{dx}x^n = (x^n)' &= \lim_{h \to 0} \frac{(x+h)^n - x^n}{h} \\
&= \lim_{h \to 0} \frac{\{x^n + nx^{n-1}h + \frac{n(n-1)}{2}x^{n-2}h^2 + \cdots\} - x^n}{h} \\
&= \lim_{h \to 0} \left(nx^{n-1} + \frac{n(n-1)}{2}x^{n-2}h + \cdots\right) \\
&= nx^{n-1}
\end{aligned}$$

ここでは，次の二項展開を使った.

$$(a+b)^n = \sum_{k=0}^{n} \frac{n!}{k!(n-k)!}a^{n-k}b^k$$

3.2. 初等関数の微分法

$y = x^n$ の導関数

$$(x^n)' = nx^{n-1} \tag{3.5}$$

この公式は，(3.2) における商の公式を使って，直ちに負の整数に拡張することができる。$n = 1, 2, 3, \cdots$ として

$$(x^{-n})' = \frac{d}{dx}\frac{1}{x^n} = -\frac{(x^n)'}{(x^n)^2} = -\frac{nx^{n-1}}{(x^n)^2} = -nx^{-n-1}$$

これより，(3.5) は，負の整数に対しても成り立つとして使用してもよい。

例題 3.4 次の関数を微分せよ。

(1) $y = \dfrac{1}{(x^2+2)^2}$　(2) $y = (2x+1)^3(-x+2)^2$　(3) $y = \dfrac{(x^2+4)^5}{(x+1)^3}$　(4) $y = (2x^2-1)^3$

解答：この問題は，公式 (3.5)，微分公式の定理 3.1，合成関数の微分法の定理 3.2 を使って導関数を求める。

(1) $y = \dfrac{1}{(x^2+2)^2} \longleftrightarrow y = u^{-2},\ u = x^2+2,$　合成関数の微分法 (3.3) より

$$\frac{dy}{dx} = \frac{dy}{du}\frac{du}{dx} = -2u^{-3} \cdot (2x) = \frac{-4x}{(x^2+2)^3}$$

(2) $y' = \big((2x+1)^3\big)'(-x+2)^2 + (2x+1)^3\big((-x+2)^2\big)'$ として，

合成関数の微分法を使う。

$$y' = 3 \cdot 2(2x+1)^2(-x+2)^2 + (2x+1)^3 \cdot 2(-1)(-x+2)$$
$$= -10(x-1)(2x+1)^2(-x+2)$$

(3) $y' = \big((x^2+4)^5(x+1)^{-3}\big)' = \big((x^2+4)^5\big)'(x+1)^{-3} + (x^2+4)^5\big((x+1)^{-3}\big)'$

$$= 5(x^2+4)^4 \cdot 2x \cdot (x+1)^{-3} + (x^2+4)^5(-3)(x+1)^{-4}$$

$$= \frac{10x(x^2+4)^4(x+1) - 3(x^2+4)^5}{(x+1)^4} = \frac{(x^2+4)^4(7x^2+10x-12)}{(x+1)^4}$$

(4) $y = (2x^2-1)^3 \leftrightarrow y = u^3,\ u = 2x^2-1,$　合成関数の微分法 (3.3) より

$$\frac{dy}{dx} = \frac{dy}{du}\frac{du}{dx} = 3u^2 \cdot (4x) = 12x(2x^2-1)^2$$

以上では，非常に丁寧に解答を書いているが，慣れてくれば，途中の経過は頭の中で済ませて，すぐさま答えを出せるようになる。また，そうならなければいけない。慣れてくれば途中経過は不要である。以下の例題，問題でも同様である。

問題 3.4 次の関数を微分せよ．

(1) $y = (x+1)^3$ (2) $y = (-2x+1)^4$ (3) $y = \dfrac{1}{2}(x-1)^3 - 1$

(4) $y = \dfrac{x}{x+1}$ (5) $y = \dfrac{1}{(-2x+1)^3}$ (6) $y = \dfrac{x}{(x-1)^2} - 1$

(7) $y = (x^2+1)^3$ (8) $y = (-x^2+x+1)^3$ (9) $y = \dfrac{x}{x^2+1}$

(10) $y = (x^2+1)^{-2}$ (11) $y = (x^2-x+1)^{-3}$ (12) $y = \dfrac{1}{x^2+1}$

(13) $y = (1-x^2)^2$ (14) $y = (2x^2-2x+1)^{-1}$ (15) $y = \dfrac{x}{1-x^2}$

3.2.2 無理関数の微分

この節では，無理関数の微分を考察する．n, m を整数として
$$y = x^{\frac{m}{n}}$$
の導関数を求める．この関数の微分は，次のように合成関数の微分法を使って行う．
$$y = x^{\frac{m}{n}} \implies y^n = x^m$$
この式の両辺を x で微分する．合成関数の考え方を使うと
$$\frac{dy^n}{dx} = \frac{dy^n}{dy}\frac{dy}{dx} = ny^{n-1}\frac{dy}{dx} = mx^{m-1}$$
これより
$$\frac{dy}{dx} = \frac{mx^{m-1}}{ny^{n-1}} = \frac{m}{n}\frac{x^{m-1}}{(x^{\frac{m}{n}})^{n-1}} = \frac{m}{n}x^{\frac{m}{n}-1}$$
$p = \dfrac{m}{n}$ とすると

--- $y = x^p$ の導関数 ---
$$(x^p)' = px^{p-1} \tag{3.6}$$

となって，公式 (3.5) の n を，有理数にまで拡張[注1]できた．この公式と，今までのべた微分法の公式を使って，様々な無理関数の導関数を求めることができる．

[注1] 対数関数の微分法 (3.14) により，無理数にまで拡張できる．$\log|y| = \log|x|^p = p\log|x|$ を微分すると，$\dfrac{1}{y}\dfrac{dy}{dx} = \dfrac{p}{x} \implies y' = (x^p)' = px^{p-1}$

3.2. 初等関数の微分法

例題 3.5 次の関数を微分せよ。

(1) $y = \sqrt{x+1}$ (2) $y = \sqrt[3]{2x-1}$ (3) $y = \sqrt{x^2+1}$

(4) $y = \dfrac{1}{\sqrt{1-x^2}}$ (5) $y = \sqrt{4x^2-3x+2}$ (6) $y = \dfrac{1}{\sqrt{x^2+x+1}}$

解答：根号や累乗根を指数に直して，微分するのが基本である。

(1) $y = (x+1)^{\frac{1}{2}} \leftrightarrow y = u^{\frac{1}{2}}, u = x+1$，合成関数の微分法より
$$\frac{dy}{dx} = \frac{dy}{du}\frac{du}{dx} = \frac{1}{2}u^{-\frac{1}{2}} \cdot 1 = \frac{1}{2}\frac{1}{\sqrt{x+1}}$$

(2) $y = (2x-1)^{\frac{1}{3}} \leftrightarrow y = u^{\frac{1}{3}}, u = 2x-1$，合成関数の微分法より
$$\frac{dy}{dx} = \frac{dy}{du}\frac{du}{dx} = \frac{1}{3}u^{-\frac{2}{3}} \cdot 2 = \frac{2}{3}\frac{1}{(2x-1)^{\frac{2}{3}}}$$

(3) $y = (x^2+1)^{\frac{1}{2}} \leftrightarrow y = u^{\frac{1}{2}}, u = x^2+1$，合成関数の微分法より
$$\frac{dy}{dx} = \frac{dy}{du}\frac{du}{dx} = \frac{1}{2}u^{-\frac{1}{2}} \cdot 2x = \frac{x}{(x^2+1)^{\frac{1}{2}}} = \frac{x}{\sqrt{x^2+1}}$$

(4) $y = (1-x^2)^{-\frac{1}{2}} \leftrightarrow y = u^{-\frac{1}{2}}, u = 1-x^2$，合成関数の微分法より
$$\frac{dy}{dx} = \frac{dy}{du}\frac{du}{dx} = -\frac{1}{2}u^{-\frac{3}{2}} \cdot (-2x) = \frac{x}{(1-x^2)^{\frac{3}{2}}}$$

(5) $y = (4x^2-3x+2)^{\frac{1}{2}} \leftrightarrow y = u^{\frac{1}{2}}, u = 4x^2-3x+2$，合成関数の微分法より
$$\frac{dy}{dx} = \frac{dy}{du}\frac{du}{dx} = \frac{1}{2}u^{-\frac{1}{2}} \cdot (8x-3) = \frac{8x-3}{2(4x^2-3x+2)^{\frac{1}{2}}}$$

(6) $y = (x^2+x+1)^{-\frac{1}{2}} \leftrightarrow y = u^{-\frac{1}{2}}, u = x^2+x+1$，合成関数の微分法より
$$\frac{dy}{dx} = \frac{dy}{du}\frac{du}{dx} = -\frac{1}{2}u^{-\frac{3}{2}} \cdot (2x+1) = -\frac{1}{2}\frac{2x+1}{(x^2+x+1)^{\frac{3}{2}}}$$

問題 3.5 次の関数を微分せよ。

(1) $y = \sqrt{x-2}$ (2) $y = \sqrt{-2x+1}$ (3) $y = (\sqrt{x}+1)^2$

(4) $y = \dfrac{1}{\sqrt{x}+1}$ (5) $y = 3\sqrt[3]{x} - 4\sqrt[4]{x}$ (6) $y = \sqrt{x^2+1} + x$

(7) $y = (x^2+1)^{\frac{3}{2}}$ (8) $y = x\sqrt{1-x^2}$ (9) $y = \dfrac{x}{\sqrt{x^2+1}}$

3.2.3 三角関数の微分

最初に，三角関数の導関数を求める際に必要となる極限を求めておこう。
$$\lim_{h \to 0} \frac{\sin h}{h} = 1 \tag{3.7}$$

証明：右の図は半径 1 の半円を表している。面積に関して 三角形 $\triangle$OAB $<$ 扇形 $\stackrel{\frown}{\text{OAB}}$ $<$ 三角形 $\triangle$OBC が成り立つ。OB $= 1$，AH $= \sin\theta$，BC $= \tan\theta$ であるから

$$\frac{1}{2}\sin\theta < \frac{1}{2}\theta < \frac{1}{2}\tan\theta = \frac{1}{2}\frac{\sin\theta}{\cos\theta}$$

$$\implies \cos\theta < \frac{\sin\theta}{\theta} < 1 \tag{3.8}$$

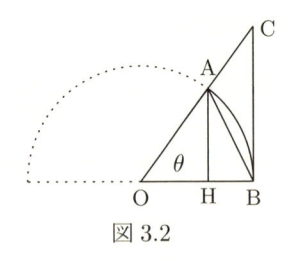

図 3.2

三角関数に関して
$$\sin(-\theta) = -\sin\theta, \qquad \cos(-\theta) = \cos\theta$$
が成り立つので，次の式が導かれる。
$$\cos(-\theta) < \frac{\sin(-\theta)}{-\theta} < 1$$

したがって，θ が正でも負でも，不等式 (3.8) が成り立つ。よって，$\theta = h$ とおくと，一般的に
$$\cos h < \frac{\sin h}{h} < 1 \tag{3.9}$$

となる。$\lim_{h \to 0} \cos h = \cos 0 = 1$ なので，極限の式 (3.7) が得られる。

不等式 (3.9) より次の不等式が導かれる。
$$\left|\frac{\sin h}{h}\right| < 1 \implies |\sin h| \leqq |h| \tag{3.10}$$

この式は，定理 2.5 の $\sin x$ の連続性の証明で使われた不等式である。

三角関数の導関数

$\sin x$ の導関数の定義式は
$$(\sin x)' = \lim_{h \to 0} \frac{\sin(x+h) - \sin x}{h}$$

である。ここで，$x + h = a + b$，$x = a - b$ とすると $a = x + \frac{h}{2}$，$b = \frac{h}{2}$ となる。定理 2.10 における加法定理を使うと
$$\sin(x+h) - \sin x = \sin(a+b) - \sin(a-b) = 2\cos a \sin b = 2\cos\left(x + \frac{h}{2}\right)\sin\frac{h}{2}$$

3.2. 初等関数の微分法

となる。極限 (3.7) を使うと
$$(\sin x)' = \lim_{h \to 0} \frac{2\cos\left(x + \frac{h}{2}\right)\sin\frac{h}{2}}{h} = \lim_{h \to 0} \cos\left(x + \frac{h}{2}\right)\frac{\sin\frac{h}{2}}{\frac{h}{2}} = \cos x$$

が導ける。$\cos x$ の導関数は次のようにして，合成関数の微分法を使って得られる。
$$y = \cos x = \sin\left(\frac{\pi}{2} - x\right) \iff y = \sin u, \quad u = \frac{\pi}{2} - x$$

となるので
$$(\cos x)' = \frac{dy}{du}\frac{du}{dx} = -\cos u = -\cos\left(\frac{\pi}{2} - x\right) = -\sin x$$

また，タンジェント関数の導関数は
$$(\tan x)' = \left(\frac{\sin x}{\cos x}\right)' = \frac{\cos x \cdot \cos x - \sin x \cdot (-\sin x)}{\cos^2 x} = \frac{1}{\cos^2 x}$$

となる。まとめると，次のようになる。

三角関数の導関数

$$(\sin x)' = \cos x, \quad (\cos x)' = -\sin x, \quad (\tan x)' = \frac{1}{\cos^2 x} \tag{3.11}$$

例題 3.6 次の関数を微分せよ。

(1) $y = \sin ax$ (2) $y = \sin x^2$ (3) $y = \cos^2 ax$ (4) $y = \sin 3x \cos 2x$

解答：定理 3.1 の微分公式と定理 3.2 の合成関数の微分を使って計算する。

(1) $y = \sin ax \leftrightarrow y = \sin u, u = ax$, 合成関数の微分法より
$$\frac{dy}{dx} = \frac{dy}{du}\frac{du}{dx} = \cos u \cdot a = a\cos ax$$

(2) $y = \sin x^2 \leftrightarrow y = \sin u, u = x^2$, 合成関数の微分法より
$$\frac{dy}{dx} = \frac{dy}{du}\frac{du}{dx} = \cos u \cdot 2x = 2x \cos x^2$$

(3) $y = \cos^2 ax \leftrightarrow y = u^2, u = \cos ax$, 合成関数の微分法より
$$\frac{dy}{dx} = \frac{dy}{du}\frac{du}{dx} = 2u \cdot (-a\sin ax) = -2a \sin ax \cos ax = -a\sin 2ax$$

(4) 積の微分法より $(\sin 3x \cos 2x)' = (\sin 3x)' \cos 2x + \sin 3x (\cos 2x)'$
$$= 3\cos 3x \cos 2x - 2\sin 3x \sin 2x$$

問題 3.6 次の関数を微分せよ。

(1) $y = \cos(2x+1)$　　(2) $y = \sin^2 x - \cos x$　　(3) $y = x^2 \sin x$

(4) $y = \dfrac{\sin^2 x}{\cos x}$　　(5) $y = \dfrac{\cos 2x}{x^2+1}$　　(6) $y = (x-1)\sin 3x$

(7) $y = \sin x \cos^2 x$　　(8) $y = (x^2-1)^2 \cos 2x$　　(9) $y = \sqrt{\sin x + \cos x}$

(10) $y = \sin \sqrt{x}$　　(11) $y = \dfrac{\sin x}{x}$　　(12) $y = a\cos(\omega x + \delta)$

3.2.4　指数関数の微分

a を底とする指数関数 $y = a^x$ の導関数を求める。

$$\frac{d}{dx}a^x = (a^x)' = \lim_{h \to 0} \frac{a^{x+h} - a^x}{h} = \lim_{h \to 0} \frac{a^x a^h - a^x}{h}$$
$$= a^x \lim_{h \to 0} \frac{a^h - 1}{h}$$

ここで，$a^h - 1 = k$ とおくと，$a^h = 1+k = a^{\log_a(1+k)}$ となるので，$h = \log_a(1+k)$ となる。$h \to 0$ のとき $k \to 0$ となるから

$$\lim_{h \to 0} \frac{a^h - 1}{h} = \lim_{k \to 0} \frac{k}{\log_a(1+k)} = \lim_{k \to 0} \frac{1}{\frac{1}{k}\log_a(1+k)} = \lim_{k \to 0} \frac{1}{\log_a(1+k)^{\frac{1}{k}}}$$

ここで，極限

$$\lim_{k \to 0}(1+k)^{\frac{1}{k}}$$

がわかればよい。k は，微小な任意の実数値であるが，極限を求めるためには n を正整数として $k = \dfrac{1}{n}$ として，$n \to \infty$ の極限をとってもよい。

この極限を，関数電卓で求めてみよう。計算すると，右の表になっていて，n が大きくなるにつれて，数列は，単調に増加して $2.7182818\cdots$ に近づいている。実際，$\left(1 + \dfrac{1}{n}\right)^n$ を 2 項定理で展開することによって，各項が 3 より小さい単調増加数列であること [注1)] が解る。有限な単調増加数列が収束することは，ワイエルシュトラスの定理 2.6 より保証されている。

n	$\left(1+\dfrac{1}{n}\right)^n$
1	2
10	2.5937424601
10^2	2.704813829
10^4	2.718145926
10^6	2.718280469
10^8	2.718281814

注1)　問題 3.8 を参照せよ。

3.2. 初等関数の微分法

また，次の式が成り立つ．

$$\lim_{n\to\infty}\left(1+\frac{1}{-n}\right)^{-n} = \lim_{n\to\infty}\left(1+\frac{1}{n-1}\right)^n = \lim_{n\to\infty}\left(1+\frac{1}{n}\right)^n$$

したがって

$$\lim_{k\to 0}(1+k)^{\frac{1}{k}} = e = 2.71828182845904\cdots$$

が結論できる．e は，**自然対数の底**といわれ繰り返しなしでどこまでも続く無理数である．円周率 π とともに，科学技術の計算において重要な定数である．この自然対数の底 e を用いて指数関数の導関数は

$$\frac{d}{dx}a^x = (a^x)' = \frac{a^x}{\log_a e} = a^x \log_e a \tag{3.12}$$

となる．$a = e$ とすると，$\log_e e = 1$ だから

$$\frac{d}{dx}e^x = (e^x)' = e^x \log_e e = e^x$$

となる．このために，指数関数の微分のときには，指数の底としては e をとる．指数の底が e でない場合は，(3.12) を公式として覚えていてもよいし，次の例題 3.7 の (3) の解答にあるように変形して微分してもよい．

指数関数の導関数をまとめると次のようになる．

指数関数の導関数

$$(e^x)' = e^x, \qquad (a^x)' = a^x \log_e a \tag{3.13}$$

例題 3.7 次の関数を微分せよ．

(1) $y = x^2 e^{-x}$ (2) $y = e^{-x^2}\cos 2x$ (3) $y = a^x$ (4) $y = \dfrac{e^x - e^{-x}}{e^x + e^{-x}}$

解答：定理 3.1 の微分公式と定理 3.2 の合成関数の微分を使って計算する．

(1) 積の微分法より，$y' = 2xe^{-x} - x^2 e^{-x}$

(2) 積と合成関数の微分法より $\quad y' = -2xe^{-x^2}\cos 2x - 2e^{-x^2}\sin 2x$

(3) ここでは，公式 (3.13) を使わずに解を求める．

$$y = a^x = e^{\log_e a^x} = e^{x\log_e a} \text{ とすると，} (a^x)' = e^{x\log_e a}\log_e a = a^x \log_e a$$

(4) $y' = \dfrac{(e^x + e^{-x})^2 - (e^x - e^{-x})^2}{(e^x + e^{-x})^2} = \dfrac{4}{(e^x + e^{-x})^2}$

問題 3.7 次の関数を微分せよ。

(1) $y = xe^{-2x}$ (2) $y = \dfrac{e^{-x}}{x}$ (3) $y = e^{-x}\sin x$ (4) $y = 2^{-x}$

(5) $y = \dfrac{e^x + e^{-x}}{e^x - e^{-x}}$ (6) $y = e^{-\frac{x^2}{2}}$ (7) $y = e^x \cos 2x$ (8) $y = \dfrac{1}{x + e^{-x}}$

(9) $y = e^{-(x+1)^2}$ (10) $y = e^{\sin x}$ (11) $y = e^{-2\sqrt{x}}$ (12) $y = \dfrac{1}{e^x + e^{-x}}$

問題 3.8 数列 $\left(1 + \dfrac{1}{n}\right)^n$, $n = 1, 2, 3, \cdots$ は，各項が 3 より小さい単調増加数列であることを，2 項定理を使って示せ。これより $\displaystyle\lim_{n\to\infty}\left(1 + \dfrac{1}{n}\right)^n = e$ が結論できる。

3.2.5 対数関数の微分

対数関数の導関数も，その定義式から求めることができるが，ここでは，対数の定義に基づいて求める。

$$y = \log_a x \iff x = a^y$$

この両辺を x で微分すると

$$1 = \frac{da^y}{dx} = \frac{da^y}{dy}\frac{dy}{dx} = a^y \log_e a \frac{dy}{dx} = x \log_e a \frac{dy}{dx}$$

これより

$$\frac{dy}{dx} = (\log_a x)' = \frac{1}{x \log_e a}$$

となる。とくに $a = e$ とすると，$\log_e e = 1$ なので

$$\frac{d}{dx}\log_e x = (\log_e x)' = \frac{1}{x}$$

$y = \log_e x$ を，e を省略して $\boldsymbol{y = \log x}$ と書いている。外国の書籍や，日本でも科学技術の本で $\boldsymbol{y = \ln x}$ と書いている場合もあるので注意が必要である。

$y = \log(-x)$ の導関数を求める。

$$y = \log(-x) \iff y = \log u,\ u = -x \implies \frac{dy}{dx} = \frac{dy}{du}\frac{du}{dx} = \frac{1}{u}\cdot(-1) = \frac{1}{x}$$

となる。よって，まとめると

$$(\log |x|)' = \frac{1}{x}$$

となる。対数関数の導関数をまとめると次のようになる。

3.2. 初等関数の微分法

対数関数の導関数

$$(\log|x|)' = \frac{1}{x}, \qquad (\log_a|x|)' = \frac{1}{x\log a} \qquad (3.14)$$

例題 3.8 次の関数を微分せよ。

(1) $y = x^2 \log x$ (2) $y = \log \dfrac{x}{x^2+1}$ (3) $y = \log(x\cos x)$ (4) $y = \log|\sqrt{x^2+a}+x|$

解答：定理 3.1 の微分公式と定理 3.2 の合成関数の微分を使って計算する。

(1) 積の微分法より，$y' = 2x\log x + x^2 \cdot \dfrac{1}{x} = 2x\log x + x$

(2) $y = \log \dfrac{x}{x^2+1} = \log x - \log(x^2+1)$ を微分する。$y' = \dfrac{1}{x} - \dfrac{2x}{x^2+1}$

(3) $y' = \big(\log(x\cos x)\big)' = \dfrac{\cos x - x\sin x}{x\cos x}$

(4) $y = \log\left|\sqrt{x^2+a}+x\right| \longleftrightarrow y = \log|u|, \quad u = \sqrt{x^2+a}+x$

として合成関数の微分法より $y' = \dfrac{1}{\sqrt{x^2+a}+x}\left(\dfrac{x}{\sqrt{x^2+a}}+1\right) = \dfrac{1}{\sqrt{x^2+a}}$

問題 3.9 次の関数を微分せよ。

(1) $y = x\log x$ (2) $y = \log \dfrac{e^x}{x^2+1}$ (3) $y = \log(2x\sin x)$

(4) $y = \cos x \cdot \log|x|$ (5) $y = \log \tan x$ (6) $y = \log(e^x + e^{-x})$

(7) $y = \sin(\log x)$ (8) $y = \log \sqrt[3]{x}$ (9) $y = \log(x^2-1)^3$

(10) $y = \log(\sin x)$ (11) $y = \log(\cos x)^2$ (12) $y = \log(\sqrt{x^2+a^2}-x)$

3.2.6 三角関数の逆関数の微分

逆関数の微分法は，定理 3.3 において説明しているが，ここでは三角関数の逆関数に重点を置いて解説する。もう一度，逆関数 $y = f^{-1}(x)$ の導関数の求め方を復習する。合成関数の微分の考えを使うと

$$\frac{d}{dx}x = \frac{d}{dx}f(y) \implies 1 = \frac{d}{dy}f(y)\frac{dy}{dx}$$

となって，逆関数の導関数

$$\frac{dy}{dx} = \frac{1}{\frac{d}{dy}f(y)} = \frac{1}{\frac{dx}{dy}} \tag{3.15}$$

が求まる。ただし，このままでは右辺は y の関数となっているので，$y = f^{-1}(x)$ を使い，変数を x に書き直さなければならない。

$\sin^{-1} x$ の導関数

$$y = \sin^{-1} x \iff x = \sin y$$

だから，両辺を微分して

$$\frac{d}{dx}x = \frac{d}{dx}\sin y \implies 1 = \frac{d\sin y}{dy}\frac{dy}{dx} = \cos y \frac{dy}{dx} \implies \frac{dy}{dx} = \frac{1}{\cos y}$$

$-\frac{\pi}{2} < y < \frac{\pi}{2}$ だから，この範囲で $\cos y > 0$ である。

$$\cos y = \sqrt{1 - \sin^2 y} = \sqrt{1 - x^2}$$

となるので，$y = \sin^{-1} x$ の導関数は，次の式となる。

$$\frac{d}{dx}\sin^{-1} x = (\sin^{-1} x)' = \frac{1}{\sqrt{1-x^2}} \tag{3.16}$$

$\tan^{-1} x$ の導関数

この関数の場合も，$y = \sin^{-1} x$ と同様にして，導関数が求まる。
$y = \tan^{-1} x \iff x = \tan y$ だから

$$\frac{d}{dx}x = \frac{d}{dx}\tan y \implies 1 = \frac{d\tan y}{dy}\frac{dy}{dx} = \frac{1}{\cos^2 y}\frac{dy}{dx} \implies \frac{dy}{dx} = \cos^2 y$$

となる。$1 + \tan^2 y = \dfrac{1}{\cos^2 y}$ だから

$$\cos^2 y = \frac{1}{1 + \tan^2 y} = \frac{1}{1 + x^2}$$

となるので，$y = \tan^{-1} x$ の導関数は，次の式で与えられる。

$$\frac{d}{dx}\tan^{-1} x = (\tan^{-1} x)' = \frac{1}{1 + x^2} \tag{3.17}$$

$\cos^{-1} x$ の導関数

この関数の場合も，同様にして導関数が求まる．

$$\frac{d}{dx}\cos^{-1} x = (\cos^{-1} x)' = \frac{-1}{\sqrt{1-x^2}} \tag{3.18}$$

第 1 章で学んだように，微分と積分の関係は (1.23) にあるように，互いに関連している．三角関数の逆関数は，上にあげた微分の形より，次にあげる積分の形で用いられることが多い．

$$\int \frac{1}{\sqrt{1-x^2}}\, dx = \sin^{-1} x + C$$

$$\int \frac{1}{x^2+1}\, dx = \tan^{-1} x + C$$

問題 3.10 次の関数を微分せよ．

(1) $y = \sin^{-1}\dfrac{x}{a}$ (2) $y = \tan^{-1}\dfrac{x}{a}$ (3) $y = \sin^{-1}\dfrac{x+b}{a}$

(4) $y = \tan^{-1}\dfrac{x+b}{a}$ (5) $y = (\tan^{-1} x)^2$ (6) $y = 2\sin^{-1}\sqrt{x}$

(7) $y = 2\tan^{-1}\sqrt{x}$ (8) $y = \cos^{-1}(2x-1)$ (9) $y = 2\cos^{-1}\sqrt{x}$

3.3 高次導関数

第 1 章において，位置を表す関数 $x = x(t)$ を，時刻 t で微分したものが速度 $v = v(t)$ であった．さらに，$v(t)$ を t で微分すると加速度 $a = a(t)$ になる．このとき，加速度 $a(t)$ は，位置 $x(t)$ を t について 2 回微分したものになっているので，$a(t)$ は $x(t)$ の 2 次導関数である．この関係を次のように書く．

$$v(t) = \frac{dx}{dt}, \qquad a(t) = \frac{d}{dt}\left(\frac{dx}{dt}\right) = \frac{d^2 x}{dt^2}$$

$v(t)$ は，$x(t)$ の 1 次導関数，$a(t)$ は，$x(t)$ の 2 次導関数である．

また，関数 $f(x)$ を，x のべき級数で展開するときには，微分を何回も続けて出てくる高次導関数が必要となる．この節では，高次導関数の一般的な解説を行う．

関数 $y = f(x)$ の導関数 $f'(x)$ は x の関数である．この $f'(x)$ が微分可能であるとき，さらに微分して出てくる関数が**第 2 次導関数**である．記号で次のように表す．

$$\frac{d^2y}{dx^2}, \qquad y'', \qquad \frac{d^2}{dx^2}f(x), \qquad f''(x)$$

記号の意味は，例えば

$$\frac{d^2y}{dx^2} = \frac{d}{dx}\left(\frac{dy}{dx}\right), \qquad f''(x) = (f'(x))'$$

である．この微分の操作を n 回続けて出てくる関数が **n 次導関数**で，次のような記号で表す．

$$\frac{d^ny}{dx^n}, \qquad y^{(n)}, \qquad \frac{d^n}{dx^n}f(x), \qquad f^{(n)}(x)$$

場合によって，これらの表示を使い分ける．n 次導関数を，**n 階導関数**と表示している場合もあるが，本書では n 次導関数を使う．

例題 3.9 $y = (x+a)^\alpha$ の n 次導関数を求めよ．

解答：逐次微分していって，一般形を見つければよい．

$$y' = \alpha(x+a)^{\alpha-1}$$
$$y'' = \alpha(\alpha-1)(x+a)^{\alpha-2}$$
$$y''' = \alpha(\alpha-1)(\alpha-2)(x+a)^{\alpha-3}$$
$$\vdots$$

$$y^{(n)} = \alpha(\alpha-1)(\alpha-2)\cdots(\alpha-n+1)(x+a)^{\alpha-n} \tag{3.19}$$

特に，$\alpha = m$ (m は正整数) とすると

$$y^{(m)} = m! \qquad y^{(m+k)} = 0 \ (k = 1, 2, \cdots)$$

となる．

例題 3.10 次の関数の n 次導関数を求めよ．

(1) $y = \sin x$ \qquad (2) $y = \cos x$ \qquad (3) $y = e^x$ \qquad (4) $y = \log|x|$

3.3. 高次導関数

解答：逐次微分していって，一般形を見つける．三角関数の公式 (2.17) にある次の式を使う．

$$\sin\left(\theta + \frac{\pi}{2}\right) = \cos\theta, \qquad \cos\left(\theta + \frac{\pi}{2}\right) = -\sin\theta$$

(1) $(\sin x)' = \cos x = \sin\left(x + \frac{\pi}{2}\right)$

$(\sin x)'' = \left(\sin\left(x + \frac{\pi}{2}\right)\right)' = \cos\left(x + \frac{\pi}{2}\right) = \sin\left(x + 2\cdot\frac{\pi}{2}\right)$

$(\sin x)''' = \left(\sin\left(x + 2\cdot\frac{\pi}{2}\right)\right)' = \cos\left(x + 2\cdot\frac{\pi}{2}\right) = \sin\left(x + 3\cdot\frac{\pi}{2}\right)$

$\vdots$

$$(\sin x)^{(n)} = \sin\left(x + n\cdot\frac{\pi}{2}\right) \tag{3.20}$$

(2) $(\cos x)' = -\sin x = \cos\left(x + \frac{\pi}{2}\right)$

$(\cos x)'' = \left(\cos\left(x + \frac{\pi}{2}\right)\right)' = -\sin\left(x + \frac{\pi}{2}\right) = \cos\left(x + 2\cdot\frac{\pi}{2}\right)$

$(\cos x)''' = \left(\cos\left(x + 2\cdot\frac{\pi}{2}\right)\right)' = -\sin\left(x + 2\cdot\frac{\pi}{2}\right) = \cos\left(x + 3\cdot\frac{\pi}{2}\right)$

$\vdots$

$$(\cos x)^{(n)} = \cos\left(x + n\cdot\frac{\pi}{2}\right) \tag{3.21}$$

(3) $(e^x)' = e^x, \quad (e^x)'' = e^x, \quad$ より，

$$(c^x)^{(n)} = e^x \tag{3.22}$$

このようにして，指数関数 $y = e^x$ は，何回微分しても形は変わらない．

(4) $\bigl(\log|x|\bigr)' = \frac{1}{x}, \quad \bigl(\log|x|\bigr)'' = \frac{(-1)}{x^2}, \quad , \quad \bigl(\log|x|\bigr)''' = \frac{(-1)^2\, 1\cdot 2}{x^3},$

以上より，$\bigl(\log|x|\bigr)^{(n)} - \frac{(-1)^{n-1}(n-1)!}{x^n}$ \hfill (3.23)

以上の解答の n 次導関数の一般形は，いずれも数学的帰納法で証明できる．

問題 3.11 次の関数の 3 次導関数を求めよ．

(1) $y = \sin^2 x$ (2) $y = x\cos x$ (3) $y = xe^{-x}$ (4) $y = x\log x$

問題 3.12 次の関数の n 次導関数を求めよ。

(1) $y = \sin ax$ 　　　(2) $y = \cos ax$ 　　　(3) $y = e^{ax}$

二つの関数 $f(x)$ と $g(x)$ の積の n 次導関数の形を求める。$f(x)$ と $g(x)$ は n 回微分可能とする。ここで，見かけが煩雑になるので $f(x)$ を f，$g(x)$ を g と省略して書く。定理 3.1 における積の公式を用いる。まず，順次微分していって一般形を推測する。

$$(fg)' = f'g + fg'$$
$$(fg)'' = (f'g + fg')' = f''g + 2f'g' + fg''$$
$$(fg)''' = (f''g + 2f'g' + fg'')' = f'''g + 3f''g' + 3f'g'' + fg'''$$

となる。ここまでくると，係数は 2 項係数になっていることに気づくだろう。

したがって n 次導関数は次の形になっていることが推測できる。

$$(fg)^{(n)} = \sum_{k=0}^{n} \frac{n!}{(n-k)!\,k!} f^{(n-k)} g^{(k)} \tag{3.24}$$

この式が正しいことは，数学的帰納法で確かめられる。この n 次導関数の式を**ライプニッツの公式**という。

例題 3.11 関数 $y = x \sin x$ の 5 次導関数を求めよ。

解答：ライプニッツの公式 (3.24) において $n = 5$ とおき $f = x$，$g = \sin x$ とすると $k = 5, 4$ の項のみが残る。

$$y^{(5)} = x(\sin x)^{(5)} + 5(\sin x)^{(4)}$$
$$= x \sin\left(x + 5 \cdot \frac{\pi}{2}\right) + 5 \sin\left(x + 4 \cdot \frac{\pi}{2}\right) = x \cos x + 5 \sin x$$

例題 3.12 関数 $y = x^2 e^x$ の n 次導関数を求めよ。

解答：ライプニッツの公式 (3.24) において $f = x^2$，$g = e^x$ とすると $k = n, n-1, n-2$ の項のみが残る。

$$y^{(n)} = x^2 e^x + n(2x)e^x + n(n-1)e^x = (x^2 + 2nx + n^2 - n)e^x$$

3.4. 媒介変数表示された関数の導関数　　　　　　　　　　　　　　　75

問題 3.13 次の関数の 3 次導関数を求めよ．

(1) $y = x^2 \sin x$　　　(2) $y = e^x \cos x$　　　(3) $y = e^x \log x$

問題 3.14 次の関数の n 次導関数を求めよ．

(1) $y = x^2 \cos x$　　　(2) $y = x^2 e^{-x}$　　　(3) $y = x \log x$

3.4　媒介変数表示された関数の導関数

媒介変数表示の関数については，第 2 章 4 節で説明している．一般形は

$$x = x(t), \qquad y = y(t) \tag{3.25}$$

である．t が媒介変数である．関数 $x(t), y(t)$ は，t について微分可能とする．t が変化すると，(3.25) は，xy 平面上に曲線を描く．例を挙げると，次のような曲線がある．

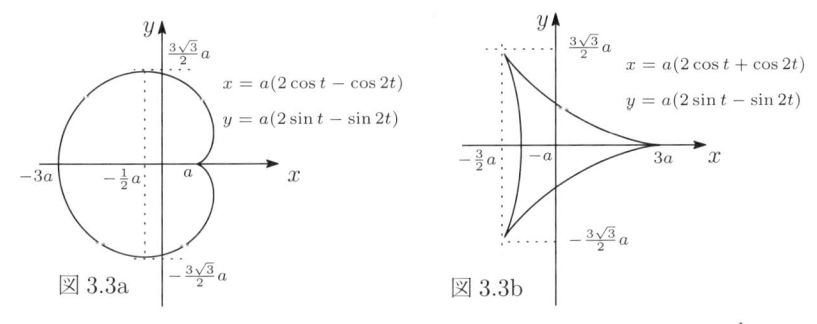

図 3.3a　$x = a(2\cos t - \cos 2t)$, $y = a(2\sin t - \sin 2t)$

図 3.3b　$x = a(2\cos t + \cos 2t)$, $y = a(2\sin t - \sin 2t)$

このような媒介変数表示された曲線の上の点での接線の傾きは，やはり $\dfrac{dy}{dx}$ で与えられる．この導関数の求め方を考察する．

媒介変数表示された関数の導関数

$x = x(t), y = y(t)$ とする．y を x の関数としたときの導関数は，

$$\frac{dy}{dx} = \frac{\frac{dy}{dt}}{\frac{dx}{dt}} \tag{3.26}$$

となる．

証明：$x = x(t)$ より，t を x で表すと $t = x^{-1}(x)$ となる。ただし，$x = x(t)$ が単調増加，単調減少になっている部分ごとに，この逆関数をつくることにする。このとき，逆関数の微分法の定理 3.3 より

$$\frac{dt}{dx} = \frac{1}{\frac{dx}{dt}}$$

が成り立つ。一方，合成関数の微分法の定理 3.2 より

$$\frac{dy}{dx} = \frac{dy}{dt}\frac{dt}{dx} \implies \frac{\frac{dy}{dt}}{\frac{dx}{dt}}$$

となるので，(3.26) が結論できる。

例題 3.13 サイクロイド $x = a(t - \sin t)$, $y = a(1 - \cos t)$ の導関数を求めよ。

解答：(3.26) より

$$\frac{dy}{dx} = \frac{\frac{dy}{dt}}{\frac{dx}{dt}} = \frac{\sin t}{1 - \cos t}$$

例題 3.14 楕円 $\dfrac{x^2}{a^2} + \dfrac{y^2}{b^2} = 1$ を媒介変数表示して，その導関数を求めよ。

解答：媒介変数表示は $x = a\cos t$, $y = b\sin t$ となる。(3.26) より

$$\frac{dy}{dx} = \frac{\frac{dy}{dt}}{\frac{dx}{dt}} = \frac{b\cos t}{-a\sin t} = -\frac{b}{a}\frac{1}{\tan t} = -\frac{b}{a}\cot t$$

問題 3.15 図 3.3a, 図 3.3b で表示した媒介変数表示の関数の導関数を求めよ。

3.5　多変数関数の微分 … 偏微分法

これまでは，独立変数が x のみの関数 $y = f(x)$ を考察してきた。しかし，我々が住んでいる世界は 3 次元であり，その中でのいろいろな量は，位置座標 x, y, z の関数である。たとえば，部屋の温度を考えるとき，天井の近くと床の近くの温度は異なるだろうし，窓際と入口の温度も異なる。それに加えて，夜と昼の温度も異なる。したがって，温度を厳密に関数としてあらわす場合は

$$T = T(x, y, z, t) \tag{3.27}$$

3.5. 多変数関数の微分 … 偏微分法

となり，変数は x, y, z, t の 4 個になる．いま，x, y を床の上の位置を表す座標，z を高さを表す座標とする．t は，もちろん時間変数である．このように設定しておいて，温度の変化分は，どのようにしたら表せるかを考える．ある時刻において，温度が高さに対してどのように変化するかを見るためには，x, y, t を一定にしておいて，高さの変数 z に対して温度 T がどのように変化するかをみればよいということが容易に判るであろう．そのためには，$T = T(x, y, z, t)$ において x, y, t を一定にしておいて，変数を z として，T のグラフを描いてみれば一目瞭然である．そのグラフの，ある高さ z における変化分は $T = T(x, y, z, t)$ を z について微分すれば解ることである．このときの微分は，x, y, t は一定としての z での微分である．この微分を記号

$$\frac{\partial T}{\partial z} = \lim_{h \to 0} \frac{T(x, y, z+h, t) - T(x, y, z, t)}{h} \tag{3.28}$$

で表し，T の z による**偏微分**[注1)] という．

変数 x, y, t についての偏微分も同様に定義できる．部屋のある地点での，温度の時間変化を知るためには，x, y, z を一定として，t で微分すればよい．x, y についても同様であり，それらの微分を，次の偏微分の記号で表す．

$$\frac{\partial T}{\partial t}, \qquad \frac{\partial T}{\partial x}, \qquad \frac{\partial T}{\partial y} \tag{3.29}$$

偏微分法については，第 6 章で詳しく論じる．ここでは，上で述べた多変数関数の微分の仕方を理解することが目的である．なぜなら，最近では専門科目を初学年から習うので，その専門科目の授業で偏微分が出てくるからである．

例題 3.15 次の 2 変数関数を x, y で偏微分せよ．

(1) $u = x^3 - 3x^2 y + 4xy^2 - y^4$ (2) $u = x^2 \sin y - y \cos x$ (3) $u = e^{-xy}$

(4) $u = \dfrac{x^2 y}{x + y^2}$ (5) $u = x^2 \log xy^2$ (6) $u = e^{-(x^2 + xy - y^2)}$

解答：上で述べた偏微分の定義に従って微分する．

(1) $\dfrac{\partial u}{\partial x} = 3x^2 - 6xy + 4y^2, \quad \dfrac{\partial u}{\partial y} = -3x^2 + 8xy - 4y^3$

(2) $\dfrac{\partial u}{\partial x} = 2x \sin y + y \sin x, \quad \dfrac{\partial u}{\partial y} = x^2 \cos y - \cos x$

[注1)] これまで学んできた微分は，1 変数関数の微分で，**常微分**という．

(3) $\dfrac{\partial u}{\partial x} = -ye^{-xy}$, $\dfrac{\partial u}{\partial y} = -xe^{-xy}$

(4) $\dfrac{\partial u}{\partial x} = \dfrac{2xy(x+y^2) - x^2 y}{(x+y^2)^2} = \dfrac{x^2 y + 2xy^3}{(x+y^2)^2}$

$\dfrac{\partial u}{\partial y} = \dfrac{x^2(x+y^2) - x^2 y(2y)}{(x+y^2)^2} = \dfrac{x^3 - x^2 y^2}{(x+y^2)^2}$

(5) $\dfrac{\partial u}{\partial x} = 2x \log xy^2 + x^2 \cdot \dfrac{1}{x} = 2x \log xy^2 + x$

$\dfrac{\partial u}{\partial y} = \dfrac{\partial}{\partial y} x^2 (\log x + 2\log |y|) = 2\dfrac{x^2}{y}$

(6) $\dfrac{\partial u}{\partial x} = -(2x+y)e^{-(x^2+xy-y^2)}$, $\dfrac{\partial u}{\partial y} = -(x-2y)e^{-(x^2+xy-y^2)}$

例題 3.16 次の 3 変数関数を x, y, t で偏微分せよ。

(1) $u = e^{-\frac{x^2+2y^2}{2t}}$ (2) $u = \sin(\sqrt{2x^2+y^2} - t)$ (3) $u = \log \dfrac{x^2-y^2}{t}$

解答：いずれも合成関数の微分法を使う。(3) は，対数の公式も使う。

(1) $\dfrac{\partial u}{\partial x} = -\dfrac{x}{t} e^{-\frac{x^2+2y^2}{2t}}$, $\dfrac{\partial u}{\partial y} = -\dfrac{2y}{t} e^{-\frac{x^2+2y^2}{2t}}$, $\dfrac{\partial u}{\partial t} = \dfrac{x^2+2y^2}{2t^2} e^{-\frac{x^2+2y^2}{2t}}$

(2) $\dfrac{\partial u}{\partial x} = \dfrac{2x}{\sqrt{2x^2+y^2}} \cos(\sqrt{2x^2+y^2} - t)$, $\dfrac{\partial u}{\partial y} = \dfrac{y}{\sqrt{2x^2+y^2}} \cos(\sqrt{2x^2+y^2} - t)$

$\dfrac{\partial u}{\partial t} = -\cos(\sqrt{2x^2+y^2} - t)$

(3) $u = \log|x^2-y^2| - \log|t|$, $\dfrac{\partial u}{\partial x} = \dfrac{2x}{x^2-y^2}$, $\dfrac{\partial u}{\partial y} = \dfrac{-2y}{x^2-y^2}$, $\dfrac{\partial u}{\partial t} = -\dfrac{1}{t}$

問題 3.16 次の 2 変数関数を x, y で偏微分せよ。

(1) $u = -2x^3 + 3x^2 y - 5xy^2 - y^3$ (2) $u = x^2 \cos y - y \sin x$ (3) $u = e^{-(x^2+y^2)}$

(4) $u = \cos(x^2+y) + \sin(x+y^2)$ (5) $u = x^2 y \log xy^2$ (6) $u = e^{-x^3 y^2}$

問題 3.17 次の 3 変数関数を x, y, t で偏微分せよ。

(1) $u = e^{-(x^2+2y^2)t}$ (2) $u = \sin(x^2 yt)$ (3) $u = \log(x^2 e^{-xyt})$

第4章 微分法の応用

　第1章において，微分と積分は，物体の運動を数学的に記述するために創られたことを述べた。それにとどまらず微分積分学は，いろいろな理学や工学の分野に応用されて欠かすことのできない数学的手段となっている。この章では，微分法を実用的に活用するための基礎的な知識を提供する。

4.1　曲線の接線

　曲線の接線の傾きを求めることは，そもそも微分法の源泉であり，第1章の「微分・積分の起源」において，簡単な整式関数について，その方法を説明した。ここでは，同じことを一般の関数に対して行い，接線の方程式を求める。
右図で，点 P の座標は $(a, f(a))$，点 Q の座標は $(a+h, f(a+h))$ であるから，直線 PQ の傾きは
$$\frac{f(a+h) - f(a)}{h}$$
となる。$h \to 0$ とすると，この極限値は，点 $P(a, f(a))$ における接線 l の傾きになる。したがって
$$f'(a) = \lim_{h \to 0} \frac{f(a+h) - f(a)}{h} \qquad (4.1)$$

図 4.1

この $f'(a)$ を特に**微分係数**という。
関数 $y = f(x)$ のグラフの上の点 $P(a, f(a))$ での接線の方程式を求める。接線は，傾きは $f'(a)$ で，点 $P(a, f(a))$ を通るので
$$y = f'(a)(x - a) + f(a) \qquad (4.2)$$
となる。

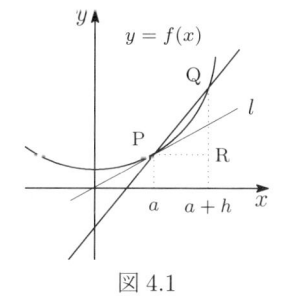

例題 4.1 関数 $y = x\sin x$ のグラフの上の $x = \frac{\pi}{2}$ と $x = \frac{3\pi}{2}$ にあたる点の接線を求めよ。

解答：(4.1) によって，接線の傾きを求めて，(4.2) によって，接線の方程式を求めればよい。最初に，$x = \frac{\pi}{2}$ と $x = \frac{3\pi}{2}$ にあたる点の座標を求める。$f(x) = x\sin x$ としたとき，$f(\frac{\pi}{2}) = \frac{\pi}{2}$, $f(\frac{3\pi}{2}) = -\frac{3\pi}{2}$ となるので，グラフの上の点は $(\frac{\pi}{2}, \frac{\pi}{2})$ と $(\frac{3\pi}{2}, -\frac{3\pi}{2})$ である。導関数は $f'(x) = \sin x + x\cos x$ であるので，接線の傾きは，それぞれ $f'(\frac{\pi}{2}) = 1$, $f'(\frac{3\pi}{2}) = -1$ となるので，この 2 点における接線は $y = x$ と $y = -x$ である。

例題 4.2 媒介変数表示の関数 $x = 3\cos t + \cos 3t$, $y = 3\sin t + \sin 3t$ の $t = \frac{\pi}{6}$ における点での接線を求めよ。

解答：$t = \frac{\pi}{6}$ のときの点の座標は $(\frac{3\sqrt{3}}{2}, \frac{5}{2})$
傾きは (3.26) より

$$\frac{dy}{dx} = \frac{\frac{dy}{dt}}{\frac{dx}{dt}} = \frac{3\cos t + 3\cos 3t}{-3\sin t - 3\sin 3t} \quad \text{に} \quad t = \frac{\pi}{6} \text{ を代入して} \quad -\frac{\sqrt{3}}{3}$$

これより接線は $y = -\frac{\sqrt{3}}{3}(x - \frac{3\sqrt{3}}{2}) + \frac{5}{2} = -\frac{\sqrt{3}}{3}x + 4$ となる。

問題 4.1 次の関数のグラフの上の，x 座標を指定した点における接線を求めよ。

(1) $y = 2x^3 - 5x^2$ $\quad (x = 2)$ $\qquad$ (2) $y = x\cos x$ $\quad (x = \frac{\pi}{2})$

(3) $y = x^2 \log|x - 1| - x$ $\quad (x = 2)$ $\qquad$ (4) $y = \dfrac{x}{x^2 + 1}$ $\quad (x = 1)$

(5) $y = \dfrac{e^x - e^{-x}}{e^x + e^{-x}}$ $\quad (x = 0)$ $\qquad$ (6) $y = \dfrac{1}{x^2 + 1}$ $\quad (x = -1)$

問題 4.2 次の媒介変数表示の関数の，媒介変数を指定した点における接線を求めよ。

(1) $x = 3\cos t + \cos 3t,$ $\qquad y = 3\sin t - \sin 3t,$ $\qquad t = \dfrac{\pi}{4}$

(2) $x = 4\cos t + \cos 4t,$ $\qquad y = 4\sin t - \sin 4t,$ $\qquad t = \dfrac{\pi}{2}$

(3) $x = 2t - 1,$ $\qquad y = t^3 - 2t^2 + 5t - 3,$ $\qquad t = 1$

(4) $x = \dfrac{1 - t^2}{1 + t^2},$ $\qquad y = \dfrac{2t}{1 + t^2},$ $\qquad t = \sqrt{3}$

4.2 物体の速度と加速度

第1章において，直線上の物体の運動を考察して，速度と加速度を定義した。また，数学的に厳密に，速度と加速度を定義するために"関数の微分"という重要な概念が考え出されたことも説明した。この節では，平面運動，空間運動における速度，加速度を考える。

物体が，空間を運動しているときは，その位置座標 (x, y, z) が，時間 t の関数として変化している。

$$x = x(t), \qquad y = y(t), \qquad z = z(t) \tag{4.3}$$

このとき，速度は

$$v_x = \frac{dx}{dt}, \qquad v_y = \frac{dy}{dt}, \qquad v_z = \frac{dz}{dt} \tag{4.4}$$

加速度は

$$a_x = \frac{dv_x}{dt} = \frac{d^2x}{dt^2}, \qquad a_y = \frac{dv_y}{dt} = \frac{d^2y}{dt^2}, \qquad a_z = \frac{dv_z}{dt} = \frac{d^2z}{dt^2} \tag{4.5}$$

で求めることができる。

物体の位置が時間の関数としてわかっている場合の物体の速度と加速度を求める。最初に次の運動を取り扱う。

$$x = 2\cos t, \qquad y = 2\sin t, \qquad z = 2t^2 - 3t + 5$$

速度は

$$v_x = -2\sin t, \qquad v_y = 2\cos t, \qquad v_z = 4t - 3$$

加速度は

$$a_x = -2\cos t, \qquad a_y = -2\sin t, \qquad a_z = 4$$

となる。この運動は

$$x^2 + y^2 = 4\cos^2 t + 4\sin^2 t = 4$$

となるので，半径2の円状の螺旋を，z 軸に沿って上昇している物体を表す。加速度は，$a_x = -x, a_y = -y$ と書けるので，この物体には，z 軸に向かう求心力と，z 軸の + 方向に一定の力が作用している。

次の式は，空気中を速度に比例する抵抗(比例定数 k) を受けて運動する質量 m の物体の軌道を表す．x は水平方向，y は鉛直方向の座標である．

$$x = \frac{mv_0 \cos\theta}{k}\left(1 - e^{-\frac{k}{m}t}\right),$$
$$y = \frac{m^2 g}{k^2}\left(1 - \frac{k}{m}t - e^{-\frac{k}{m}t}\right) + \frac{mv_0 \sin\theta}{k}\left(1 - e^{-\frac{k}{m}t}\right) + h$$

t で微分すると速度が得られる．

$$v_x = v_0 \cos\theta e^{-\frac{k}{m}t},$$
$$v_y = -\frac{mg}{k}\left(1 - e^{-\frac{k}{m}t}\right) + v_0 \sin\theta e^{-\frac{k}{m}t}$$

もう一度 t で微分すると加速度になる．

$$a_x = -\frac{k}{m}v_0 \cos\theta e^{-\frac{k}{m}t},$$
$$a_y = -ge^{-\frac{k}{m}t} - \frac{k}{m}v_0 \sin\theta e^{-\frac{k}{m}t}$$

となる．$t = 0$ とすると

$$x(0) = x_0 = 0 \qquad y(0) = y_0 = h$$
$$v_x(0) = v_0 \cos\theta \qquad v_y(0) = v_0 \sin\theta$$

となり，この物体は h の高さから，速度 v_0 で，上方に角度 θ で打ち上げられたことがわかる．加速度を，速度で書き直すと

$$a_x = -\frac{k}{m}v_x,$$
$$a_y = -g + g\left(1 - e^{-\frac{k}{m}t}\right) - \frac{k}{m}v_0 \sin\theta e^{-\frac{k}{m}t} = -g - \frac{k}{m}v_y$$

となる．これより，物体に働いている力 (F_x, F_y) を求めることができる．

$$F_x = ma_x = -kv_x, \qquad F_y = ma_y = -mg - kv_y$$

となっているので，確かに，速度に比例する抵抗が作用している．

　力学では，この運動方程式によって，加速度がわかり，それを積分することによって，速度，さらに速度を積分することによって，位置が時間の関数として求められる．第 5 章 4.4 節「放物運動への応用」で，運動方程式を解くことによって放物運動を求める．

問題 4.3 次の平面運動の速度と加速度を求めよ．

(1) $x = 3\cos t + \cos 3t,$ $\qquad y = 3\sin t - \sin 3t$

(2) $x = 2t + 3,$ $\qquad y = -t^2 + 3t + 1$

(3) $x = \dfrac{1}{3}t + \sin t,$ $\qquad y = -\cos t + \sin t$

問題 4.4 次の式は，光速を $c = 1$ とおいた相対論的な粒子の放物運動を表す．

$$x = \log\left(\frac{\sqrt{t^2+2}+t}{\sqrt{2}}\right), \qquad y = \sqrt{t^2+2} - \sqrt{2}$$

相対論的な運動量 $p_x = \dfrac{mv_x}{\sqrt{1-v_x^2-v_y^2}}$, $p_y = \dfrac{mv_y}{\sqrt{1-v_x^2-v_y^2}}$ の時間微分を求めて，この粒子に作用する力 $\left(\dfrac{dp_x}{dt}, \dfrac{dp_y}{dt}\right)$ を求めよ．ただし，m は粒子の質量である．

4.3 平均値の定理とその拡張

微分法の関数への応用として，関数のグラフを描く，関数の最大値，最小値を求める，方程式を解く，関数を級数展開する等があるが，これらの第一歩になるのが，平均値の定理である．最初に，この平均値の定理を証明するための基本的な定理であるロルの定理を紹介する．

定理 4.1：ロルの定理

関数 $f(x)$ が，範囲 $a \leqq x \leqq b$ で微分可能とする．このとき，$f(a) = f(b) = 0$ ならば，$a < c < b$ で，$f'(c) = 0$ となる c が少なくとも一つ存在する．

関数 $f(x)$ が微分可能なとき，右の図で見るように，$y = f(x)$ のグラフは，連続で滑らかである．これは，接線の傾きを表す $f'(x)$ が連続的に変化しているからである．ロルの定理は，図で描いてみると明らかである．この図では，題意を満たす c は 2 点存在する．

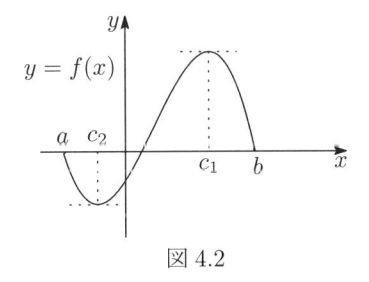

図 4.2

数学的に厳密に証明するには，連続関数に関して成り立つ定理 2.7「最大値，最小値の存在定理」を使う．それを簡単に紹介する．

証明：関数 $f(x)$ が，区間 $[a,b]$ で常に 0 とすると，すべての点が c に対応する。いま，$f(x)$ は，$[a,b]$ で恒等的に 0 ではない関数とする。このとき，最大値，最小値をあたえる x は，少なくともどちらかは a でも b でもない。いま，最大値に対応する x が，a でも b でもないとして，その x の値を c とすると $f(c)$ が最大値となる。このとき

$$f'(c-0) = \lim_{h \to -0} \frac{f(c+h) - f(c)}{h} \geqq 0, \qquad f'(c+0) = \lim_{h \to +0} \frac{f(c+h) - f(c)}{h} \leqq 0$$

$f(x)$ は，区間 $[a,b]$ で微分可能であるから，$f'(c-0) = f'(c+0)$ となるので $f'(c) = 0$ が結論できる。最小値を与える x が，a でも b でもないときは，その x も題意を満たす点となる。このことは，図 4.2 を見れば明らかである。

このロルの定理が，次に述べる平均値の定理を始めとして，微分法を応用するための重要な定理の証明の基となっている。

定理 4.2：平均値の定理

関数 $f(x)$ が，区間 I で微分可能とする。a, b は，区間 I 内にある。このとき，$0 < \theta < 1$ として

$$\frac{f(b) - f(a)}{b - a} = f'(c), \qquad c = a + \theta(b - a) \tag{4.6}$$

となる c が少なくとも一つ存在する。

証明：ロルの定理を使って証明する。関数 $F(x)$ を次の式で定義する。

$$F(x) = f(b) - \{f(x) + k(b - x)\}$$

$F(b) = 0$ は明らかである。定数 k を，$F(a) = f(b) - \{f(a) + k(b-a)\} = 0$ となるように決める。$k = \dfrac{f(b) - f(a)}{b - a}$ となる。このとき，$F(a) = F(b) = 0$ であり，$F(x)$ は微分可能だからロルの定理を適用することができ，$F'(c) = 0$ となる c が少なくとも一つ存在する。

$$F'(c) = -f'(c) + k = 0$$

となるので，

$$k = \frac{f(b) - f(a)}{b - a} = f'(c)$$

となり，平均値の定理を証明することができた。この平均値の定理は，次の形で使われる場合が多い。

4.3. 平均値の定理とその拡張

定理 4.2': 平均値の定理

(4.6) において, b は, 微分可能な範囲で任意なので x とおいて変形すると

$$f(x) = f(a) + f'(c)(x-a) \tag{4.7}$$

$c = a + \theta(x-a)\,(0 < \theta < 1)$ は, a と x の間にある値をとる。

平均値の定理から, 次の重要な結果が出てくる。

定理 4.3

$$f'(x) = 0 \iff f(x) \text{ は定数である} \tag{4.8}$$

証明 $f(x)$ が, a を含む区間で微分可能で, $f'(x) = 0$ ならば (4.7) より, $f(x) = f(a)$ となって定数となる。逆に $f(x)$ が定数ならば $f(x) = 0$ となる。

この定理 4.3 は, 関数の積分で重要であって, 積分定数が出てくる原因である。

$$\int 0\,dx = C$$

となる。もし定理 4.3 が成り立たないで $\epsilon'(x) = 0$ で $\epsilon(x)$ が定数でないものがあれば, $\int 0\,dx = C + \epsilon(x)$ としなければならないが, その必要はない。

平均値の定理 4.2' から導かれる, 不等式の証明や, 関数のグラフを描く際に必要となる定理を紹介する。

定理 4.4 : 関数の増減

関数 $f(x)$ は, 区間 I で微分可能とする。

- 区間 I で $f'(x) > 0$ であるとき, 関数 $f(x)$ は, I で増加している。
- 区間 I で $f'(x) < 0$ であるとき, 関数 $f(x)$ は, I で減少している。

証明 a を区間 I の中の点とする。(4.7) より $f(x) - f(a) = f'(c)(x-a)$ となる。
$f'(x) > 0$ のとき, $x > a$ ならば, $f(x) > f(a)$, $x < a$ ならば, $f(x) < f(a)$ となり, $f(x)$ は区間 I で単調増加関数となる。
$f'(x) < 0$ のとき, $x > a$ ならば, $f(x) < f(a)$, $x < a$ ならば, $f(x) > f(a)$ となり, $f(x)$ は区間 I で単調減少関数となる。

例題 4.3 関数 $f(x) = -x^3 + 3x^2$ の $x \geqq 0$ での最大値を求めよ。

解答 $f'(x) = -3x^2 + 6x = -3x(x-2)$ となる。$f(x)$ の増減表は次のようになる。

x	$-\infty$		0		2		∞
y'		$-$	0	$+$	0	$-$	
y	∞	$\searrow$	0	$\nearrow$	4	$\searrow$	$-\infty$

増減表より，$f(x)$ は $x=2$ で最大となる。最大値は $f(2) = 4$ である。

例題 4.4 関数 $f(x) = \dfrac{x}{x^2+1}$ の増減を調べて，最大値，最小値を求めよ。

解答 導関数は $f'(x) = \dfrac{-x^2+1}{(x^2+1)^2} = -\dfrac{(x-1)(x+1)}{(x^2+1)^2}$ となる。$\displaystyle\lim_{x \to \pm\infty} \dfrac{x}{x^2+1} = 0$ であるので，$f(x)$ の増減表は，次のようになる。

x	$-\infty$		-1		1		∞
y'		$-$	0	$+$	0	$-$	
y	0	$\searrow$	$-\dfrac{1}{2}$	$\nearrow$	$\dfrac{1}{2}$	$\searrow$	0

増減表より，$x=1$ のとき，最大値 $\dfrac{1}{2}$，$x=-1$ のとき，最小値 $-\dfrac{1}{2}$ をとる。

例題 4.5 次の不等式を証明せよ。

$$x \geqq 0 \text{ のとき，} \quad \frac{x}{x+1} \leqq \log(x+1)$$

解答 $f(x) = \log(x+1) - \dfrac{x}{x+1}$ とおくと

$$f'(x) = \frac{1}{x+1} - \frac{1}{(x+1)^2} = \frac{x}{(x+1)^2} \geqq 0$$

したがって，定理 4.4 より，$x \geqq 0$ で $f(x)$ は増加関数となる。$f(0) = 0$ となるので，不等式が証明された。

問題 4.5 関数 $f(x) = x^2 e^{-x}$ の $x \geqq 0$ での最大値を求めよ。

問題 4.6 関数 $f(x) = x \log x$ の増減を調べよ。

問題 4.7 次の不等式 [注1] を証明せよ。

(1) $\log\left(1 + x + \dfrac{1}{2}x^2\right) \leqq x, \quad (x \geqq 0)$ 　　(2) $\dfrac{2}{\pi}x \leqq \sin x, \quad \left(0 \leqq x \leqq \dfrac{\pi}{2}\right)$

[注1] (1) の不等式から，不等式 $1 + x + \dfrac{1}{2}x^2 \leqq e^x$ $(x \geqq 0)$ が導ける。

4.3. 平均値の定理とその拡張

平均値の定理 4.2 の拡張としてコーシーの平均値の定理がある。

定理 4.5：コーシーの平均値の定理

$f(x)$, $g(x)$ が，区間 I で微分可能とする。$a, b \in I$ とする。$g(a) \neq g(b)$ とし，かつ，この区間で $g'(x) \neq 0$ とする。このとき $0 < \theta < 1$ として

$$\frac{f(b)-f(a)}{g(b)-g(a)} = \frac{f'(c)}{g'(c)}, \qquad c = a + \theta(b-a) \tag{4.9}$$

となる c が少なくとも一つ存在する。

証明 k を定数として，$F(x) = f(b) - \bigl(f(x) + k(g(b)-g(x))\bigr)$ とおく。$F(b) = 0$ は明らかである。定数 k を，$F(a) = 0$ となるように決める。$g(b) \neq g(a)$ だから

$$F(a) = f(b) - \bigl(f(a) + k(g(b)-g(a))\bigr) = 0 \implies k = \frac{f(b)-f(a)}{g(b)-g(a)}$$

となる。これで，$F(a) = F(b) = 0$ となり，ロルの定理の前提を満たす。$F(x)$ は，$[a,b]$ で微分可能だから微分すると

$$F'(x) = -\bigl(f'(x) - kg'(x)\bigr)$$

となる。以上より，ロルの定理の要件を満たすので

$$f'(c) - kg'(c) = 0, \quad c = a + \theta(b-a), \ 0 < \theta < 1$$

となる c が，少なくともひとつ存在する。$g'(c) \neq 0$ だから，$k = \dfrac{f'(c)}{g'(c)}$ となり，コーシーの定理が成り立つ。

コーシーの定理は，次のロピタルの定理の形にして極限を求めるのに使われることが多い。コーシーの定理で，$f(a) = g(a) = 0$ のときは，$b = x$ とおくと

$$\frac{f(x)}{g(x)} = \frac{f'(c)}{g'(c)}, \qquad c\text{ は，}a \text{ と } x \text{ の間の数}$$

となる。ここで，$x \to a$ とすると $c \to a$ となる。$\displaystyle\lim_{x \to a} \frac{f'(x)}{g'(x)}$ が，ある値に収束すると，左辺も同じ値に収束することになる。よって，次のロピタルの定理が成り立つ。

定理 4.6：ロピタルの定理

$\lim_{x\to a} f(x) = 0$, $\lim_{x\to a} g(x) = 0$ であり，$\lim_{x\to a} \dfrac{f'(x)}{g'(x)}$ が収束するとき

$$\lim_{x\to a} \frac{f(x)}{g(x)} = \lim_{x\to a} \frac{f'(x)}{g'(x)} \tag{4.10}$$

$\lim_{x\to a} f(x) = \pm\infty$, $\lim_{x\to a} g(x) = \pm\infty$ となり，$\dfrac{1}{f(x)}$, $\dfrac{1}{g(x)}$ は $x = a$ の近傍で微分可能であるとする．このとき，定理 4.5 より

$$\lim_{x\to a} \frac{g(x)}{f(x)} = \lim_{x\to a} \frac{\frac{1}{f(x)}}{\frac{1}{g(x)}} = \lim_{x\to a} \frac{\left(\frac{1}{f(x)}\right)'}{\left(\frac{1}{g(x)}\right)'} = \lim_{x\to a} \frac{(g(x))^2}{(f(x))^2} \frac{f'(x)}{g'(x)}$$

となる．極限値 $\lim_{x\to a} \dfrac{f'(x)}{g'(x)}$ が 0 でない有限値であるときは，関数の極限値に関する定理 2.1 によって，(4.10) が成り立つことを示せる．$\lim_{x\to a} \dfrac{f'(x)}{g'(x)}$ の極限が 0 のときは，$f(x) \to f(x)+g(x)$ とおいて，上の式と同様にすれば，$\lim_{x\to a} \dfrac{f(x)}{g(x)}$ の極限値は (4.10) を満たす値である 0 であることが分かる．また，$\lim_{x\to \pm\infty} f(x) = 0$, $\lim_{x\to \pm\infty} g(x) = 0$ であるとき $t = \dfrac{1}{x}$ とすると，$\dfrac{f'(x)}{g'(x)} = \dfrac{f'(t)}{g'(t)}$ であるから，$a = \pm\infty$ のときも (4.10) は成り立つ．$f'(t), g'(t)$ は，t についての微分である．

例題 4.6 次の極限値を求めよ．

(1) $\displaystyle\lim_{x\to 0} \dfrac{e^{-x} - \cos 2x}{x}$ (2) $\displaystyle\lim_{x\to 0} \dfrac{e^x - e^{-x}}{\sin x}$ (3) $\displaystyle\lim_{x\to 0} x \log x$

(4) $\displaystyle\lim_{x\to \infty} x^n e^{-x}$ (5) $\displaystyle\lim_{x\to 0} x^x$

解答 いずれの問題もロピタルの定理を使って極限値を求める．

(1) $\displaystyle\lim_{x\to 0} \dfrac{e^{-x} - \cos 2x}{x} = \lim_{x\to 0} \dfrac{-e^{-x} + 2\sin 2x}{1} = -1$

(2) $\displaystyle\lim_{x\to 0} \dfrac{e^x - e^{-x}}{\sin x} = \lim_{x\to 0} \dfrac{e^x + e^{-x}}{\cos x} = 2$

(3) $\displaystyle\lim_{x\to 0} x \log x = \lim_{x\to 0} \dfrac{\log x}{\frac{1}{x}} = \lim_{x\to 0} \dfrac{\frac{1}{x}}{-\frac{1}{x^2}} = \lim_{x\to 0} (-x) = 0$

(4) $\displaystyle\lim_{x\to \infty} x^n e^{-x} = \lim_{x\to \infty} \dfrac{x^n}{e^x} = \lim_{x\to \infty} \dfrac{nx^{n-1}}{e^x} = \cdots = \lim_{x\to \infty} \dfrac{n!}{e^x} = 0$

(5) $x^x = e^{\log x^x} = e^{x \log x}$ となるので，$x \log x$ の極限が分かればよい．

(3) の答えより，$\displaystyle\lim_{x\to +0} x^x = \lim_{x\to +0} e^{x \log x} = e^0 = 1$

問題 4.8 次の極限値をロピタルの定理を使って求めよ。

(1) $\displaystyle\lim_{x\to 0}\frac{2x+\sin x}{x}$ (2) $\displaystyle\lim_{x\to 0}\frac{x+1-e^{-x}}{\sin x}$ (3) $\displaystyle\lim_{x\to\infty}\frac{x^2\log x}{e^x}$

(4) $\displaystyle\lim_{x\to 0}\frac{\cos x-\cos 2x}{x^2}$ (5) $\displaystyle\lim_{x\to 0}\frac{e^{2x}-\cos x}{x}$ (6) $\displaystyle\lim_{x\to 1}\frac{x\log x}{x^2-1}$

4.4 関数のグラフ

2次関数のグラフは，2次式を平方の形に変形することによって，頂点の位置，中心の軸がわかって概形を描くことができる．しかし，3次以上の整式や，その他の初等関数が入ってきている関数のグラフは，2次式のグラフに比べて，はるかに複雑で，微分法を使わないと描けない．グラフの極大や極小だけでなく，グラフの曲がり具合を表す凹凸も調べなければならない．これらを知るためには，1次導関数だけでなく，2次導関数も知らなければならない．グラフの増加，減少は，平均値の定理から導かれた定理 4.4 から，導関数の符号を調べればわかる．凹凸を知るためには，第2次導関数が必要である．そのための基礎的な定理が，後述するテイラーの定理の $n=2$ のときの式である．その基本的な定理の証明を行う．

定理 4.7．グラフの増減，凹凸を調べる基本式

関数 $f(x)$ は，区間 I で2回微分可能である．x, a は区間 I 内にある．

$$\begin{aligned}f(x)&=f(a)+f'(a)(x-a)+\frac{1}{2}f''(c)(x-a)^2\\ c&=a+\theta(x-a),\qquad 0<\theta<1\end{aligned} \tag{4.11}$$

となる c が，少なくとも1つ存在する．

証明 関数 $F(x)$ を次の式で定義する．b は，区間 I 内にある任意の数である．

$$F(x)=f(b)-\left\{f(x)+f'(x)(b-x)+\frac{k}{2}(b-x)^2\right\} \tag{4.12}$$

このとき $F(b)=0$ となるのは当然である．定数 k を，$F(a)=0$ となるように決める．この k でもって

$$f(b)=f(a)+f'(a)(b-a)+\frac{k}{2}(b-a)^2 \tag{4.13}$$

となる．このように k をとると，$F(b) = F(a) = 0$ である．また，式 (4.12) より，$F(x)$ は微分可能であり，その導関数は

$$F'(x) = -\{f''(x)(b-x) - k(b-x)\} = -(b-x)(f''(x) - k)$$

である．これよりロルの定理により，$F'(c) = 0$ となる c が少なくとも 1 つ存在する．$c = a + \theta(b-a),\ 0 < \theta < 1$ とすると

$$F'(c) = -(b-c)(f''(c) - k) = 0 \implies k = f''(c)$$

となって，k が決まる．この k を，(4.13) に代入すると

$$f(b) = f(a) + f'(a)(b-a) + \frac{f''(c)}{2}(b-a)^2$$

となる．b は，区間 I 内で任意なので $b = x$ とおくと，式 (4.11) となるので定理が証明できた．

グラフの極大，極小，最大，最小

$y = f(x)$ の区間 $[a, b]$ におけるグラフが下の図 4.3 になっているとする．図では，グラフの最大，最小と極大，極小になるところを示している．最大と最小は，区間 $[a, b]$ で，一番大きいところと小さいところを意味し，極大と極小は，局所的に最も大きいところ，最も小さいところを意味する．

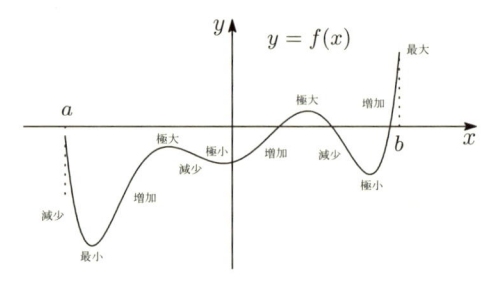

図 4.3

グラフの増加，減少，極大値，極小値[注1] 図 4.3 に示すように，x が大きくなるにつれて，$f(x)$ も大きくなるとき，$f(x)$ は増加，小さくなるとき，減少するという．$f'(a)$ の値によって，次の 3 つの場合に分けて考察する．

[注1] 極大値、極小値を合わせて，極値という

4.4. 関数のグラフ

(1) $f'(a) > 0$ のとき,(4.11) を書き直すと
$$f(x) - f(a) = (x-a)\left\{f'(a) + \frac{1}{2}f''(a+\theta(x-a))(x-a)\right\} \tag{4.14}$$
となる。これより,$x = a$ の近傍では,$f(x) - f(a)$ と $x - a$ の符号は同じであることがわかる。したがって,$x > a$ のとき,$f(x) > f(a)$,$x < a$ のとき,$f(x) < f(a)$ となり,$f(x)$ は a の近傍で増加関数である。

(2) $f'(a) < 0$ のとき,(4.14) より,$x = a$ の近傍では,$f(x) - f(a)$ と $x - a$ の符号は異なることがわかる。したがって,$x > a$ のとき,$f(x) < f(a)$,$x < a$ のとき,$f(x) > f(a)$ となり,$f(x)$ は a の近傍で減少関数である。

(3) $f'(a) = 0$ のとき,(4.11) より,
$$f(x) = f(a) + \frac{1}{2}f''(a+\theta(x-a))(x-a)^2$$

   (a) $f''(a) > 0$ のときは,a の近傍では,$f''(a+\theta(x-a)) > 0$ となって,$f(x) \geqq f(a)$ となり,$f(a)$ は極小値となる。

   (b) $f''(a) < 0$ のときは,a の近傍では,$f''(a+\theta(x-a)) < 0$ となって,$f(x) \leqq f(a)$ となり,$f(a)$ は極大値となる。

   (c) $f''(a) = 0$ のときは,極大,極小については,高次の項を調べないと何もいえない。

グラフの凹凸 最初に,グラフの凹凸について説明する。下図 4.4a のようなグラフが "下に凸" のグラフである。グラフの接線は,下に凸の部分では,必ず曲線 $y = f(x)$ より下に来る。下図 4.4b のようなグラフが "上に凸" のグラフである。グラフの接線は,上に凸の部分では,必ず曲線 $y = f(x)$ より上に来る。言い方の違いではあるが "下に凸" は "上に凹" であり,"上に凸" は "下に凹" である。

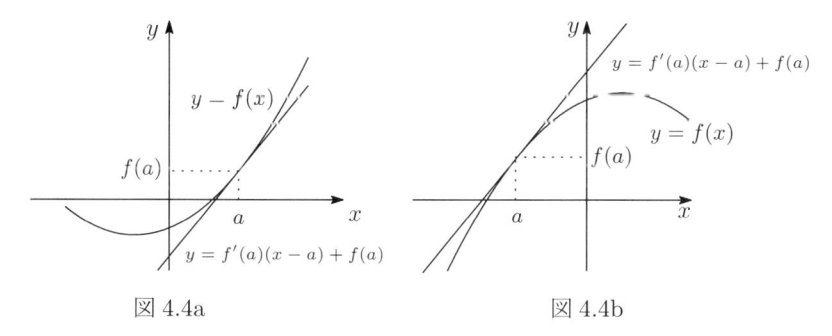

図 4.4a

図 4.4b

関数 $y = f(x)$ のグラフの凹凸を決める要因を求める。最初に関数 $y = f(x)$ の $x = a$ における接線の方程式を求める。接線は，傾きが $f'(a)$ で，点 $(a, f(a))$ を通るから

$$y = f'(a)(x - a) + f(a)$$

となる。一方 $y = f(x)$ は，$x = a$ の近傍では (4.11) によって

$$y = f(x) = f'(a)(x - a) + f(a) + \frac{1}{2}f''(c)(x - a)^2$$

とかける。二つのグラフを表す式を比較すると，$f''(x) > 0$ の領域では，関数 $y = f(x)$ のグラフが，接線よりも上方にあることがわかる。このときは，$y = f(x)$ のグラフは下に凸になっている。逆に，$f''(x) < 0$ の領域では，関数 $y = f(x)$ のグラフが，接線よりも下方にあることがわかる。このときは，$y = f(x)$ のグラフは上に凸になっている。$f''(x) = 0$ をみたす点で，$f''(x)$ の符号が変わるときは，グラフの凸と凹が入れ替わる点だから，**変曲点**と言われる。まとめると，次のようになる。

グラフの凹凸

$y = f(x)$ のグラフの凹凸について，次のことが成り立つ。

- $f''(x) > 0$ の領域では，下に凸である。
- $f''(x) < 0$ の領域では，上に凸である。
- $f''(x) = 0$ の点で，その符号が変わるときは，その点は，変曲点である。

以上によって，関数のグラフを描くための準備が整ったので，例題を解く。

例題 4.7 $y = x^3 - 3x^2$ のグラフを描け。

解答 y' と y'' を求めて，その符号を調べる。
$y' = 3x^2 - 6x = 3x(x - 2)$, $y'' = 6x - 6 = 6(x - 1)$ となる。
これによって，次の増減表と，凹凸表を書くと，グラフを描くことができる。

増減表

x	$-\infty$		0		2		∞
y'		$+$	0	$-$	0	$+$	
y	$-\infty$	↗	0	↘	-4	↗	∞

凹凸表

x		1	
y''	$-$	0	$+$
y	$\cap$	-2	$\cup$

グラフは，図 4.5a で示す。

4.4. 関数のグラフ

例題 4.8 $y = x \log x - x$ のグラフを描け。

解答 y' と y'' を求めて，その符号を調べる。 $y' = \log x$, $y'' = \frac{1}{x}$ となる。これによって，次の増減表と，凹凸表を書くと，グラフを描くことができる。

増減表

x	0		1		∞
y'		$-$	0	$+$	
y	0	↘	-1	↗	∞

凹凸表

x	0		∞
y''		$+$	
y	0	∪	∞

グラフは，図 4.5b で示す

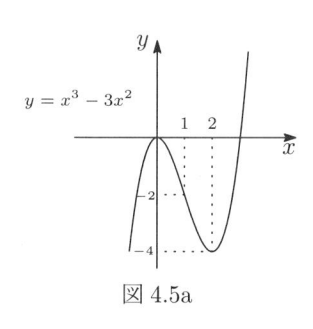

図 4.5a

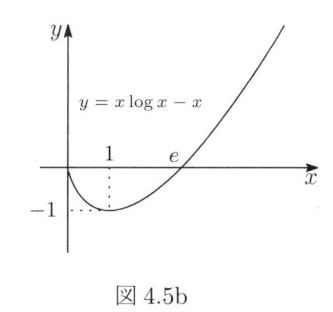

図 4.5b

例題 4.9 $y = \dfrac{x}{x^2+1}$ のグラフを描け。

解答 y' と y'' を求めて，その符号を調べる。

$$y' = \frac{-x^2+1}{(x^2+1)^2} = -\frac{(x+1)(x-1)}{(x^2+1)^2}, \quad y'' = \frac{2x(x^2-3)}{(x^2+1)^3} = \frac{2x(x-\sqrt{3})(x+\sqrt{3})}{(x^2+1)^3}$$

増減表

x	$-\infty$		-1		1		∞
y'			0		0		
y	(0)	↘	$-\frac{1}{2}$	↗	$\frac{1}{2}$	↘	(0)

凹凸表

x		$-\sqrt{3}$		0		$\sqrt{3}$	
y''	$-$	0	$+$	0	$-$	0	$+$
y	∩	$-\frac{\sqrt{3}}{4}$	∪	0	∩	$\frac{\sqrt{3}}{4}$	∪

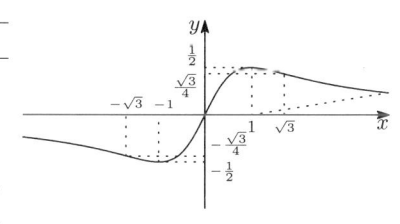

例題 4.10 $y = x^2 e^{-x}$ のグラフを描け。

解答 この問題も同様にすればよい。
$$y' = 2xe^{-x} - x^2 e^{-x} = -x(x-2)e^{-x},$$
$$y'' = (x^2 - 4x + 2)e^{-x} = (x-2+\sqrt{2})(x-2-\sqrt{2})e^{-x}$$

増減表

x	$-\infty$		0		2		∞
y'		$-$	0	$+$	0	$-$	
y	∞	↘	0	↗	$4e^{-2}$	↘	0

凹凸表

x		$2-\sqrt{2}$		$2+\sqrt{2}$	
y''	$+$	0	$-$	0	$+$
y	$\cup$	$f(2-\sqrt{2})$	$\cap$	$f(2-\sqrt{2})$	$\cup$

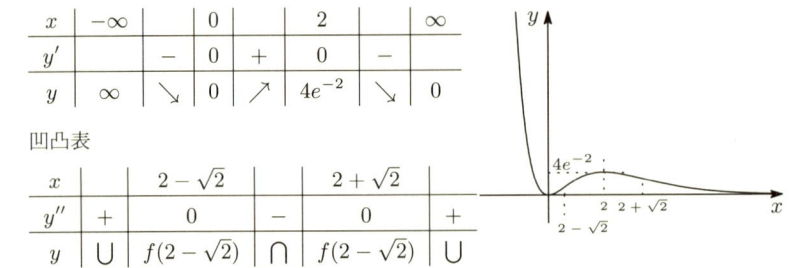

例題 4.11 $y = \frac{1}{2}x + \cos x \ (-\pi \leqq x \leqq \pi)$ のグラフを描け。

解答 この問題も同様にすればよい。$y' = \frac{1}{2} - \sin x, \ y'' = -\cos x$

増減表

x	$-\pi$		$\frac{\pi}{6}$		$\frac{5\pi}{6}$		π
y'		$+$	0	$-$	0	$+$	
y	$-\frac{\pi}{2}-1$	↗	$\frac{\pi}{12}+\frac{\sqrt{3}}{2}$	↘	$\frac{5\pi}{12}-\frac{\sqrt{3}}{2}$	↗	$\frac{\pi}{2}-1$

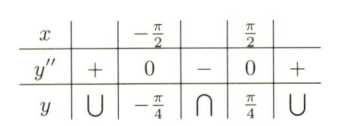

凹凸表

x		$-\frac{\pi}{2}$		$\frac{\pi}{2}$	
y''	$+$	0	$-$	0	$+$
y	$\cup$	$-\frac{\pi}{4}$	$\cap$	$\frac{\pi}{4}$	$\cup$

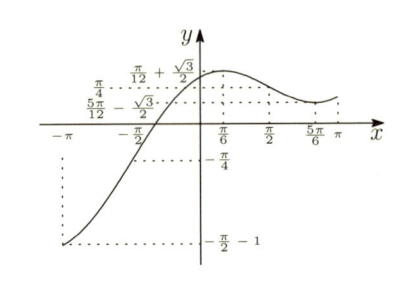

4.5. 関数の級数展開

問題 4.9 次の関数のグラフを描け．

(1) $y = -\dfrac{1}{3}x^3 + x^2$ (2) $y = \dfrac{1}{4}x^4 - \dfrac{1}{3}x^3 - x^2$ (3) $y = x + \dfrac{1}{x}$

(4) $y = \dfrac{1}{x^2 + 2x + 2}$ (5) $y = xe^{-x}$ (6) $y = e^{-\frac{x^2}{2}}$

(7) $y = \sin x + \cos^2 x$ (8) $y = x - \sin 2x$ $\left(-\dfrac{\pi}{2} \leq x \leq \dfrac{\pi}{2}\right)$ (9) $y = xe^{-\frac{x^2}{2}}$

(10) $y = x^2 \log x$ (11) $y = x - 2\log x$ (12) $y = x(1-x)^{\frac{2}{3}}$

注：増減表と凹凸表を一緒にして書くと非常に複雑になるので，できれば別々に書くほうがよい．凹凸表は書かなくとも，y'' の符号を参考にして図を描いてもよい．

4.5 関数の級数展開

現代では，関数電卓があり，第 2 章で述べた基本的な関数であれば，特定の x での関数の値 $f(x)$ を知るのは簡単であるが，昔は手で計算しなければならなかった．その計算 [注1] を行うためには，関数を x の冪級数で近似しておかなければならない．その必要性のために考えられたのが，テイラー級数 [注2] やマクローリン級数である．そのための基本的な定理が，テイラーの定理である．

4.5.1 テイラーの定理

定理 4.8：テイラーの定理

関数 $f(x)$ が，区間 I で n 回微分可能とする．$a, x \in I$ である．

$$\begin{aligned}
f(x) = &f(a) + f'(a)(x-a) + \frac{f''(u)}{2}(x-a)^2 + \frac{f'''(u)}{3!}(x-a)^3 + \cdots \\
&+ \frac{f^{(n-1)}(a)}{(n-1)!}(x-a)^{n-1} + \frac{f^{(n)}(c)}{n!}(x-a)^n, \\
&c = a + \theta(x-a), \quad 0 < \theta < 1
\end{aligned} \quad (4.15)$$

となる c が少なくとも一つ存在する．

[注1] コンピューターによる計算でも，内部では，関数を冪級数展開して計算を実行している．
[注2] 1715 年に，テイラーが増分法という名前でテイラー展開を論じた．一般的な剰余項まで含めて，テイラーの定理を導出したのはラグランジュである．日本でも，1720 年頃に，和算家建部賢弘がテイラー級数と同等な展開式を使用して，40 桁程度の円周率を導き出している．

証明 この定理の証明は，定理 4.7 の (4.11) の導出と同じ方法で行う．次の式で関数 $F(x)$ をつくる．

$$F(x) = f(b) - \left\{ f(x) + f'(x)(b-x) + \frac{f''(x)}{2}(b-x)^2 + \frac{f'''(x)}{3!}(b-x)^3 + \cdots \right.$$
$$\left. + \frac{f^{(n-1)}(x)}{(n-1)!}(b-x)^{n-1} + \frac{k}{n!}(b-x)^n \right\}$$

後は，ほぼ同じ方法なので省略する．(4.12) は，この式で $n=2$ とおいた式である．

問題 4.10 定理 4.8 の証明における関数 $F(x)$ の導関数 $F'(x)$ を求めよ．

テイラー展開

テイラーの定理 (4.15) において，関数 $f(x)$ が無限回微分可能で，級数が収束する x の範囲で，$f(x)$ を，次の無限級数に展開できる．

$$f(x) = \sum_{n=0}^{\infty} \frac{f^{(n)}(a)}{n!}(x-a)^n \tag{4.16}$$

級数が収束する範囲を考察する．$R_n = \dfrac{f^{(n)}(a)}{n!}(x-a)^n$ とおいたとき

$$\lim_{n\to\infty}\left|\frac{R_{n+1}}{R_n}\right| = \lim_{n\to\infty}\left|\frac{f^{(n+1)}(a)}{f^{(n)}(a)}\frac{x-a}{n+1}\right| < 1 \implies |x-a| < r = \lim_{n\to\infty}\left|\frac{(n+1)f^{(n)}(a)}{f^{(n+1)}(a)}\right|$$

を満たす x の範囲で収束する．
なぜなら，$n \geqq N$ となる n に対して $\left|\dfrac{R_{n+1}}{R_n}\right| < \dfrac{|x-a|}{r} < 1$ となるとき

$$\left|\sum_{n=N}^{\infty} R_n\right| \leqq \sum_{n=N}^{\infty} |R_n| \leqq |R_N| \sum_{n=N}^{\infty} \left(\frac{|x-a|}{r}\right)^{n-N} = |R_N|\frac{1}{1-\frac{|x-a|}{r}}$$

となるからである．極限値

$$r = \lim_{n\to\infty}\left|\frac{nf^{(n)}(a)}{f^{(n+1)}(a)}\right| \tag{4.17}$$

は収束半径といわれ，テイラー展開の収束性を決める重要な量である．ただし，この式の分母 $f^{n+1}(a)$ が 0 となるような項は除かなければならない．

4.5.2 マクローリン展開

Taylor 展開 (4.16) において，最もよく用いられるのが，$a=0$ の場合である。

$$f(x) = f(0) + f'(0)x + \frac{f''(0)}{2!}x^2 + \frac{f'''(0)}{3!}x^3 + \cdots + \frac{f^{(n)}(0)}{n!}x^n + \cdots$$
$$= \sum_{n=0}^{\infty} \frac{f^{(n)}(0)}{n!} x^n \tag{4.18}$$

この無限級数をマクローリン級数という。ただし，級数が収束する x の範囲を知るためには，それぞれの関数に対して極限 (4.17) を計算して収束半径を求める必要がある。マクローリン展開をするためには，高次導関数が必要であるが，それは，第 3 章 3 節で扱ってるので，以下で参照する。

e^x の級数展開

$$(e^x)' = e^x, \quad (e^x)'' = e^x, \quad \cdots \quad (e^x)^{(n)} = e^x$$

となり，$e^0 = 1$ だから，(4.18) より

$$e^x = 1 + x + \frac{1}{2}x^2 + \frac{1}{3!}x^3 \cdots + \frac{1}{n!}x^n + \cdots = \sum_{n=0}^{\infty} \frac{1}{n!} x^n \tag{4.19}$$

$\sin x$ の級数展開

$\sin x$ の高次導関数は (3.20) で与えられている。

$$(\sin x)^{(n)} = \sin\left(x + \frac{n\pi}{2}\right)$$

(4.18) より

$$\sin x = x - \frac{1}{3!}x^3 + \frac{1}{5!}x^5 - \frac{1}{7!}x^7 + \cdots = \sum_{n=0}^{\infty} \frac{(-1)^n}{(2n+1)!} x^{2n+1} \tag{4.20}$$

$\cos x$ の級数展開

$\cos x$ の高次導関数は (3.21) で与えられている。

$$(\cos x)^{(n)} = \cos\left(x + \frac{n\pi}{2}\right)$$

(4.18) より

$$\cos x = 1 - \frac{1}{2!}x^2 + \frac{1}{4!}x^4 - \frac{1}{6!}x^6 + \cdots = \sum_{n=0}^{\infty} \frac{(-1)^n}{(2n)!} x^{2n} \tag{4.21}$$

指数関数 e^x の収束半径は (4.17) より $r = \lim_{n\to\infty} n = \infty$ となって任意の x についてマクローリン級数が収束する．同様にして関数 $\sin x$, $\cos x$ のマクローリン級数についても，x の任意の値に対して成り立つ．

次に，以上で述べた e^x, $\sin x$, $\cos x$ の展開式から導かれる重要な公式を紹介する．

オイラーの公式

$$e^{ix} = \cos x + i \sin x \tag{4.22}$$

第2章においては，指数関数の定義域は，実数までであったが，18世紀の数学者オイラーによって，虚数にまで拡張された．(4.19) において，$x \to ix$ とおくと

$$e^{ix} = 1 + ix + \frac{1}{2}(ix)^2 + \frac{1}{3!}(ix)^3 \cdots + \frac{1}{n!}(ix)^n + \cdots$$

$$= 1 + ix - \frac{1}{2}x^2 - i\frac{1}{3!}x^3 + \frac{1}{4!}x^4 + i\frac{1}{5!}x^5 + \cdots + i^n \frac{1}{n!}x^n + \cdots$$

$$= 1 - \frac{1}{2}x^2 + \frac{1}{4!}x^4 - \frac{1}{6!}x^6 + \cdots + i\left(x - \frac{1}{3!}x^3 + \frac{1}{5!}x^5 - \frac{1}{7!}x^7 + \cdots\right)$$

となる．これを，$\sin x$, $\cos x$ の展開式 (4.20), (4.21) と比べると $e^{ix} = \cos x + i \sin x$ となって，オイラーの公式が証明された．オイラーの公式は，理工学の専門科目でよく用いられる汎用性のある公式であるから覚えておくとよい．

$(1+x)^\alpha$ の級数展開

$(1+x)^\alpha$ の高次導関数は (3.19) で与えられている．

$$((1+x)^\alpha)^{(n)} = \alpha(\alpha-1)(\alpha-2)\cdots(\alpha-n+1)(1+x)^{\alpha-n}$$

(4.18) より

$$(1+x)^\alpha = 1 + \alpha x + \frac{\alpha(\alpha-1)}{2!}x^2 + \cdots + \frac{\alpha(\alpha-1)(\alpha-2)\cdots(\alpha-n+1)}{n!}x^n + \cdots \tag{4.23}$$

ただし，収束半径 (4.17) より，この級数が収束するのは $|x| < 1$ のときである．上の式 (4.23) で，$n \to k$ として $\alpha = n$ (n は正の整数) とすると

$$(1+x)^n = 1 + nx + \frac{n(n-1)}{2!}x^2 + \cdots + \frac{n(n-1)(n-2)\cdots 1}{n!}x^n$$
$$= \sum_{k=0}^{n} \frac{n!}{n!(n-k)!}x^k$$

4.6. 方程式の近似解 … ニュートン法

$x = \dfrac{b}{a}$ として，両辺に a^n をかけると 2 項展開の式となる。

$$(a+b)^n = a^n + na^{n-1}b + \frac{n(n-1)}{2!}a^{n-2}b^2 + \cdots + \frac{n(n-1)(n-2)\cdots 1}{n!}b^n$$
$$= \sum_{k=0}^{n} \frac{n!}{n!(n-k)!} a^{n-k} b^k \qquad (4.24)$$

$\alpha = -1$ とすると $\dfrac{-1(-1-1)(-1-2)\cdots(-1-n+1)}{n!} = (-1)^n$ だから

$$(1+x)^{-1} = \frac{1}{1+x} = 1 - x + x^2 - x^3 + \cdots + (-1)^n x^n + \cdots = \sum_{k=0}^{\infty}(-x)^k \qquad (4.25)$$

近似値の求め方

テイラー展開やマクローリン展開を利用して，数の値の近似値を求めることができる。たとえば自然対数の底 e については，(4.19) で $x = 1$ とおくと

$$e = 1 + 1 + \frac{1}{2} + \frac{1}{3!} \cdots + \frac{1}{n!} + \cdots$$

となるので $n = 9$ までの和は

$$e \fallingdotseq 1 + 1 + \frac{1}{2!} + \frac{1}{3!} + \frac{1}{4!} + \frac{1}{5!} + \frac{1}{6!} + \frac{1}{7!} + \frac{1}{8!} + \frac{1}{9!} = 2.71828152\cdots$$

となって，小数点以下 6 桁まで正しく出てくる。

4.6 方程式の近似解 … ニュートン法

右図を $y = f(x)$ のグラフとする。このグラフから，方程式 $f(x) = 0$ は，実数解 α をもっているが，この実数解の近似を求める方法がニュートン法である。その方法の概要を説明する。まず，$f(x)$ 上の $x = c_1$ における接線は

$$y = f'(c_1)(x - c_1) + f(c_1)$$

となる。この接線と x 軸との交点の x 座標は

$$c_2 = c_1 - \frac{f(c_1)}{f'(c_1)}$$

図 4.6

となる。図より，$f(c_1) > 0$, $f'(c_1) > 0$ であるので，$c_1 > c_2$ となる。$x = c_2$ での接線を求め同じ操作を続けて $c_3, c_4, \cdots$ を求

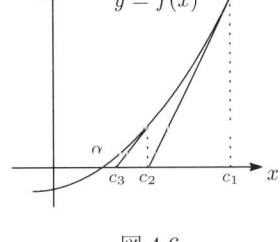

めると
$$c_1 > c_2 > c_3 > \cdots > c_n > \cdots \longrightarrow \alpha$$
となり，徐々に実数解 α に近づいていく。

以上の説明は，図 4.6 のようなグラフの場合であるが，曲りを示す $f''(x)$ の符号が変わらずに，単調増加，あるいは単調減少する領域の解であれば，同様な議論が成り立つ。場合によっては，上記の数列 $\{c_n\}$, $n = 1, 2, 3, \cdots$ が，単調増加するときもある。また，c_1 を除外して，単調な数列になることもある。以上より，次の定理が得られる。

定理 4.9：方程式のニュートン近似による近似解

関数 $f(x)$ は，区間 I で単調で，$f''(x)$ の符号は変わらないとする。$f(x) = 0$ の解 α が，区間 I にあることがわかっているとする。区間 I 内の，α に十分近い c_1 を初項とした次の漸化式を満たす数列は，α に収束する。

$$c_{n+1} = c_n - \frac{f(c_n)}{f'(c_n)} \tag{4.26}$$

例題 4.12 右図は $y = \frac{1}{2}x - \sin x$ のグラフである。$\frac{1}{2}x - \sin x = 0$ の近似解をニュートン法で求めよ。$c_1 = \frac{\pi}{2}$ として，c_6 を小数点以下 6 桁まで計算せよ。

解答：$y' = \frac{1}{2} - \cos x$, $y'' = \sin x$ となり $\frac{\pi}{3} < x < \pi$ で，$y' > 0$, $y'' > 0$ であるので，下に凸で単調増加である。極小値は，$x = \frac{\pi}{3}$ のときであるので $c_1 = \frac{\pi}{2}$ ととる。
漸化式は
$$c_{n+1} = c_n - \frac{\frac{1}{2}c_n - \sin c_n}{\frac{1}{2} - \cos c_n}$$
となる。

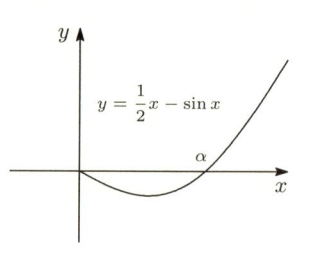

$c_2 = 2, \quad c_3 = 1.900995, \quad c_4 = 1.895511, \quad c_5 = 1.895494, \quad c_6 = 1.895494$

問題 4.11 $x^3 - x - 2 = 0$ の実数解をニュートン近似で c_6 を小数点以下 6 桁まで計算せよ。

第5章 積分法とその応用

第1章の積分法で述べたように，古来より[注1)]実用的な必要性から，ある領域の面積を求めるとか，ある物体の体積を求めるために，様々な工夫がされてきた。その基本的な考え方は，面積を求めようとする領域を，三角形や長方形で分割して，その面積の和をとって全体の領域の面積とするものであった。この方法で，実用的に十分な精度を得ることは時間をかけて測定すれば可能なことである。

しかし，曲線で囲まれている領域の面積を厳密に求めるためには，微小な三角形，長方形が必要となり，無限個の面積和を計算しなければならない。曲線によっては，面積和を求めることはできない場合もある。

それが，ニュートンとライプニッツによって発見された微分積分学の基本定理によって，微分の逆演算の積分によって，それまでよりもはるかに簡単な操作で面積や体積を求めることができるようになった。第1章では，そのことを整式の関数について解説した。そのときの積分についての基本的な概念は，一般の連続関数に対しても成り立つ。

この章では，第2章に出てきた基本的な関数と，それから作られる関数の積分と，その応用を考察する。

5.1 微分法と積分法の関係

ニュートンによる微積分学の源泉は，物体の運動を数学的に記述することにあった。速度，加速度を数学的に定義するためには，式(1.2)で記した"**微分**"という数学的な操作が必要であった。一方，力が物体に作用しているときの，物体の運動を決める運動方程式から，物体の"**加速度**"がわかる。その加速度から，速度，続いて，位置を求めることが必要になる。その式が(1.9)である。

$$\begin{aligned} \frac{dv}{dt} &= a(t) &\quad\longleftrightarrow\quad& v = \int a(t)\,dt \\ \frac{dx}{dt} &= v(t) &\quad\Longleftrightarrow\quad& x = \int v(t)\,dt \end{aligned} \tag{5.1}$$

[注1)]紀元前250年頃の古代ギリシャ人アルキメデスは，放物線と直線の囲む部分の面積を，区分求積法で求めていた。

この式では，加速度が既知の量で，それから，積分操作で速度を求め，さらに，もう一度積分することによって位置を求める。この一連の操作が"**不定積分**"の源である。

また，曲線で囲まれた領域の面積を求めるときも，その曲線を表す関数の不定積分が必要になる。そのための基本式が (1.23) である。

$$\frac{dS(x)}{dx} = f(x) \iff S(x) = \int f(x)\,dx \tag{5.2}$$

この式は，第 1 章において $f(x) = x^2$ のときに証明したが，一般の連続関数に対しても成り立つ。その証明に言及する。

右図 5.1 において，関数 $y = f(x)$ のグラフと x 軸に囲まれる部分で，区間 $[a, x]$ での，点線の入った部分の面積を $S(x)$ とする。区間 $[a, x+h]$ の面積は，$S(x+h)$ となる。このとき，

$$S(x+h) - S(x)$$

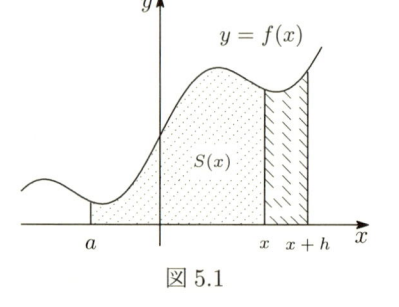

は，区間 $[x, x+h]$ の，図で鎖線の入った部分の面積となる。図では $h > 0$ だが，$h < 0$ であってもよい。$f(x)$ は連続だから，定理 2.8 の最大値，最小値の定理より区間 $[x, x+h]$ で最大値 M，最小値 m が存在する。このとき，不等式

図 5.1

$$\left.\begin{array}{l} mh \leqq S(x+h) - S(x) \leqq Mh, \quad h > 0, \\ mh \geqq S(x+h) - S(x) \geqq Mh, \quad h < 0 \end{array}\right\} \implies m \leqq \frac{S(x+h) - S(x)}{h} \leqq M$$

が成り立つ。したがって，$\dfrac{S(x+h) - S(x)}{h}$ は，区間 $[x, x+h]$ における $f(x)$ の最大値と最小値の中間の値をとる。よって，定理 2.7 の中間値の定理より，

$$\frac{S(x+h) - S(x)}{h} = f(x + \theta h)$$

となる $0 \leqq \theta \leqq 1$ が存在する。この式で $h \to 0$ とすると

$$\lim_{h \to 0} \frac{S(x+h) - S(x)}{h} = \frac{dS(x)}{dx} = f(x) \tag{5.3}$$

となり，(5.2) が導出できた。図 5.1 では，$f(x)$ のグラフは $y > 0$ の領域にあるが，どのようなグラフであっても，$f(x)$ が連続関数である限り (5.3) は成り立つ。

5.1. 微分法と積分法の関係

ただし，$S(x)$ が負になってしまう場合もあるので，**符号付き面積**という言い方に変えなければならない。

式 (5.3) にあるように，微分すると $f(x)$ になる関数の一つを $F(x)$ とする。

$$\frac{dF(x)}{dx} = f(x) \tag{5.4}$$

この式 (5.4) をみたす関数 $F(x)$ を**不定積分**という。定理 4.3 から，

$$S(x) = F(x) + C$$

となる。図 5.1 から，$S(a) = 0$ であるから $F(a) + C = 0$ となり，$C = -F(a)$ となるので

$$S(x) = F(x) - F(a)$$

となる。この $S(x)$ のことを

$$\int_a^x f(t)\,dt = F(x) - F(a)$$

と書く。よって，符号付き面積 $S(x)$ は，$f(x)$ の不定積分 $F(x)$ で書くことができる。以上を定理にまとめると次のようになる。

定理 5.1：微分積分学の基本定理

右図 5.2 において，関数 $y = f(x)$ のグラフと x 軸に囲まれる部分で，区間 $[a, x]$ での，点線の入った部分の符号付き面積を $S(x)$ とする。

$$\frac{dF(x)}{dx} = f(x)$$

を満たす不定積分 $F(x)$ により

$$S(x) = \int_a^x f(t)\,dt = F(x) - F(a) \tag{5.5}$$

となる。

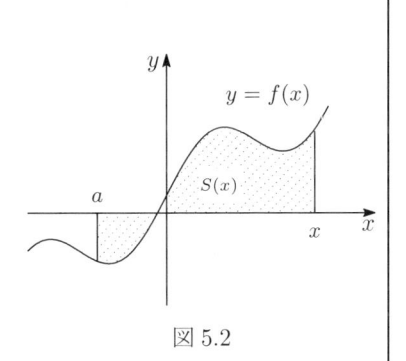

図 5.2

5.2 不定積分

(5.1) 式で説明したように，加速度から速度，さらに，速度から位置を求めるために不定積分を求めなければならない．微分積分学の基本定理によって，関数で囲まれた部分の面積を求めるためには不定積分を求めなければならない．以上より，(5.4) 式を満たす**不定積分** $F(x)$ の必要性を理解できたことと思う．次より，基本的な関数とそれからつくられる関数についての不定積分を求める．

5.2.1 基本的な初等関数の不定積分

関数 $f(x)$ と，その不定積分 $F(x)$ の関係を，もう一度書き下す．

―― 定理 5.2：微分と積分の関係 ――
$$\frac{dF(x)}{dx} = f(x) \quad\Longleftrightarrow\quad \int f(x)\,dx = F(x) + C \tag{5.6}$$

この式により，微分は，$F(x)$ が分かっている関数で $f(x)$ を求めることであり，積分は，$f(x)$ が分かっている関数で $F(x)$ を求めることである．微分と積分が，逆演算になっていることは，この関係からわかる．したがって微分の公式があれば，それから，積分の公式をつくることができる．式 (5.6) の積分で書いた式における $f(x)$ を**被積分関数**，x のことを**積分変数**，C を**積分定数**という．また，不定積分のことを**原始関数**ということもある．

二つの関数 $f(x)$, $g(x)$ の和，定数倍の不定積分について，次の式が成り立つ．

―― 関数の和，定数倍の不定積分 ――
$$\int (f(x) + g(x))\,dx = \int f(x)\,dx + \int g(x)\,dx$$
$$\int c f(x)\,dx = c \int f(x)\,dx \tag{5.7}$$

微分の公式 (3.2) より当然である．つぎに基本的な関数の不定積分を挙げていく．

―― x^p の不定積分 ――
p を任意の実数として
$$p \neq -1 \text{ のとき} \quad \int x^p\,dx = \frac{1}{p+1}x^{p+1} + C$$
$$p = -1 \text{ のとき} \quad \int \frac{1}{x}\,dx = \log|x| + C \tag{5.8}$$

5.2. 不定積分

証明: x^p の微分の式 (3.6) より $(x^{p+1})' = (p+1)x^p$ となる．また，対数関数の微分の公式 (3.14) より $(\log|x|)' = \dfrac{1}{x}$ となるので，微分と積分の関係式 (5.6) より，公式 (5.8) が成り立つ．

例題 5.1 次の不定積分を求めよ．

(1) $\displaystyle\int (x^3 - 3x^2 + 4)\,dx$ (2) $\displaystyle\int (x^8 - 4x^5)\,dx$ (3) $\displaystyle\int \frac{x^2 + 2x + 2}{x}\,dx$

(4) $\displaystyle\int \frac{(x+1)^2}{x^3}\,dx$ (5) $\displaystyle\int \frac{(\sqrt{x}+1)^2}{x}\,dx$ (6) $\displaystyle\int \frac{\sqrt[3]{x}+\sqrt{x}}{x}\,dx$

解答: いずれも，公式 (5.7) と (5.8) を用いる．

(1) $\displaystyle\int (x^3 - 3x^2 + 4)\,dx = \int x^3\,dx - 3\int x^2\,dx + 4\int 1\,dx = \frac{1}{4}x^4 - x^3 + 4x + C$

(2) $\displaystyle\int (x^8 - 4x^5)\,dx = \int x^8\,dx - 4\int x^5\,dx = \frac{1}{9}x^9 - \frac{2}{3}x^6 + C$

(3) $\displaystyle\int \frac{x^2+2x+2}{x}\,dx = \int x\,dx + 2\int 1\,dx + 2\int \frac{1}{x}\,dx = \frac{1}{2}x^2 + 2x + 2\log|x| + C$

(4) $\displaystyle\int \frac{(x+1)^2}{x^3}\,dx = \int \frac{x^2+2x+1}{x^3}\,dx = \int \frac{1}{x}\,dx + 2\int x^{-2}\,dx + \int x^{-3}\,dx$

$\quad = \log|x| - 2x^{-1} - \dfrac{1}{2}x^{-2} + C = \log|x| - \dfrac{2}{x} - \dfrac{1}{2x^2} + C$

(5) $\displaystyle\int \frac{(\sqrt{x}+1)^2}{x}\,dx = \int \frac{x + 2\sqrt{x} + 1}{x}\,dx = \int 1\,dx + \int 2x^{-\frac{1}{2}}\,dx + \int \frac{1}{x}\,dx$

$\quad = x + 4\sqrt{x} + \log|x| + C$

(6) $\displaystyle\int \frac{\sqrt[3]{x}+\sqrt{x}}{x}\,dx = \int x^{-\frac{2}{3}}\,dx + \int x^{-\frac{1}{2}}\,dx = 3x^{\frac{1}{3}} + 2x^{\frac{1}{2}} + C$

問題 5.1 次の不定積分を求めよ．

(1) $\displaystyle\int (3x^2 - x + 1)\,dx$ (2) $\displaystyle\int (2x^3 - 4x^2 + 4)\,dx$ (3) $\displaystyle\int (2x^9 + 6x^5)\,dx$

(4) $\displaystyle\int \frac{x^3 - 2x - 2}{x}\,dx$ (5) $\displaystyle\int \frac{(x-1)^2}{x^3}\,dx$ (6) $\displaystyle\int \frac{(x-1)^3}{x^2}\,dx$

(7) $\displaystyle\int \left(3\sqrt{x} - \frac{2}{\sqrt{x}}\right)\,dx$ (8) $\displaystyle\int \frac{(-\sqrt{x}+1)^2}{x}\,dx$ (9) $\displaystyle\int \frac{\sqrt[3]{x}+\sqrt[4]{x}}{x}\,dx$

三角関数の不定積分

$$\int \sin x \, dx = -\cos x + C, \quad \int \cos x \, dx = \sin x + C,$$
$$\int \frac{1}{\cos^2 x} \, dx = \tan x + C \tag{5.9}$$

証明：三角関数の微分の公式 (3.11) より明らか。

例題 5.2 次の不定積分を求めよ。

(1) $\displaystyle\int (2\sin x - 3\cos x) \, dx$　(2) $\displaystyle\int (4\cos x - \sin x) \, dx$　(3) $\displaystyle\int \tan^2 x \, dx$

解答：公式 (5.7) と三角関数の不定積分の公式 (5.9) を使う。

(1) $\displaystyle\int (2\sin x - 3\cos x) \, dx = 2\int \sin x \, dx - 3\int \cos x \, dx = -2\cos x - 3\sin x + C$

(2) $\displaystyle\int (4\cos x - \sin x) \, dx = 4\int \cos x \, dx - \int \sin x \, dx = 4\sin x + \cos x + C$

(3) $\displaystyle\int \tan^2 x \, dx = \int \left(\frac{1}{\cos^2 x} - 1\right) dx = \tan x - x + C$

問題 5.2 次の不定積分を求めよ。

(1) $\displaystyle\int (5\sin x - 2\cos x) \, dx$　(2) $\displaystyle\int (3 - \tan x)\cos x \, dx$　(3) $\displaystyle\int \frac{3 - \sin^2 x}{\cos^2 x} \, dx$

次の指数関数の不定積分は，指数関数の微分の公式 (3.13) より明らかである。

指数関数の不定積分

$$\int e^x \, dx = e^x + C \tag{5.10}$$

問題 5.3 次の不定積分を求めよ。

(1) $\displaystyle\int (3e^x - 2\sin x) \, dx$　(2) $\displaystyle\int (3x^2 - 5e^x) \, dx$　(3) $\displaystyle\int (5x^{\frac{2}{3}} + 4e^x) \, dx$

(4) $\displaystyle\int (3e^x + 5\cos x) \, dx$　(5) $\displaystyle\int (3x^{-2} - 2e^x) \, dx$　(6) $\displaystyle\int (5x^{-\frac{2}{3}} - 4e^x) \, dx$

5.2. 不定積分

その他の基本的な関数の不定積分

(1) $\displaystyle\int \frac{1}{\sqrt{1-x^2}}\,dx = \sin^{-1} x + C$

(2) $\displaystyle\int \frac{1}{x^2+1}\,dx = \tan^{-1} x + C$ (5.11)

(3) $\displaystyle\int \frac{1}{\sqrt{x^2+a}}\,dx = \log|x+\sqrt{x^2+a}| + C$

証明：(1), (2) については，三角関数の逆関数の微分法 (3.16), (3.17) より

$$(\sin^{-1} x)' = \frac{1}{\sqrt{1-x^2}}, \quad (\tan^{-1} x)' = \frac{1}{x^2+1}$$

となっているので明らかである。

(3) については $y = \log|x+\sqrt{x^2+a}|$ を微分する。合成関数の微分法より

$$y = \log|x+\sqrt{x^2+a}| \iff y = \log|u|,\quad u = x+\sqrt{x^2+a}$$

$$\frac{dy}{dx} = \frac{dy}{du}\frac{du}{dx} = \frac{1}{u}\left(1+\frac{x}{\sqrt{x^2+a}}\right) = \frac{1}{u}\frac{x+\sqrt{x^2+a}}{\sqrt{x^2+a}} = \frac{1}{\sqrt{x^2+a}}$$

よって，(3) の積分の式が成り立つ。

5.2.2 置換積分法

置換積分法は，定理 3.2 の"合成関数の微分法"を積分形に置き換えたものである。いま，関数 $y = f(x)$ において，x が t の関数として $x = g(t)$ であったとする。このとき，$f(x)$ の積分

$$\int f(x)\,dx = F(x)$$

を t の積分に置き換えることを考える。この式で，$F(x)$ は，$f(x)$ の不定積分である。$F(x)$ を t で微分したとき，合成関数の微分法より

$$\frac{dF(x)}{dt} = \frac{dF(x)}{dx}\frac{dx}{dt} = f(x)\frac{dx}{dt} = f(g(t))g'(t)$$

となる。これを積分形で書くと

$$\int f(g(t))g'(t)\,dt = F(x) = \int f(x)\,dx, \quad x = g(t)$$

となって置換積分の式が出てくる。

定理 5.3：置換積分法

$x = g(t)$ を，t について微分可能な関数とする。関数 $f(x)$ の，x についての積分は，t についての積分に置換できる。

$$\int f(x)\,dx = \int f(x)\frac{dx}{dt}\,dt = \int f(g(t))g'(t)\,dt, \quad x = g(t) \tag{5.12}$$

この式で，t を x とし，x を u として，左辺と右辺を入れ替えると，

$$\int f(g(x))g'(x)\,dx = \int f(u)\frac{du}{dx}\,dx = \int f(u)\,du, \quad u = g(x) \tag{5.13}$$

となる。

置換積分法は，上で述べたように，二通りの書き方があり，問題によって使い分ける。次に，簡単に応用できる置換積分のタイプを紹介する。次の積分を考察する。$u = ax + b$ とすると，置換積分法より

$$\int f(ax+b)\,dx = \int f(u)\frac{dx}{du}\,du = \frac{1}{a}\int f(u)\,du,$$

ここで

$$\int f(u)\,du = F(u) + C$$

とすると

$$\int f(ax+b)\,dx = \frac{1}{a}F(ax+b) + C \tag{5.14}$$

となる。この式によって，前節で得られた，基本的な関数の積分公式を，より応用範囲の広い公式に置き換えることができる。この公式は，(5.15) の右辺を微分すれば，被積分関数になることからも成り立つことがわかる。

応用範囲の広い基本的な関数の不定積分

$$\int (ax+b)^p\,dx = \frac{1}{a(p+1)}(ax+b)^{p+1} + C, \quad p \neq -1$$

$$\int \frac{1}{ax+b}\,dx = \frac{1}{a}\log|ax+b| + C$$

$$\int \sin(ax+b)\,dx = -\frac{1}{a}\cos(ax+b) + C \tag{5.15}$$

$$\int \cos(ax+b)\,dx = \frac{1}{a}\sin(ax+b) + C$$

$$\int e^{ax}\,dx = \frac{1}{a}e^{ax} + C$$

5.2. 不定積分

例題 5.3 次の不定積分を求めよ。

(1) $\int (2x-3)^5 \, dx$ (2) $\int \dfrac{1}{3x-2} \, dx$ (3) $\int e^{-2x} \, dx$ (4) $\int \cos(2x-5) \, dx$

解答：いずれも，公式 (5.15) を使えば簡単である。

(1) $\int u^5 \, du = \dfrac{1}{6} u^6 + C$ であるので，$\int (2x-3)^5 \, dx = \dfrac{1}{12}(2x-3)^6 + C$

(2) $\int \dfrac{1}{u} \, du = \log|u| + C$ であるので，$\int \dfrac{1}{3x-2} \, dx = \dfrac{1}{3} \log|3x-2| + C$

(3) $\int e^u \, du = e^u + C$ であるので，$\int e^{-2x} \, dx = -\dfrac{1}{2} e^{-2x} + C$

(4) $\int \cos u \, du = \sin u + C$ であるので，$\int \cos(2x-5) \, dx = \dfrac{1}{2} \sin(2x-5) + C$

このタイプの不定積分は，慣れると途中経過なしで求めることができる。また，そうならなければならない。次の問題も，解のみでよい。

問題 5.4 次の不定積分を求めよ。

(1) $\int (-2x+3)^3 \, dx$ (2) $\int \dfrac{1}{2x+5} \, dx$ (3) $\int \sin(3x-4) \, dx$ (4) $\int e^{3x} \, dx$

次に，(5.13) 式のタイプの置換積分を紹介する。

例題 5.4 次の不定積分を求めよ。

(1) $\int x\sqrt{x^2+1} \, dx$ (2) $\int \sin^2 x \cos x \, dx$ (3) $\int x e^{-x^2} \, dx$

(4) $\int (x+1)(x^2+2x+2)^2 \, dx$ (5) $\int \dfrac{x}{x^2+1} \, dx$

解答：不定積分を $F(x)$ とおく。下記の解答から，置換の仕方を覚えるとよい。

(1) $u = x^2 + 1$ とおくと，$\dfrac{du}{dx} = 2x$ となるので，$du = 2x \, dx$ としてよい。

$$F(x) = \int \dfrac{1}{2} u^{\frac{1}{2}} \, du = \dfrac{1}{3} u^{\frac{3}{2}} + C = \dfrac{1}{3}(x^2+1)^{\frac{3}{2}} + C$$

(2) $u = \sin x$ とおくと，$\dfrac{du}{dx} = \cos x$ となるので，$du = \cos x \, dx$ としてよい。

$$F(x) = \int u^2 \, du = \dfrac{1}{3} u^3 + C = \dfrac{1}{3} \sin^3 x + C$$

(3) $u = -x^2$ とおくと, $\dfrac{du}{dx} = -2x$ となるので, $du = -2x\,dx$ としてよい.
$$F(x) = \int \dfrac{-1}{2}e^u\,du = -\dfrac{1}{2}e^u + C = -\dfrac{1}{2}e^{-x^2} + C$$

(4) $u = x^2 + 2x + 2$ とおくと, $\dfrac{du}{dx} = 2x + 2$ となるので, $du = 2(x+1)\,dx$
$$F(x) = \int \dfrac{1}{2}u^2\,du = \dfrac{1}{6}u^3 + C = \dfrac{1}{6}(x^2 + 2x + 2)^3 + C$$

(5) $u = x^2 + 1$ とおくと, $\dfrac{du}{dx} = 2x$ となるので, $du = 2x\,dx$
$$F(x) = \int \dfrac{1}{2}\dfrac{1}{u}\,du = \dfrac{1}{2}\log|u| + C = \dfrac{1}{2}\log(x^2 + 1) + C$$

上の例題のいずれもが $\int (f(x))^p f'(x)\,dx$ の形の積分である. この積分は, $u = f(x)$ とおくと $du = f'(x)\,dx$ となって, $\int u^p\,du$ の積分に変換することができる. 同様に積分できるタイプも含めてまとめておく.

応用範囲の広い不定積分

$$\int (f(x))^p f'(x)\,dx = \dfrac{1}{p+1}(f(x))^{p+1} + C, \qquad p \neq -1$$

$$\int \dfrac{f'(x)}{f(x)}\,dx = \log|f(x)| + C$$

$$\int f'(x)\sin(f(x))\,dx = -\cos(f(x)) + C \qquad (5.16)$$

$$\int f'(x)\cos(f(x))\,dx = \sin(f(x)) + C$$

$$\int f'(x)e^{f(x)}\,dx = e^{f(x)} + C$$

いずれの式も, 右辺を"合成関数の微分法"で微分すれば, 被積分関数になることがわかる.

問題 5.5 次の不定積分を求めよ.

(1) $\displaystyle\int x(1-x^2)^3\,dx$ 　(2) $\displaystyle\int \cos^3 x \sin x\,dx$ 　(3) $\displaystyle\int xe^{-\frac{x^2}{2}}\,dx$

(4) $\displaystyle\int (x-1)(x^2 - 2x + 3)^2\,dx$ 　(5) $\displaystyle\int \dfrac{x}{(1-x^2)^2}\,dx$ 　(6) $\displaystyle\int \dfrac{\log x}{x}\,dx$

(7) $\displaystyle\int \tan x\,dx$ 　(8) $\displaystyle\int \dfrac{x}{\sqrt{1-x^2}}\,dx$ 　(9) $\displaystyle\int \dfrac{\cos x}{\sin^2 x}\,dx$

5.2. 不定積分

次に，(5.12) 式のタイプの置換積分を紹介する。

例題 5.5 次の不定積分を求めよ。

(1) $\displaystyle\int x\sqrt{x-3}\,dx$ (2) $\displaystyle\int x\left(\frac{x}{2}-1\right)^3 dx$ (3) $\displaystyle\int \frac{1}{x^2+2x+3}dx$

(4) $\displaystyle\int \frac{x^2}{(-x+2)^5}\,dx$ (5) $\displaystyle\int \frac{1}{\sqrt{4x-x^2}}\,dx$ (6) $\displaystyle\int \frac{1}{\sqrt{x^2-2x+3}}\,dx$

解答：不定積分を $F(x)$ とおく。どのように置換をするかを覚えるとよい。

(1) $\sqrt{x-3}=t$ とすると，$x=t^2+3$ となる。このとき $dx=2t\,dt$ となる。
$$F(x)=\int (t^2+3)t\cdot 2t\,dt=\int(2t^4+6t^2)\,dt=\frac{2}{5}t^5+2t^3+C$$
$$=\frac{2}{5}(x-3)^{\frac{5}{2}}+2(x-3)^{\frac{3}{2}}+C$$

(2) $\dfrac{x}{2}-1=t$ とすると，$x=2(t+1)$ となる。このとき $dx=2dt$ となる。
$$F(x)=\int 2(t+1)t^3\cdot 2\,dt=\int(4t^4+4t^3)\,dt=\frac{4}{5}t^5+t^4+C$$
$$=\frac{4}{5}\left(\frac{x}{2}-1\right)^5+\left(\frac{x}{2}-1\right)^4+C$$

(3) $x^2+2x+3=(x+1)^2+2$ として，$x+1=\sqrt{2}t$ とすると，$dx=\sqrt{2}\,dt$ となる。
$$F(x)=\int \frac{1}{2t^2+2}\cdot\sqrt{2}\,dt=\frac{1}{\sqrt{2}}\int\frac{1}{t^2+1}\,dt=\frac{1}{\sqrt{2}}\tan^{-1}t+C$$
$$=\frac{1}{\sqrt{2}}\tan^{-1}\frac{x+1}{\sqrt{2}}+C$$

(4) $-x+2=t$ とすると，$x=-t+2$ となる。このとき $dx=-dt$ となる。
$$F(x)=\int \frac{(-t+2)^2}{t^5}\cdot(-1)\,dt=\int\left(\frac{-1}{t^3}+\frac{4}{t^4}-\frac{4}{t^5}\right)dt=\frac{1}{2t^2}-\frac{4}{3t^3}+\frac{1}{t^4}+C$$
$$=\frac{1}{2(-x+2)^2}-\frac{4}{3(-x+2)^3}+\frac{1}{(-x+2)^4}+C$$

(5) $4x-x^2=4-(x-2)^2$ となるので，$x-2=2t$ と変換すると $dx=2dt$ となる。
$$F(x)=\int \frac{1}{\sqrt{4-(x-2)^2}}\,dx=\int\frac{1}{\sqrt{1-t^2}}\,dt=\sin^{-1}t+C=\sin^{-1}\frac{x-2}{2}+C$$

(6) $x^2-2x+3=(x-1)^2+2$ として，$x-1=t$ とすると，$dx=dt$ となる。
$$F(x)=\int \frac{1}{\sqrt{t^2+2}}\,dt=\log(t+\sqrt{t^2+2})+C=\log(x-1+\sqrt{x^2-2x+3})+C$$

問題 5.6 次の不定積分を求めよ。

(1) $\displaystyle\int x\sqrt{x+1}\,dx$ (2) $\displaystyle\int x(x-1)^5\,dx$ (3) $\displaystyle\int \frac{1}{x^2-4x+7}dx$

(4) $\displaystyle\int \frac{x+1}{(-x+2)^3}dx$ (5) $\displaystyle\int \frac{1}{\sqrt{x^2+4x+6}}dx$ (6) $\displaystyle\int \frac{1}{\sqrt{1+2x-x^2}}dx$

5.2.3 部分積分法

部分積分法は，定理 3.1 における"積の微分法"を，積分形に書き換えたものである。積の微分法より

$$(f(x)g(x))' = f'(x)g(x) + f(x)g'(x) \implies \int (f'(x)g(x) + f(x)g'(x))\,dx = f(x)g(x)$$

左辺の項を移項すると，部分積分法の公式が出てくる。

定理 5.4 : 部分積分法

$$\int f(x)g'(x)\,dx = f(x)g(x) - \int f'(x)g(x)\,dx \tag{5.17}$$

例題 5.6 次の不定積分を求めよ。

(1) $\displaystyle\int x\cos x\,dx$ (2) $\displaystyle\int x^2 \sin x\,dx$ (3) $\displaystyle\int xe^x\,dx$

(4) $\displaystyle\int \log x\,dx$ (5) $\displaystyle\int (x+1)^2 e^{-x}\,dx$ (6) $\displaystyle\int (x+1)\sin 2x\,dx$

解答：いずれも x の冪と他の関数との積の積分であるが，公式 (5.17) において，$g(x)$ を x の冪におくと，右辺では，$g'(x)$ となって x の指数が 1 つ減る。(4) を除いて，x の指数が減るような方向に $f(x)$, $g(x)$ を割り振る。

(1) $f(x) = x$, $g'(x) = \cos x$ とおくと $g(x) = \sin x$ となる。よって，

$$\int x\cos x\,dx = \int x(\sin x)'\,dx = x\sin x - \int (x)'\sin x\,dx$$
$$= x\sin x - \int \sin x\,dx = x\sin x + \cos x + C$$

(2) $f(x) = x^2$, $g'(x) = \sin x$ とおくと $g(x) = -\cos x$ となる。よって，

$$\int x^2 \sin x\,dx = \int x^2(-\cos x)'\,dx = x^2(-\cos x) - \int (x^2)'(-\cos x)\,dx$$
$$= -x^2\cos x + \int 2x\cos x\,dx = -x^2\cos x + \int 2x(\sin x)'\,dx$$
$$= -x^2\cos x + 2x\sin x - 2\int \sin x\,dx = -x^2\cos x + 2x\sin x + 2\cos x + C$$

(3) $f(x) = x$, $g'(x) = e^x$ とおくと $g(x) = e^x$ となる。よって，

$$\int xe^x\,dx = \int x(e^x)'\,dx = xe^x - \int (x)'e^x\,dx = (x-1)e^x + C$$

5.2. 不定積分

(4) $f(x) = \log x$, $g'(x) = 1$ とおくと $g(x) = x$ となる。よって,
$$\int 1 \cdot \log x \, dx = \int (x)' \log x \, dx = x \log x - \int x \cdot (\log x)' \, dx$$
$$= x \log x - \int x \cdot \frac{1}{x} \, dx = x \log x - x + C$$

(5) $f(x) = (x+1)^2$, $g'(x) = e^{-x}$ とおくと $g(x) = -e^{-x}$ となる。よって,
$$\int (x+1)^2 (-e^{-x})' \, dx = (x+1)^2 (-e^{-x}) - \int 2(x+1)(-e^{-x}) \, dx = -(x+1)^2 e^{-x}$$
$$+ \int 2(x+1)(-e^{-x})' \, dx = -(x+1)^2 e^{-x} - 2(x+1)e^{-x} - 2 \int -e^{-x} \, dx$$
$$= (-(x+1)^2 - 2(x+1) - 2)e^{-x} + C = -(x^2 + 4x + 5)e^{-x} + C$$

(6) $f(x) = x+1$, $g'(x) = \sin 2x$ とおくと $g(x) = -\frac{1}{2}\cos 2x$ となる。よって,
$$\int (x+1)\left(-\frac{1}{2}\cos 2x\right)' dx = -\frac{1}{2}(x+1)\cos 2x + \frac{1}{2}\int \cos 2x \, dx$$
$$= -\frac{1}{2}(x+1)\cos 2x + \frac{1}{4}\sin 2x + C$$

問題 5.7 次の不定積分を求めよ。

(1) $\displaystyle\int x \sin x \, dx$ (2) $\displaystyle\int x^2 \cos x \, dx$ (3) $\displaystyle\int x e^{-2x} \, dx$

(4) $\displaystyle\int x^2 \log x \, dx$ (5) $\displaystyle\int (x-1)^2 e^x \, dx$ (6) $\displaystyle\int (x+1) \cos 2x \, dx$

5.2.4　分数関数の不定積分

分数関数は, $P(x)$ を 1 次以上の整式, $Q(x)$ を整式として,
$$f(x) = \frac{Q(x)}{P(x)} \tag{5.18}$$

となっている関数である。このような分数関数を積分するときは, **部分分数**に分解しなければならない。そのためには, 分母の整式の因数分解をしなければならない。整式の因数分解に関しては,「実数係数の整式は, 1 次式か, 実数の範囲内では因数分解できない 2 次式の整式に因数分解できる。」という定理 2.9 がある。この定理に基づいて, 例題 2.5, 例題 2.6 において, 分数関数の分母を因数分解して, 部分分数に分解した。部分分数への分解の仕方も, そのときに説明してい

る．その方法に迂遠な人は，第 2 章 3.1 節の「有理関数」の項を読み返すこと．ここでは，例題 2.5, 例題 2.6 の答えを使って，分数関数の積分を説明する．

例題 5.7 次の不定積分を求めよ．

(1) $\displaystyle\int \frac{1}{x^2-x-2}\,dx$ (2) $\displaystyle\int \frac{x}{x^2+x-2}\,dx$ (3) $\displaystyle\int \frac{x^3}{x^2-x-6}\,dx$

解答：例題 2.5 の答えを使う．不定積分を $F(x)$ とおく．

(1) $\displaystyle F(x) = \int \frac{1}{3}\left(\frac{1}{x-2} - \frac{1}{x+1}\right)dx = \frac{1}{3}\left(\log|x-2| - \log|x+1|\right) + C$
$\displaystyle = \frac{1}{3}\log\left|\frac{x-2}{x+1}\right| + C$

(2) $\displaystyle F(x) = \int \frac{1}{3}\left(\frac{2}{x+2} + \frac{1}{x-1}\right)dx = \frac{1}{3}\left(2\log|x+2| + \log|x-1|\right) + C$
$\displaystyle = \frac{1}{3}\log\left|(x+2)^2(x-1)\right| + C$

(3) $\displaystyle F(x) = \int \left\{x+1 + \frac{1}{5}\left(\frac{27}{x-3} + \frac{8}{x+2}\right)\right\}dx$
$\displaystyle = \frac{1}{2}(x+1)^2 + \frac{1}{5}\left(27\log|x-3| + 8\log|x+2|\right) + C$

例題 5.8 次の不定積分を求めよ．

(1) $\displaystyle\int \frac{1}{x(x^2-1)}\,dx$ (2) $\displaystyle\int \frac{1}{x^3+x^2+x+1}\,dx$ (3) $\displaystyle\int \frac{1}{x^2-2x+4}\,dx$

解答：(1), (2) は，部分分数に分解して積分する．(3) は，置換積分する．

(1) $\displaystyle \frac{1}{x(x^2-1)} = \frac{1}{x(x-1)(x+1)} = \frac{A}{x} + \frac{B}{x-1} + \frac{C}{x+1}$
$\displaystyle = \frac{A(x^2-1) + Bx(x+1) + Cx(x-1)}{x(x^2-1)}$

これより $A(x^2-1) + Bx(x+1) + Cx(x-1) = 1$ となる．$x=1$ を代入して $B=\frac{1}{2}$, $x=-1$ を代入して $C=\frac{1}{2}$, x^2 の係数より $A = -(B+C) = -1$ となるので
$\displaystyle \int \left(-\frac{1}{x} + \frac{1}{2}\frac{1}{x-1} + \frac{1}{2}\frac{1}{x+1}\right)dx = -\log|x| + \frac{1}{2}\log|x+1| + \frac{1}{2}\log|x-1| + C$

(2) $\displaystyle \frac{1}{x^3+x^2+x+1} = \frac{1}{(x+1)(x^2+1)} = \frac{A}{x+1} + \frac{Bx+C}{x^2+1}$

これより $A(x^2+1) + (x+1)(Bx+C) = 1$, $x=-1$ とおいて $A=\frac{1}{2}$, $x=0$ とおいて，

5.2. 不定積分

$A + C = 1$ より，$C = \frac{1}{2}$，x^2 の係数より $B = -A = -\frac{1}{2}$ となる。

$$\int \frac{1}{2}\left(\frac{1}{x+1} - \frac{x-1}{x^2+1}\right) dx = \frac{1}{2}\left(\int \frac{1}{x+1} dx - \int \frac{x}{x^2+1} dx + \int \frac{1}{x^2+1} dx\right)$$
$$= \frac{1}{2}\log|x+1| - \frac{1}{4}\log(x^2+1) + \frac{1}{2}\tan^{-1} x + C$$

2 項目の積分は，例題 5.6 の (5) を，3 項目は，逆三角関数の積分 (3.17) を参照せよ。

(3) $F(x) = \displaystyle\int \frac{1}{(x-1)^2 + 3} dx$，ここで $x - 1 = \sqrt{3}\,t$ とすると $dx = \sqrt{3}\,dt$ となる。

定理 5.3 の置換積分 (5.12) より

$$F(x) = \int \frac{1}{3(t^2+1)} \cdot \sqrt{3}\,dt = \frac{1}{\sqrt{3}}\int \frac{1}{t^2+1} dt = \frac{1}{\sqrt{3}}\tan^{-1} t + C$$
$$= \frac{1}{\sqrt{3}}\tan^{-1}\frac{x-1}{\sqrt{3}} + C$$

例題 5.9 次の不定積分を求めよ。

$$F(x) = \int \frac{1}{x^3+1} dx$$

解答：例題 2.6 の答えを使う。

$$F(x) = \int \frac{1}{3}\left(\frac{1}{x+1} + \frac{-x+2}{x^2-x+1}\right) dx = \int \frac{1}{3}\left(\frac{1}{x+1} + \frac{1}{2}\frac{-(2x-1)+3}{x^2-x+1}\right) dx$$
$$= \frac{1}{3}\int \frac{1}{x+1} dx - \frac{1}{6}\int \frac{2x-1}{x^2-x+1} dx + \frac{1}{2}\int \frac{1}{x^2-x+1} dx$$

2 項目の積分は，(5.13) 式のタイプの置換積分であり，3 項目は，前例題 (3) と同様にすればよい。

$$F(x) = \frac{1}{3}\log|x+1| - \frac{1}{6}\log(x^2-x+1) + \frac{1}{\sqrt{3}}\tan^{-1}\frac{2}{\sqrt{3}}\left(x - \frac{1}{2}\right) + C$$

問題 5.8 次の不定積分を求めよ。

(1) $\displaystyle\int \frac{1}{x^2+x-6} dx$ (2) $\displaystyle\int \frac{x}{x^2-x-6} dx$ (3) $\displaystyle\int \frac{x^2}{x^2-3x-10} dx$

(4) $\displaystyle\int \frac{1}{x(x-1)^2} dx$ (5) $\displaystyle\int \frac{1}{x^2+4} dx$ (6) $\displaystyle\int \frac{1}{x(x^2+1)} dx$

(7) $\displaystyle\int \frac{1}{x^2+2x+2} dx$ (8) $\displaystyle\int \frac{1}{x^2+4x+4} dx$ (9) $\displaystyle\int \frac{1}{x^3-8} dx$

5.2.5 三角関数に関する不定積分

三角関数の積や，2乗は，公式を使って 1 乗の形にしないと積分できない．そのために使うのが三角関数の加法定理 (2.22) である．その方法は，第 2 章の 3.3 節に，詳しく説明しているので参照せよ．三角関数の加法定理は，最重要の定理で，必ず覚えておかなければならない．それがしっかりしていれば，三角関数の積を和に変えることは簡単である．

例題 5.10 次の不定積分を求めよ．

(1) $\int \sin 2x \cos x \, dx$ (2) $\int \sin x \sin 2x \, dx$ (3) $\int \cos 2x \cos x \, dx$ (4) $\int \sin^2 x \, dx$

解答：$\sin(x \pm y), \cos(x \pm y)$ の加法定理 (2.22) を念頭に置いて，積を和に変える．

(1) $\displaystyle\int \sin 2x \cos x \, dx = \int \frac{1}{2} (\sin(2x+x) + \sin(2x-x)) \, dx$
$\displaystyle\qquad = \frac{1}{2} \int \sin 3x \, dx + \frac{1}{2} \int \sin x \, dx = -\frac{1}{6} \cos 3x - \frac{1}{2} \cos x + C$

(2) $\displaystyle\int \sin x \sin 2x \, dx = \int \frac{1}{2} (\cos(x-2x) - \cos(x+2x)) \, dx$
$\displaystyle\qquad = \frac{1}{2} \int \cos x \, dx - \frac{1}{2} \int \cos 3x \, dx = \frac{1}{2} \sin x - \frac{1}{6} \sin 3x + C$

(3) $\displaystyle\int \cos 2x \cos x \, dx = \int \frac{1}{2} (\cos(2x+x) + \cos(2x-x)) \, dx$
$\displaystyle\qquad = \frac{1}{2} \int \cos 3x \, dx + \frac{1}{2} \int \cos x \, dx = \frac{1}{6} \sin 3x + \frac{1}{2} \sin x + C$

(4) $\displaystyle\int \sin^2 x \, dx = \int -\frac{1}{2} (\cos(x+x) - \cos(x-x)) \, dx = \frac{1}{2} \int (1 - \cos 2x) \, dx$
$\displaystyle\qquad = \frac{1}{2} \int 1 \, dx - \frac{1}{2} \int \cos 2x \, dx = \frac{1}{2} x - \frac{1}{4} \sin 2x + C$

次の例題は，三角関数の積分を，整式や分数関数の積分に置き換えて計算する．このタイプの積分は，第 5 章 2.2 節の置換積分でも取り扱っているので参照せよ．

例題 5.11 次の不定積分を求めよ．

(1) $\int \sin^3 x \, dx$ (2) $\displaystyle\int \frac{1}{\cos x} \, dx$ (3) $\displaystyle\int \frac{1}{1+\sin x} \, dx$

5.2. 不定積分

解答：三角関数の公式を使って変形して，置換積分する。

(1) $F(x) = \displaystyle\int \sin^2 x \sin x \, dx = \int (1-\cos^2 x)\sin x \, dx = \int (\sin x - \cos^2 x \sin x) \, dx$

この積分は，例題 5.4 にあるタイプであるので，すぐ積分できて

$F(x) = -\cos x + \dfrac{1}{3}\cos^3 x + C$

$\cos x = u$ とおいて，置換積分してもよい。

(2) $F(x) = \displaystyle\int \dfrac{\cos x}{\cos^2 x} \, dx = \int \dfrac{\cos x}{1-\sin^2 x} \, dx$

$\sin x = u$ とおくと $\dfrac{du}{dx} = \cos x$ となって，$du = \cos x \, dx$ となる。

$F(x) = \displaystyle\int \dfrac{1}{1-u^2} du = -\dfrac{1}{2}\int \left(\dfrac{1}{u-1} - \dfrac{1}{u+1}\right) du = -\dfrac{1}{2}(\log|u-1| - \log|u+1| + C)$

$= -\dfrac{1}{2}\log\left|\dfrac{u-1}{u+1}\right| + C = -\dfrac{1}{2}\log\left|\dfrac{\sin x-1}{\sin x+1}\right| + C = \dfrac{1}{2}\log\dfrac{1+\sin x}{1-\sin x} + C$

(3) このタイプの問題では，次の置換を行って，分数関数の積分に変換する。

$$\sin x = 2\sin\dfrac{x}{2}\cos\dfrac{x}{2} = 2\dfrac{\sin\frac{x}{2}}{\cos\frac{x}{2}}\cos^2\dfrac{x}{2} = 2\dfrac{\sin\frac{x}{2}}{\cos\frac{x}{2}}\dfrac{1}{1+\dfrac{\sin^2\frac{x}{2}}{\cos^2\frac{x}{2}}} = \dfrac{2\tan\frac{x}{2}}{1+\tan^2\frac{x}{2}}$$

$$\cos x = \cos^2\dfrac{x}{2} - \sin^2\dfrac{x}{2} = \cos^2\dfrac{x}{2}\left(1 - \dfrac{\sin^2\frac{x}{2}}{\cos^2\frac{x}{2}}\right) = \dfrac{1 - \dfrac{\sin^2\frac{x}{2}}{\cos^2\frac{x}{2}}}{1 + \dfrac{\sin^2\frac{x}{2}}{\cos^2\frac{x}{2}}} = \dfrac{1-\tan^2\frac{x}{2}}{1+\tan^2\frac{x}{2}}$$

$\tan\dfrac{x}{2} = t$ とおき，両辺を t で微分すると

$\dfrac{d}{dt}\tan\dfrac{x}{2} = \left(\dfrac{d}{dx}\tan\dfrac{x}{2}\right)\dfrac{dx}{dt} = \dfrac{1}{2\cos^2\frac{x}{2}}\dfrac{dx}{dt} = 1 \implies \dfrac{dx}{dt} = 2\cos^2\dfrac{x}{2} = \dfrac{2}{1+\tan^2\frac{x}{2}}$

以上より

$$\sin x = \dfrac{2t}{1+t^2}, \qquad \cos x = \dfrac{1-t^2}{1+t^2}, \qquad dx = \dfrac{2}{1+t^2} \, dt \tag{5.19}$$

となる。

$\displaystyle\int \dfrac{1}{1+\sin x} dx = \int \dfrac{1}{1+\frac{2t}{1+t^2}}\dfrac{2}{1+t^2} dt = \int \dfrac{2}{(t+1)^2} dt = -\dfrac{2}{1+t} + C = -\dfrac{2}{1+\tan\frac{x}{2}} + C$

$\tan\dfrac{x}{2} = t$ と置換したときの変換式 (5.19) は，このタイプの積分には必ず使われるので覚えておくとよい。

問題 5.9 次の不定積分を求めよ．

(1) $\displaystyle\int \sin x \cos 2x\,dx$
(2) $\displaystyle\int \sin x \sin 3x\,dx$
(3) $\displaystyle\int \cos^2 x\,dx$

(4) $\displaystyle\int \cos 3x \cos x\,dx$
(5) $\displaystyle\int x \sin^2 x\,dx$
(6) $\displaystyle\int \frac{1}{\sin x}\,dx$

(7) $\displaystyle\int \cos^3 x\,dx$
(8) $\displaystyle\int \frac{1}{1+\cos x}\,dx$
(9) $\displaystyle\int \frac{1}{1+\sin x - \cos x}\,dx$

5.2.6 その他の不定積分

ここでは，今まで出てこなかった型の積分を，例題を通して学習する．

例題 5.12 次の不定積分を求めよ．

(1) $\displaystyle\int \sqrt{a^2 - x^2}\,dx$
(2) $\displaystyle\int \sqrt{x^2 + a}\,dx$
(3) $\displaystyle\int e^x \sin x\,dx$
(4) $\displaystyle\int e^x \cos x\,dx$

解答：いずれも複数の解法がある．

(1) $x = a\sin t$ と置換すると $dx = a\cos t\,dt$ となる．

$$F(x) = \int \sqrt{a^2 - a^2\sin^2 x}\, a\cos t\,dt = a^2 \int \cos^2 t\,dt = \frac{a^2}{2}\int (1 + \cos 2t)\,dt$$

$$= \frac{a^2}{2}\left(t + \frac{1}{2}\sin 2t\right) + C = \frac{a^2}{2}(t + \sin t \cos t) + C$$

$$= \frac{a^2}{2}\left(\sin^{-1}\frac{x}{a} + \frac{x}{a}\sqrt{1 - \frac{x^2}{a^2}}\right) + C$$

他には，(2) の解答と同様に部分積分法による方法がある．

(2) 部分積分法を用いて解く．

$$F(x) = \int (x)'\sqrt{x^2 + a}\,dx = x\sqrt{x^2 + a} - \int x\left(\sqrt{x^2 + a}\right)'\,dx$$

$$= x\sqrt{x^2 + a} - \int \frac{x^2 + a - a}{\sqrt{x^2 + a}}\,dx = x\sqrt{x^2 + a} - \int \sqrt{x^2 + a}\,dx + \int \frac{a}{\sqrt{x^2 + a}}\,dx$$

右辺，3 項目の積分は，例題 3.8 (4) で求めているので

$$F(x) = x\sqrt{x^2 + a} - F(x) + a\log\left|x + \sqrt{x^2 + a}\right| + C$$

右辺の $-F(x)$ を移項すると，$F(x) = \dfrac{1}{2}\left(x\sqrt{x^2 + a} + a\log\left|x + \sqrt{x^2 + a}\right| + C\right)$

♣ $x + \sqrt{x^2 + a} = u$ とおいて置換積分する方法もある．

5.2. 不定積分

(3) と (4) の解答であるが，オイラーの公式 (4.22) による (3) と (4) を同時に解く方法があるのでそれを紹介する．オイラーの公式は

$$e^{ix} = \cos x + i \sin x$$

であった．

$$\begin{aligned}
\int e^x (\cos x + i \sin x)\,dx &= \int e^x \cdot e^{ix}\,dx = \int e^{(1+i)x}\,dx = \frac{e^{(1+i)x}}{1+i} + C \\
&= \frac{1}{2} e^x (1-i) e^{ix} + C = \frac{1}{2} e^x (1-i)(\cos x + i \sin x) + C \\
&= \frac{1}{2} e^x (\cos x + \sin x) + i \frac{1}{2} e^x (\sin x - \cos x) + C
\end{aligned}$$

となるので

$$\int e^x \sin x\,dx = \frac{1}{2} e^x (\sin x - \cos x) + C$$

$$\int e^x \cos x\,dx = \frac{1}{2} e^x (\sin x + \cos x) + C$$

(3) を部分積分法で解く．

$$\begin{aligned}
\int e^x \sin x\,dx &= \int (e^x)' \sin x\,dx = e^x \sin x - \int e^x \cos x\,dx \\
&= e^x \sin x - \int (e^x)' \cos x\,dx = e^x \sin x - e^x \cos x + \int e^x (-\sin x)\,dx
\end{aligned}$$

右辺，第 3 項目の積分を移項して

$$\int e^x \sin x\,dx = \frac{1}{2} e^x (\sin x - \cos x) + C$$

となって，同じ結果を得る．なお，不定積分は，右辺を微分すれば被積分関数になることより，積分定数を加えてある．

問題 5.10 次の不定積分を求めよ．

(1) $\displaystyle\int \sqrt{1 + 2x - x^2}\,dx$ (2) $\displaystyle\int e^{ax} \sin bx\,dx$

(3) $\displaystyle\int \sqrt{x^2 - 2x + 2}\,dx$ (4) $\displaystyle\int e^{ax} \cos bx\,dx$

5.3 定積分

第 5 章の始めに，不定積分の必要性について述べたが，その目的の一つとして，曲線が囲む面積を求めることであった。その基本式が (5.5) である。関数 $f(x)$ の不定積分を $F(x)$ としたとき，図 5.2 における符号付きの面積は $S(x) = F(x) - F(a)$ で表される。この式の右辺の $F(x) - F(a)$ は，a, x の大小にかかわらずに存在する量であるので，**定積分**と名付けられている。通常は，$x = b$ とおいて定積分が次の式で定義[注1)]されている。

定積分

関数 $f(x)$ が区間 I で連続で，$a, b \in I$ とする。$f(x)$ の不定積分を $F(x)$ としたとき，
$$\int_a^b f(x)\, dx = F(b) - F(a) \tag{5.20}$$
を関数 $f(x)$ の**定積分**という。b を上端，a を下端という。

この式で注意すべきことは，右辺で**定積分**が定義されていることである。したがって積分変数 x にはよらず，何であってもよい。たとえば

$$\int_a^b f(t)\, dt = F(b) - F(a)$$

でも，定積分の値は変わらない。関数 $f(x)$ の不定積分 $F(x)$ が求まれば，それから定積分 (5.20) は計算される。定積分を計算するときには，次のように書く。

定積分の計算

$$\int_a^b f(x)\, dx = \Big[\, F(x) \,\Big]_a^b = F(b) - F(a) \tag{5.21}$$

定積分の性質

定積分の定義 (5.20) と不定積分の線形性 (5.7) より，定積分に関して成り立つ次の性質は明らかである。

$$\begin{aligned}
\int_a^b (f(x) + g(x))\, dx &= \int_a^b f(x)\, dx + \int_a^b g(x)\, dx \\
\int_a^b c f(x)\, dx &= c \int_a^b f(x)\, dx
\end{aligned} \tag{5.22}$$

[注1)] 関数 $f(x)$ が連続であることを前提としている。$f(x)$ がいくつかの不連続点を含むときは，第 8 章 1 節の「重積分の定義と性質」で述べている議論を参照せよ。

5.3. 定積分

定積分の定義 (5.20) より，つぎの式が成り立つことも明らかである。

$$\int_a^b f(x)\,dx = -\int_b^a f(x)\,dx$$
$$\int_a^b f(x)\,dx = \int_a^c f(x)\,dx + \int_c^b f(x)\,dx \tag{5.23}$$

例題 5.13 次の定積分を求めよ。

(1) $\int_{-1}^{2} (x^3 - 3x^2 + 2x + 2)\,dx$ 　　 (2) $\int_{1}^{9} \left(\sqrt{x} - \frac{1}{\sqrt{x}}\right) dx$

(3) $\int_{0}^{\frac{\pi}{3}} (2\sin x + 4\cos 2x)\,dx$ 　　 (4) $\int_{0}^{1} (e^x - e^{-x})\,dx$

解答：不定積分の求め方と定積分の性質 (5.22) を使う。定積分を I とおく。

(1) $I = \left[\dfrac{1}{4}x^4 - x^3 + x^2 + 2x\right]_{-1}^{2} = 4 - \dfrac{1}{4} = \dfrac{15}{4}$

(2) $I = \left[\dfrac{2}{3}x^{\frac{3}{2}} - 2x^{\frac{1}{2}}\right]_{1}^{9} = 18 - 6 + \dfrac{4}{3} = \dfrac{40}{3}$

(3) $I = \left[-2\cos x + 2\sin 2x\right]_{0}^{\frac{\pi}{3}} = (-1 + \sqrt{3}) + 2 = 1 + \sqrt{3}$

(4) $I = \left[e^x + e^{-x}\right]_{0}^{1} = e + e^{-1} - 2$

問題 5.11 次の定積分を求めよ。

(1) $\int_{0}^{2} (x+1)^3\,dx$ 　 (2) $\int_{1}^{2} \left(\sqrt{x} - \dfrac{1}{\sqrt{x}}\right)^2 dx$ 　 (3) $\int_{0}^{1} \dfrac{1}{(2x+1)^2}\,dx$

(4) $\int_{0}^{\frac{\pi}{3}} \sin x \cos x\,dx$ 　 (5) $\int_{0}^{1} (e^x - e^{-x})^2\,dx$ 　 (6) $\int_{0}^{1} \dfrac{1}{2x+1}\,dx$

5.3.1 広義積分

定積分の定義式 (5.20) では，$f(x)$ は区間 I で連続とした。しかし，不連続点を含む関数でも，それに対応した面積は有限になるときもある。たとえば，$f(x) = \dfrac{1}{\sqrt{x}}$ は，$x = 0$ では無限大となって不連続である。しかし，ϵ を微小な量として，定積分は

$$\int_{\epsilon}^{1} \dfrac{1}{\sqrt{x}}\,dx = \left[2\sqrt{x}\right]_{\epsilon}^{1} = 2 - 2\sqrt{\epsilon}$$

となるので，$\epsilon \to +0$ の極限をとると
$$\lim_{\epsilon \to +0} \int_\epsilon^1 \frac{1}{\sqrt{x}}\,dx = 2$$
となって，値は有限となる．このような場合，$x=0$ が $f(x) = \dfrac{1}{\sqrt{x}}$ の不連続点であっても
$$\int_0^1 \frac{1}{\sqrt{x}}\,dx = \lim_{\epsilon \to +0} \int_\epsilon^1 \frac{1}{\sqrt{x}}\,dx$$
として，この区間の定積分を定義する．同じように
$$\lim_{M \to \infty} \int_0^M e^{-x}\,dx = \lim_{M \to \infty}\left[-e^{-x}\right]_0^M = \lim_{M \to \infty}(-e^{-M}+1) = 1$$
となるので，
$$\int_0^\infty e^{-x}\,dx = \lim_{M \to \infty} \int_0^M e^{-x}\,dx$$
として，無限区間の定積分を定義する．

このようにして，$f(x)$ の不連続点であっても，その点への極限をとった場合，積分が有限になるときは，その極限で定積分の定義をする．たとえば，区間 $[a,b]$ の中間点 c が，$f(x)$ の不連続点であったとき，積分の式において，c への左極限，右極限が有限であったとき，$[a,b]$ における $f(x)$ の定積分を
$$\int_a^b f(x)\,dx = \lim_{\epsilon \to +0}\left(\int_a^{c-\epsilon} f(x)\,dx + \int_{c+\epsilon}^b f(x)\,dx\right)$$
でもって定義する．同じように，$b \to \infty$ や $a \to -\infty$ の極限の積分値が有限であれば，その無限区間の定積分として定義する．このように不連続点を含む関数の積分においても極限をとれば有限となる積分を，**広義積分** と称する．

例題 5.14 広義積分 $\displaystyle\int_0^1 \frac{1}{\sqrt{1-x^2}}\,dx$ を求めよ．

解答：逆三角関係の微分法 (3.16) より
$$\int_0^1 \frac{1}{\sqrt{1-x^2}}\,dx = \lim_{\epsilon \to +0}\left[\sin^{-1} x\right]_0^{1-\epsilon} = \sin^{-1} 1 = \frac{\pi}{2}$$

問題 5.12 次の定積分を求めよ．

(1) $\displaystyle\int_1^2 \frac{1}{\sqrt{x-1}}\,dx$ (2) $\displaystyle\int_0^\infty \frac{1}{x^2+1}\,dx$ (3) $\displaystyle\int_0^\infty x^2 e^{-x}\,dx$

5.3.2 簡単な関数の定積分

定積分は，定義の (5.20) にあるように，不定積分 $F(x)$ が分かれば，単に $F(b)-F(a)$ を計算すれば求まる。第 5 章 2 節の「不定積分」で，様々なタイプの積分の仕方を説明してきたので，その求めた不定積分を利用すれば，定積分の値を求めることができる。この節では，第 5 章 2.2 節の置換積分のうちで簡単な形の積分で公式 (5.15)，(5.16) を使ってできる問題と，分数関数，三角関数に関する問題を取り扱う。

例題 5.15 次の定積分を求めよ。

(1) $\int_1^{\frac{3}{2}} (2x-3)^5 \, dx$ (2) $\int_0^{\frac{\pi}{3}} \sin 2x \, dx$ (3) $\int_0^{\frac{\pi}{2}} \cos\left(\frac{1}{2}x + \frac{\pi}{3}\right) dx$

(4) $\int_0^{\infty} e^{-2x} \, dx$ (5) $\int_0^4 \sqrt{2x+1} \, dx$ (6) $\int_0^2 \frac{1}{3x+1} \, dx$

解答：定積分の値を I とする。いずれも公式 (5.15) を使う。積分定数の C は，定積分では，$F(b) - F(a)$ となっているので，いつでも消えてしまうので書く必要はない。

(1) $I = \left[\frac{1}{12}(2x-3)^6\right]_1^{\frac{3}{2}} = 0 - \frac{1}{12} = -\frac{1}{12}$

(2) $I = \left[-\frac{1}{2}\cos 2x\right]_0^{\frac{\pi}{3}} = -\frac{1}{2}\cos\frac{2\pi}{3} + \frac{1}{2} = \frac{3}{4}$

(3) $I = \left[2\sin\left(\frac{1}{2}x + \frac{\pi}{3}\right)\right]_0^{\frac{\pi}{2}} = 2\left(\sin\left(\frac{\pi}{4} + \frac{\pi}{3}\right) - \sin\frac{\pi}{3}\right) = \frac{\sqrt{2} + \sqrt{6} - 2\sqrt{3}}{2}$

(4) $I = \left[-\frac{1}{2}e^{-2x}\right]_0^{\infty} = 0 - \left(-\frac{1}{2}\right) = \frac{1}{2}$

(5) $I = \left[\frac{1}{3}(2x+1)^{\frac{3}{2}}\right]_0^4 = \frac{1}{3}(9^{\frac{3}{2}} - 1) = \frac{26}{3}$

(6) $I = \left[\frac{1}{3}\log|3x+1|\right]_0^2 = \frac{1}{3}\log 7$

例題 5.16 次の定積分を求めよ。

(1) $\int_0^4 x\sqrt{x^2+9} \, dx$ (2) $\int_0^{\frac{\pi}{2}} \sin^2 x \cos x \, dx$ (3) $\int_0^{\infty} xe^{-x^2} \, dx$

(4) $\int_0^1 (x+1)(x^2+2x+2)^2 \, dx$ (5) $\int_0^2 \frac{x}{x^2+1} \, dx$ (6) $\int_0^{\frac{\pi}{3}} \tan x \, dx$

解答：いずれも (5.16) 式のタイプの積分で，簡単に不定積分を求められる．

(1) $I = \left[\dfrac{1}{3}(x^2+9)^{\frac{3}{2}}\right]_0^4 = \dfrac{1}{3}(25^{\frac{3}{2}} - 9^{\frac{3}{2}}) = \dfrac{98}{3}$ 　(2) $I = \left[\dfrac{1}{3}(\sin x)^3\right]_0^{\frac{\pi}{2}} = \dfrac{1}{3}$

(3) $I = \left[-\dfrac{1}{2}e^{-x^2}\right]_0^\infty = \dfrac{1}{2}$ 　(4) $I = \left[\dfrac{1}{6}(x^2+2x+2)^3\right]_0^1 = \dfrac{39}{2}$

(5) $I = \left[\dfrac{1}{2}\log(x^2+1)\right]_0^2 = \dfrac{1}{2}\log 5$ 　(6) $I = \left[-\log\cos x\right]_0^{\frac{\pi}{3}} = -\log\dfrac{1}{2} = \log 2$

次に，分数関数，三角関数に関する定積分の例題を解く．

例題 5.17 次の定積分を求めよ．

(1) $\displaystyle\int_0^\infty \dfrac{1}{(x+1)(x+3)}\,dx$ 　(2) $\displaystyle\int_0^\infty \dfrac{1}{(x+1)(x^2+1)}\,dx$ 　(3) $\displaystyle\int_4^6 \dfrac{x}{x^2-5x+6}\,dx$

(4) $\displaystyle\int_0^\pi \sin^2 x\,dx$ 　(5) $\displaystyle\int_0^{\frac{\pi}{2}} \sin x \sin 2x\,dx$ 　(6) $\displaystyle\int_0^{\frac{\pi}{2}} \sin 3x \cos x\,dx$

解答：分数関数の問題は，第2章 3.1 の分数関数を参照して，部分分数に分けて書く．三角関数の問題は，第2章 3.3 における加法定理を使って積を和にする．

(1) $I = \displaystyle\int_0^\infty \dfrac{1}{2}\left(\dfrac{1}{x+1} - \dfrac{1}{x+3}\right)dx = \dfrac{1}{2}\Big[\log(x+1) - \log(x+3)\Big]_0^\infty$

$\quad = \dfrac{1}{2}\left[\log\dfrac{x+1}{x+3}\right]_0^\infty = -\dfrac{1}{2}\log\dfrac{1}{3} = \dfrac{1}{2}\log 3$

(2) $I = \displaystyle\int_0^\infty \dfrac{1}{2}\left(\dfrac{1}{x+1} - \dfrac{x-1}{x^2+1}\right)dx = \dfrac{1}{2}\left[\log(x+1) - \dfrac{1}{2}\log(x^2+1) + \tan^{-1}x\right]_0^\infty$

$\quad = \dfrac{1}{2}\left[\dfrac{1}{2}\log\dfrac{(x+1)^2}{x^2+1} + \tan^{-1}x\right]_0^\infty = \dfrac{\pi}{4}$

(3) $I = \displaystyle\int_4^6 \left(\dfrac{-2}{x-2} + \dfrac{3}{x-3}\right)dx = \Big[-2\log(x-2) + 3\log(x-3)\Big]_4^6$

$\quad = \left[\log\dfrac{(x-3)^3}{(x-2)^2}\right]_4^6 = \log\dfrac{27}{4} = 3\log 3 - 2\log 2$

(4) $I = \displaystyle\int_0^\pi \dfrac{1-\cos 2x}{2}\,dx = \dfrac{1}{2}\left[x - \dfrac{1}{2}\sin 2x\right]_0^\pi = \dfrac{\pi}{2}$

(5) $I = \displaystyle\int_0^{\frac{\pi}{2}} \dfrac{\cos x - \cos 3x}{2}\,dx = \dfrac{1}{2}\left[\sin x - \dfrac{1}{3}\sin 3x\right]_0^{\frac{\pi}{2}} = \dfrac{2}{3}$

(6) $I = \displaystyle\int_0^{\frac{\pi}{2}} \dfrac{\sin 4x + \sin 2x}{2}\,dx = \dfrac{1}{2}\left[-\dfrac{1}{4}\cos 4x - \dfrac{1}{2}\cos 2x\right]_0^{\frac{\pi}{2}} = \dfrac{1}{2}$

5.3. 定積分

問題 5.13 次の定積分を求めよ。

(1) $\int_{\frac{1}{3}}^{1}(3x+1)^5\,dx$ 　　(2) $\int_{0}^{\frac{\pi}{3}}\cos 2x\,dx$ 　　(3) $\int_{0}^{\frac{\pi}{2}}\sin\left(\frac{1}{2}x+\frac{\pi}{3}\right)dx$

(4) $\int_{0}^{\infty}e^{-3x+1}\,dx$ 　　(5) $\int_{0}^{4}\sqrt{2x+1}\,dx$ 　　(6) $\int_{0}^{2}\frac{1}{2x+1}\,dx$

(7) $\int_{0}^{8}\frac{x}{\sqrt{x^2+36}}\,dx$ 　　(8) $\int_{0}^{\frac{\pi}{2}}\cos^3 x\sin x\,dx$ 　　(9) $\int_{0}^{\infty}(x-1)e^{-x^2+2x}\,dx$

(10) $\int_{0}^{1}(x+2)(x^2+4x-2)^2\,dx$ 　　(11) $\int_{0}^{2}\frac{x-2}{x^2-4x+5}\,dx$ 　　(12) $\int_{0}^{\frac{\pi}{3}}\frac{\sin x}{\cos^3 x}\,dx$

(13) $\int_{0}^{\infty}\frac{1}{x^2+5x+6}\,dx$ 　　(14) $\int_{0}^{\infty}\frac{1}{(x+2)(x^2+1)}\,dx$ 　　(15) $\int_{3}^{5}\frac{x}{x^2-3x+2}\,dx$

(16) $\int_{0}^{2\pi}\cos^2 x\,dx$ 　　(17) $\int_{0}^{\frac{\pi}{6}}\cos x\cos 2x\,dx$ 　　(18) $\int_{0}^{\frac{\pi}{3}}\cos 3x\sin x\,dx$

5.3.3 定積分の置換積分法

　不定積分を求める方法に，第 5 章 2.2 節で解説した置換積分法があった。前節と同じように，置換積分法で求めた不定積分から定積分を求めればよいのであるが，ここでは，置換した変数をもとの積分変数 x に戻さないで定積分を求める。この方法で定積分を求める際に有利になる積分は，(5.12) 式のタイプの置換積分である。他のタイプの置換積分は，習熟すれば，元の変数のまま不定積分が求まるので，この節で説明する方法で定積分を求める必要はない。

(5.12) 式の置換積分は

$$\int f(x)\,dx = \int f(g(t))g'(t)\,dt, \quad x = g(t)$$

であった。ここで定積分として，上端を b，下端を a とする。x が a から b まで変化すると，t は α から β まで変化する。

$$g(\alpha) = a, \qquad g(\beta) = b$$

このとき，$f(x)$ の不定積分を $F(x)$ とすると

$$\int_{a}^{b}f(x)\,dx = F(b) - F(a) = F(g(\beta)) - F(g(\alpha)) = \int_{\alpha}^{\beta}f(g(t))g'(t)\,dt$$

となるので，次の定積分に関する置換積分法が成り立つ。

定理 5.5：定積分の置換積分法

$f(x)$ が区間 I で連続で，$a, b \in I$ とする。$g(t)$ は，t について微分可能な関数で，$g(\alpha) = a$, $g(\beta) = b$ である。このとき

$$\int_a^b f(x)\, dx = \int_\alpha^\beta f(g(t)) g'(t)\, dt \tag{5.24}$$

となる。

例題 5.18 次の定積分を求めよ。

(1) $\displaystyle\int_{-1}^1 x\sqrt{x+1}\, dx$ (2) $\displaystyle\int_1^2 x(3-2x)^3\, dx$ (3) $\displaystyle\int_0^\infty \frac{x}{(x+1)^{\frac{5}{2}}}\, dx$

(4) $\displaystyle\int_1^\infty \frac{1}{x^2+2x+5}\, dx$ (5) $\displaystyle\int_0^2 \sqrt{4-x^2}\, dx$ (6) $\displaystyle\int_0^{\frac{\pi}{2}} \frac{1}{2+\sin x}\, dx$

解答：いずれも積分が簡単になるように置換積分する。定積分の値を I とする。

(1) $\sqrt{x+1} = t$ とする。$x = t^2 - 1$ となるので，$dx = 2t\, dt$ となる。

x	-1	$\to$	1
t	0	$\to$	$\sqrt{2}$

$$I = \int_0^{\sqrt{2}} (t^2 - 1)\, t \cdot 2t\, dt = \int_0^{\sqrt{2}} 2(t^4 - t^2)\, dt = 2\left[\frac{1}{5}t^5 - \frac{1}{3}t^3\right]_0^{\sqrt{2}} = \frac{4\sqrt{2}}{15}$$

(2) $3 - 2x = t$ とする。$x = \frac{1}{2}(3 - t)$ となるので，$dx = -\frac{1}{2} dt$ となる。

x	1	$\to$	2
t	1	$\to$	-1

$$I = \int_1^{-1} \frac{1}{2}(3-t)\, t^3 \cdot \left(-\frac{1}{2}\right) dt = -\frac{1}{4}\int_1^{-1}(3t^3 - t^4)\, dt = -\frac{1}{4}\left[\frac{3}{4}t^4 - \frac{1}{5}t^5\right]_1^{-1} = -\frac{1}{10}$$

(3) $(x+1)^{\frac{1}{2}} = t$ とする。$x = t^2 - 1$ となるので，$dx = 2t\, dt$ となる。

x	0	$\to$	∞
t	1	$\to$	∞

$$I = \int_1^\infty \frac{t^2 - 1}{t^5} \cdot 2t\, dt = \int_1^\infty 2(t^{-2} - t^{-4})\, dt = 2\left[-t^{-1} + \frac{1}{3}t^{-3}\right]_1^\infty = \frac{4}{3}$$

(4) $x^2 + 2x + 5 = (x+1)^2 + 4$ となるので，$x+1 = 2t$ とする．$dx = 2\,dt$ となる．

x	1	$\to$	∞
t	1	$\to$	∞

$$I = \int_1^\infty \frac{1}{4t^2+4} \cdot 2\,dt = \frac{1}{2}\int_1^\infty \frac{1}{t^2+1}\,dt$$
$$= \frac{1}{2}\Big[\tan^{-1} t\Big]_1^\infty = \frac{1}{2}\left(\frac{\pi}{2} - \frac{\pi}{4}\right) = \frac{\pi}{8}$$

(5) $x = 2\sin t$ とする．$dx = 2\cos t\,dt$ となる．

x	0	$\to$	2
t	0	$\to$	$\frac{\pi}{2}$

$$I = \int_0^{\frac{\pi}{2}} \sqrt{4-4\sin^2 t} \cdot 2\cos t\,dt = 4\int_0^{\frac{\pi}{2}} \cos^2 t\,dt$$
$$= 4\int_0^{\frac{\pi}{2}} \frac{1+\cos 2t}{2}\,dt = 2\left[t + \frac{\sin 2t}{2}\right]_0^{\frac{\pi}{2}} = \pi$$

(6) $\tan\dfrac{x}{2} = t$ とする．例題 5.11 の (3) の解答にある (5.19) によって
$$\sin x = \frac{2t}{1+t^2},\ dx = \frac{2}{1+t^2}\,dt\ \text{となる．}$$

x	0	$\to$	$\frac{\pi}{2}$
t	0	$\to$	1

$$I = \int_0^1 \frac{1}{2 + \frac{2t}{1+t^2}} \cdot \frac{2}{1+t^2}\,dt = \int_0^1 \frac{1}{t^2+t+1}\,dt$$
$$= \int_0^1 \frac{1}{\left(t+\frac{1}{2}\right)^2 + \frac{3}{4}}\,dt = \frac{2}{\sqrt{3}}\int_{\frac{1}{\sqrt{3}}}^{\sqrt{3}} \frac{1}{u^2+1}\,du = \frac{2}{\sqrt{3}}\Big[\tan^{-1} u\Big]_{\frac{1}{\sqrt{3}}}^{\sqrt{3}} = \frac{\sqrt{3}}{9}\pi$$

$t + \dfrac{1}{2} = \dfrac{\sqrt{3}}{2}u$ と置換した．$dt = \dfrac{\sqrt{3}}{2}du$,

t	0	$\to$	1
u	$\frac{1}{\sqrt{3}}$	$\to$	$\sqrt{3}$

問題 5.14 次の定積分を求めよ．

(1) $\displaystyle\int_{-1}^1 \frac{x}{\sqrt{x+1}}\,dx$ 　　(2) $\displaystyle\int_0^2 x(x-1)^5\,dx$ 　　(3) $\displaystyle\int_1^2 x(x-1)^{\frac{3}{2}}\,dx$

(4) $\displaystyle\int_0^\infty \frac{1}{x^2-2x+4}\,dx$ 　　(5) $\displaystyle\int_1^3 \sqrt{3+2x-x^2}\,dx$ 　　(6) $\displaystyle\int_0^{\frac{\pi}{2}} \frac{1}{1+\cos x}\,dx$

(7) $\displaystyle\int_0^\infty \frac{1}{2x^2-2x+1}\,dx$ 　　(8) $\displaystyle\int_{-2}^1 \frac{1}{\sqrt{5-4x-x^2}}\,dx$ 　　(9) $\displaystyle\int_0^\pi \frac{1}{3+\cos x}\,dx$

(10) $\displaystyle\int_1^2 \sqrt{x^2-1}\,dx$ 　　(11) $\displaystyle\int_1^3 \frac{1}{\sqrt{x^2-2x+5}}\,dx$ 　　(12) $\displaystyle\int_0^{\frac{\pi}{2}} \frac{1}{2-\sin x}\,dx$

5.3.4 定積分の部分積分法

不定積分の部分積分法 (5.17) によって，

$$\int_a^b f(x)g'(x)\,dx = \left[f(x)g(x) - \int f'(x)g(x)\,dx\right]_a^b$$
$$= \left[f(x)g(x)\right]_a^b - \int_a^b f'(x)g(x)\,dx$$

となり，定積分の部分積分法の公式が出てくる．

定理 5.6 : 定積分の部分積分法

$$\int_a^b f(x)g'(x)\,dx = \left[f(x)g(x)\right]_a^b - \int_a^b f'(x)g(x)\,dx \qquad (5.25)$$

この型の定積分は，部分積分法で不定積分を求めるのと同じやり方で定積分を求めることができる．単に，積分の上端と下端を代入して引き算を行えばよいだけである．

例題 5.19 次の定積分を求めよ．

(1) $\displaystyle\int_0^\pi x\sin x\,dx$ (2) $\displaystyle\int_0^\pi x^2\cos x\,dx$ (3) $\displaystyle\int_0^\infty x^2 e^{-x}\,dx$

(4) $\displaystyle\int_0^e x^2\log x\,dx$ (5) $\displaystyle\int_{-\infty}^0 (x+1)e^x\,dx$ (6) $\displaystyle\int_0^\pi (x+1)\cos 2x\,dx$

解答：いずれの問題も，(5.25) の左辺の部分積分法の形にしてから，計算する．

(1) $I = \displaystyle\int_0^\pi x(-\cos x)'\,dx = -\left[x\cos x\right]_0^\pi + \int_0^\pi \cos x\,dx = \pi + \left[\sin x\right]_0^\pi = \pi$

(2) $I = \displaystyle\int_0^\pi x^2(\sin x)'\,dx = \left[x^2\sin x\right]_0^\pi - \int_0^\pi 2x\sin x\,dx = -\int_0^\pi 2x(-\cos x)'\,dx$
$ = \left[2x\cos x\right]_0^\pi - 2\int_0^\pi \cos x\,dx = -2\pi - 2\left[\sin x\right]_0^\pi = -2\pi$

(3) $I = \displaystyle\int_0^\infty x^2(-e^{-x})'\,dx = \left[-x^2 e^{-x}\right]_0^\infty + \int_0^\infty 2xe^{-x}\,dx = \int_0^\infty 2x(-e^{-x})'\,dx$
$ = \left[-2xe^{-x}\right]_0^\infty + 2\int_0^\infty e^{-x}\,dx = \left[-2e^{-x}\right]_0^\infty = 2$

5.4. 積分法の応用

(4) $I = \int_0^e \left(\frac{1}{3}x^3\right)' \log x\, dx = \left[\frac{1}{3}x^3 \log x\right]_0^e - \int_0^e \frac{1}{3}x^3 \cdot \frac{1}{x}\, dx = \frac{1}{3}e^3 - \left[\frac{1}{9}x^3\right]_0^e = \frac{2}{9}e^3$

(5) $I = \int_{-\infty}^0 (x+1)(e^x)'\, dx = \left[(x+1)e^x\right]_{-\infty}^0 - \int_{-\infty}^0 e^x\, dx = 1 - \left[e^x\right]_{-\infty}^0 = 0$

(6) $I = \int_0^\pi (x+1)\left(\frac{1}{2}\sin 2x\right)'\, dx = \left[(x+1)\frac{1}{2}\sin 2x\right]_0^\pi - \frac{1}{2}\int_0^\pi \sin 2x\, dx$

$\quad = \frac{1}{4}\left[\cos 2x\right]_0^\pi = 0$

問題 5.15 次の定積分を求めよ。

(1) $\int_0^\pi x \cos x\, dx$ (2) $\int_0^\pi x^2 \sin x\, dx$ (3) $\int_{-\infty}^0 x^2 e^x\, dx$

(4) $\int_0^1 x^2 \log 2x\, dx$ (5) $\int_0^\infty (x-1)^2 e^{-x}\, dx$ (6) $\int_0^{\frac{\pi}{2}} \left(x + \frac{\pi}{2}\right)\sin 2x\, dx$

5.4 積分法の応用

積分法の応用として，面積を求める問題，体積を求める問題を解き，そして物理への応用を扱う。

5.4.1 面積

積分法は，面積をいかにして求めるかということから始まり，その帰結が，微積分学の基本定理であった。その定理を，ここでもう一度再掲する。

$S(x)$ は，図 5.2 における点線の入った部分における**符号付き面積**である。

$$S(x) = \int_a^x f(t)\, dt = F(x) - F(a)$$

となる。ここで，$F'(x) = f(x)$ である。図の $f(x) < 0$ の部分は，積分においては負の大きさの値をあたえる。このため，実際の面積を求めるためには $f(x)$ の符号を考慮しなければならない。

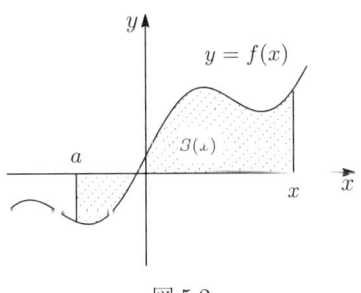

図 5.2

x 軸と $y = f(x)$ で囲まれた部分の面積を $\tilde{S}(x)$ とすると

$$\tilde{S}(x) = \int_a^x |f(t)|\, dt \tag{5.26}$$

となる。また，二つの曲線 $y = f(x)$ と $y = g(x)$ で囲まれた区間 $[a, b]$ の面積は

$$\tilde{S} = \int_a^b |f(t) - g(t)|\, dt \tag{5.27}$$

である。

例題 5.20 曲線 $y = \cos x$ と $y = \sin x$ とで囲まれた $0 \leqq x \leqq \pi$ の範囲の面積を求めよ。

解答：二つの曲線で囲まれた部分の面積を与える式 (5.27) より

$\left[0, \dfrac{\pi}{4}\right]$ では，$\cos x \geqq \sin x$, $\left[\dfrac{\pi}{4}, \pi\right]$ では，$\sin x \geqq \cos x$ となるから面積は

$$\tilde{S} = \int_0^{\frac{\pi}{4}} (\cos x - \sin x)\, dx + \int_{\frac{\pi}{4}}^{\pi} (\sin x - \cos x)\, dx$$

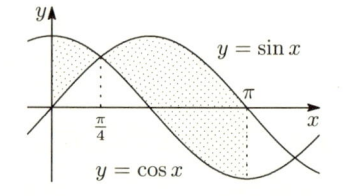

となる。

$$\tilde{S} = \Big[\sin x + \cos x\Big]_0^{\frac{\pi}{4}} + \Big[-\cos x - \sin x\Big]_{\frac{\pi}{4}}^{\pi} = (\sqrt{2} - 1) + (1 + \sqrt{2}) = 2\sqrt{2}$$

例題 5.21 曲線 $y = x^3 - x^2 - x + 1$ と直線 $y = x + 1$ とで囲まれた領域の面積を求めよ。

解答：曲線と直線の差を表す関数は $y = (x^3 - x^2 - x + 1) - (x + 1) = x^3 - x^2 - 2x$ である。右辺を因数分解すると $y = x(x+1)(x-2)$ となる。この関数のグラフは右図となる。$-1 \leqq x \leqq 0$ では，$y \geqq 0$, $0 \leqq x \leqq 2$ では，$y \leqq 0$ となっているので，式 (5.27) より

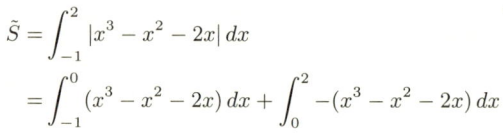

$$\tilde{S} = \int_{-1}^{2} |x^3 - x^2 - 2x|\, dx$$
$$= \int_{-1}^{0} (x^3 - x^2 - 2x)\, dx + \int_{0}^{2} -(x^3 - x^2 - 2x)\, dx$$

となる。

$$\tilde{S} = \left[\frac{1}{4}x^4 - \frac{1}{3}x^3 - x^2\right]_{-1}^{0} - \left[\frac{1}{4}x^4 - \frac{1}{3}x^3 - x^2\right]_{0}^{2} = \frac{37}{12}$$

5.4. 積分法の応用

次に，無理関数の積分を計算する必要がある楕円の面積を求める。

例題 5.22 楕円 $\dfrac{x^2}{a^2} + \dfrac{y^2}{b^2} = 1$ の面積を求めよ。

解答：楕円のグラフは右図となる。y を x で表すと $y = \pm b\sqrt{1 - \dfrac{x^2}{a^2}}$ となる。面積は

$$S = 4\int_0^a b\sqrt{1 - \dfrac{x^2}{a^2}}\, dx$$

となる。$x = a\sin t$ と置換すると，

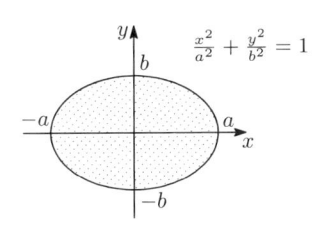

$dx = a\cos t\, dt$ となる。x が $0 \to a$ のとき，t は $0 \to \dfrac{\pi}{2}$ となる。

$$S = 4\int_0^{\frac{\pi}{2}} b\sqrt{1 - \sin^2 t}\, a\cos t\, dt = 4ab\int_0^{\frac{\pi}{2}} \cos^2 t\, dt$$
$$= 4ab\int_0^{\frac{\pi}{2}} \dfrac{1 + \cos 2t}{2}\, dt = 2ab\left[t + \dfrac{1}{2}\sin 2t\right]_0^{\frac{\pi}{2}} = \pi ab$$

例題 5.23 右図は，$y^2 = x^2(1 - x^2)$ のグラフである。点線部の面積を求めよ。

解答：y を x で表すと $y = \pm x\sqrt{1 - x^2}$ となる。(5.16) 式のタイプの積分となる。

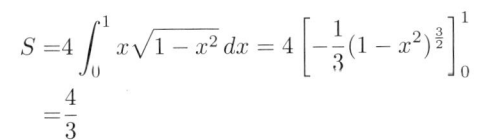

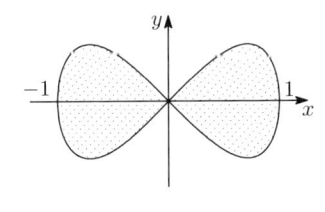

$$S = 4\int_0^1 x\sqrt{1 - x^2}\, dx = 4\left[-\dfrac{1}{3}(1 - x^2)^{\frac{3}{2}}\right]_0^1$$
$$= \dfrac{4}{3}$$

媒介変数表示の関数に関する面積

媒介変数表示の関数は，第 2 章 4 節の (2.44) にあるように，$x = x(t)$, $y = y(t)$ で表される。この関数のグラフと x 軸で囲む領域の面積は，媒介変数 t が，α から β まで変化して，$y > 0, \dfrac{dx}{dt} > 0$ のときは

$$S = \int_\alpha^\beta y\, \dfrac{dx}{dt}\, dt \tag{5.28}$$

である。しかし，媒介変数 t の変化に対して $y < 0$ や $\dfrac{dx}{dt} < 0$ となる場合があるので注意が必要である。その例が次の楕円の面積を求めるときである。

楕円は，媒介変数を用いて $x = a\cos t, \ y = b\sin t$ と表すことができる。この表示での，楕円の面積を求める。t が，$[0, \pi]$ で $y \geqq 0, \ \dfrac{dx}{dt} \leqq 0$ となり，$[\pi, 2\pi]$ で $y \leqq 0, \ \dfrac{dx}{dt} \geqq 0$ となる。したがって，面積は

$$S = \int_0^{2\pi} -y\frac{dx}{dt}\, dt = \int_0^{2\pi} b\sin t \cdot a\sin t\, dt = ab\int_0^{2\pi} \sin^2 t\, dt$$

$$= ab\int_0^{2\pi} \frac{1-\cos 2t}{2}\, dt = ab\left[\frac{1}{2}t - \frac{\sin 2t}{4}\right]_0^{2\pi} = \pi ab$$

となる。このようにして，媒介変数表示の関数のグラフの面積を求める場合は，媒介変数の変化に対して x, y がどのように変化するかを見て面積を求めなければならない。

例題 5.24 図 2.22 に表されたサイクロイドが x 軸と囲む部分の面積を求めよ。サイクロイドは，$x = a(t - \sin t), \ y = a(1 - \cos t), \ 0 \leqq t \leqq 2\pi$ である。

解答：与えられた媒介変数の範囲では，$y > 0, \ \dfrac{dx}{dt} > 0$ であるので，式 (5.28) から

$$S = \int_0^{2\pi} y\frac{dx}{dt}\, dt = \int_0^{2\pi} a^2(1-\cos t)^2\, dt = a^2\int_0^{2\pi} (1 + \cos^2 t - 2\cos t)\, dt$$

$$= a^2\int_0^{2\pi} \left(1 + \frac{1+\cos 2t}{2} - 2\cos t\right) dt = a^2\left[\frac{3}{2}t + \frac{\sin 2t}{4} - 2\sin t\right]_0^{2\pi} = 3\pi a^2$$

問題 5.16 次の問いに答えよ。

(1) 曲線 $y = \cos x$ と $y = \sqrt{3}\sin x$ とで囲まれた $0 \leqq x \leqq \pi$ の範囲の面積を求めよ。

(2) 曲線 $y = x^3 - 3x^2 + 2x + 5$ と直線 $y = 3x + 2$ とで囲まれた領域の面積を求めよ。

(3) x 軸，y 軸と，曲線 $y = \log x$ で囲まれる領域の面積を求めよ。

(4) 曲線 $y = (x^2 - 1)^2$ と x 軸で囲まれる部分の面積を求めよ。

(5) 曲線 $y^2 = x(1-x)^2$ が囲む領域の面積を求めよ。

(6) 図 3.3a, 図 3.3b における媒介変数で表された曲線が囲む部分の面積を求めよ。

5.4. 積分法の応用

5.4.2 体積

右図は，ビア樽状の立体である．この立体の体積を求める式を与える．この立体を x 軸に垂直な平面で切ったときの，a から x までの立体の体積を $V(x)$ とする．切り口の面積を $S(x)$ とする．x から微小な距離 h 離れたところまでの体積は $V(x+h)$ である．$V(x+h) - V(x)$ は，図にあるような厚みが h の円盤状の立体の体積となる．区間 $[x, x+h]$ における切り口の面積 $S(x)$ の最大値を M，最小値を m とすると，不等式

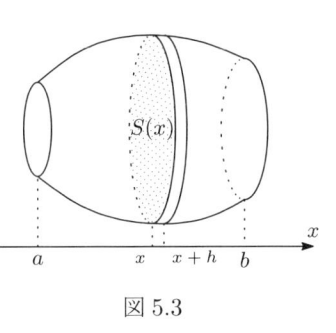

図 5.3

$$mh \leqq V(x+h) - V(x) \leqq Mh \implies m \leqq \frac{V(x+h) - V(x)}{h} \leqq M$$

が成り立つ．M, m は切り口の面積 $S(x)$ の，最大値，最小値であったので，定理 2.7 の中間値の定理より

$$\frac{V(x+h) - V(x)}{h} = S(x + \theta h), \quad 0 \leqq \theta \leqq 1$$

となる θ が存在する．ここで $h \to 0$ とすると，次の式が結論できる．

立体の体積

立体の体積は，切り口の面積を積分したもので与えられる

$$\frac{dV(x)}{dx} = S(x) \implies V(x) = \int_a^x S(t)\,dt \tag{5.29}$$

例題 5.25 右図は，底面の面積が S で高さが h の錐状の立体である．この立体の体積を求めよ．

解答：高さ x の水平面による切り口の面積を $S(x)$ とする．図より，

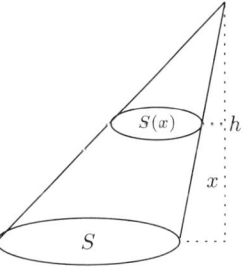

$$S : S(x) = h^2 : (h-x)^2 \implies S(x) = \frac{(h-x)^2}{h^2} S$$

体積を求める式 (5.29) より

$$V = \int_0^h S(x)\,dx = \int_0^h \frac{(h-x)^2}{h^2} S\,dx = \left[-\frac{1}{3} \frac{(h-x)^3}{h^2} S \right]_0^h = \frac{1}{3} Sh$$

例題 5.26 楕円体 $\dfrac{x^2}{a^2} + \dfrac{y^2}{b^2} + \dfrac{z^2}{c^2} = 1$ の体積を求めよ。

解答：$z = $ 一定 の xy 面に平行な平面で，この楕円体を切ったときの切り口は，楕円
$$\frac{x^2}{a^2\left(1 - \frac{z^2}{c^2}\right)} + \frac{y^2}{b^2\left(1 - \frac{z^2}{c^2}\right)} = 1$$
となる。この楕円の面積は，例題 5.22 より
$$S(z) = \pi ab\left(1 - \frac{z^2}{c^2}\right)$$
となる。体積を求める式 (5.29) より
$$V = \int_{-c}^{c} S(z)\,dz = \int_{-c}^{c} \pi ab\left(1 - \frac{z^2}{c^2}\right)dz = \pi ab\left[z - \frac{1}{3}\frac{z^3}{c^2}\right]_{-c}^{c} = \frac{4}{3}\pi abc$$

問題 5.17 次の問いに答えよ。

(1) 底面の半径が a，高さが a の直円柱がある。底面の円の直径を通り，底面と $30°$ の角度で交わる平面で，この直円柱を分割する。分割された二つの部分の体積を求めよ。

(2) 水平な半径 a の半球に水を満たし，$30°$ 傾けた。流れ出した水の量を求めよ。

回転体の体積

連続関数 $y = f(x)$ のグラフの $a \leqq x \leqq b$ の部分を，x 軸の回りに回転したときできる回転体の体積を与える式を求める。x 軸に垂直な平面で切った時の切り口は円で，半径は $|f(x)|$ であるので，その面積は $S(x) = \pi(f(x))^2$ となる。立体の体積を求める式 (5.29) より，回転体の体積は次のようになる。

回転体の体積
$$V = \int_a^b S(x)\,dx = \int_a^b \pi(f(x))^2\,dx \tag{5.30}$$

例題 5.27 関数 $y = \log x$ に関して，次に問いに答えよ。

(1) $y = \log x$ の $0 < x \leqq 1$ の部分を x 軸の周りに回転してできる立体の体積を求めよ。

(2) $y = \log x$ の $0 < x \leqq 1$ の部分を y 軸の周りに回転してできる立体の体積を求めよ。

5.4. 積分法の応用

解答：回転体の体積を表す式 (5.30) を使う。(1) は部分積分法で積分する。

(1) $V = \int_0^1 \pi(\log x)^2\, dx = \int_0^1 \pi(x)'(\log x)^2\, dx$

$= \left[\pi x(\log x)^2\right]_0^1 - \int_0^1 \pi x \cdot 2\log x \cdot \frac{1}{x}\, dx = -2\pi \int_0^1 (x)' \log x\, dx$

$= -2\pi \left[x \log x\right]_0^1 + 2\pi \int_0^1 x \cdot \frac{1}{x}\, dx = 2\pi$

(2) $x = e^y$ となるので，体積は

$$V = \int_{-\infty}^0 \pi(e^y)^2\, dy = \int_{-\infty}^0 \pi e^{2y}\, dy = \pi\left[\frac{1}{2}e^{2y}\right]_{-\infty}^0 = \frac{1}{2}\pi$$

問題 5.18 次の問いに答えよ。

(1) $0 < r < b$ とする。円 $x^2 + (y-b)^2 = r^2$ を x 軸の周りに回転してできるドーナツ状の立体の体積を求めよ。

(2) $a > 0$ とする直線 $\dfrac{x}{a} + \dfrac{y}{b} = 1$ と x 軸，y 軸で囲まれる部分を x 軸の回りに回転してできる回転体の体積を求めよ。

5.4.3 曲線の長さ

図 5.4 における曲線を，媒介変数表示で $x = x(t)$, $y = y(t)$ とする。点 A，P，Q の座標を，それぞれ

$A(x(a), y(a)), P(x(t), y(t)), Q(x(t+h), y(t+h))$

とする。ここで，h は微小な量とする。
A から P までの曲線の長さを $l(t)$ とすると，A から Q までの曲線の長さは $l(t+h)$ となる。したがって，$l(t+h) - l(t)$ は，PQ 間の曲線の長さとなる。h は微小な量だから，図より

$$l(t+h) - l(t) \fallingdotseq \sqrt{(\Delta x)^2 + (\Delta y)^2}$$

とかける。一方

$$\Delta x = x(t+h) - x(t), \qquad \Delta y = y(t+h) - y(t)$$

である．ここで，平均値の定理 4.2' を使うと

$$\Delta x = x(t+h) - x(t) = x'(t+\theta h)h, \qquad \Delta y = y(t+h) - y(t) = y'(t+\theta' h)h$$

とかける．ここで，$0 < \theta < 1, 0 < \theta' < 1$ である．これより

$$l(t+h) - l(t) \doteqdot \sqrt{(x'(t+\theta h))^2 + (y'(t+\theta' h))^2}\, h$$

$$\implies \frac{l(t+h) - l(t)}{h} \doteqdot \sqrt{(x'(t+\theta h))^2 + (y'(t+\theta' h))^2}$$

となる．この式で，$h \to 0$ とすると，微分の定義より

$$\frac{dl(t)}{dt} = \sqrt{(x'(t))^2 + (y'(t))^2}$$

となって，曲線の長さは，次の積分[注1)]で表される．

曲線の長さ

$$l(t) = \int_a^t \sqrt{(x'(s))^2 + (y'(s))^2}\, ds \tag{5.31}$$

例題 5.28 図 2.22 におけるサイクロイドの $0 \leqq t \leqq 2\pi$ での曲線の長さを求めよ．サイクロイドは

$$x = a(t - \sin t), \qquad y = a(1 - \cos t)$$

である．

解答：$\dfrac{dx}{dt} = a(1 - \cos t), \dfrac{dy}{dt} = a \sin t$ となるので，曲線の長さを表す式 (5.31) より

$$L = \int_0^{2\pi} \sqrt{a^2(1-\cos t)^2 + a^2 \sin^2 t}\, dt$$

$$= a \int_0^{2\pi} \sqrt{2(1-\cos t)}\, dt = a \int_0^{2\pi} \sqrt{4 \sin^2 \frac{t}{2}}\, dt$$

$0 \leqq t \leqq 2\pi$ で $\sin \dfrac{t}{2} \geqq 0$ だから

$$L = 2a \int_0^{2\pi} \sin \frac{t}{2}\, dt = 4a \left[-\cos \frac{t}{2} \right]_0^{2\pi} = 8a$$

[注1)] s は積分変数であり，定積分の値には影響しない．積分変数がどのような文字でも (5.31) の値は同じである．

5.4. 積分法の応用

曲線 $y = f(x)$ の $x = a$ からの長さは，(5.31) において $t = x$ とおくと

$$l(x) = \int_a^x \sqrt{1 + (f'(s))^2}\, ds \tag{5.32}$$

となる。

例題 5.29 懸垂線 $y = \dfrac{e^x + e^{-x}}{2}$ の $0 \leqq x \leqq a$ での長さを求めよ。

解答：$y' = \dfrac{e^x - e^{-x}}{2}$ だから，(5.32) より

$$L = \int_0^a \sqrt{1 + \left(\dfrac{e^x - e^{-x}}{2}\right)^2}\, dx = \int_0^a \sqrt{\dfrac{e^{2x} + 2 + e^{-2x}}{4}}\, dx$$

$$= \int_0^a \sqrt{\left(\dfrac{e^x + e^{-x}}{2}\right)^2}\, dx = \int_0^a \left(\dfrac{e^x + e^{-x}}{2}\right) dx = \left[\dfrac{e^x - e^{-x}}{2}\right]_0^a = \dfrac{e^a - e^{-a}}{2}$$

問題 5.19 次の問いに答えよ。
(1) 半径 a の円は，媒介変数を用いて $x = a\cos t$, $y = a\sin t$ と表される。円周を求めよ。
(2) 平面上を運動する点 P の座標が，時刻 t の関数として

$$x = 3\cos t - \cos 3t, \quad y = 3\sin t - \sin 3t$$

で与えられている。P が時刻 $t = 0$ から $t = \pi$ まで動く道のりを求めよ。
(3) 図 3.3a，図 3.3b における媒介変数で表された曲線の周囲の長さを求めよ。

問題 5.20 曲線 $y = \dfrac{1}{2}x^2$ の $-1 \leqq x \leqq 1$ の長さを求めよ。

ヒント：例題 5.12 の (2) を参照せよ。

5.4.4 放物運動への応用

最初に，物体の上下運動を考える。鉛直上方を y 軸とする。物体に作用する力は，重力のみとする。重力定数を g とすると，物体に作用する重力は $-mg$ である。いま，高さ h から，初速度 v_0 で物体を投げ上げたとする。

加速度を a とすると，運動方程式は

$$ma = -mg \implies a = -g \tag{5.33}$$

である。速度と加速度の関係から

$$\frac{dv}{dt} = a = -g \implies v = \int -g\,dt = -gt + C$$

となる。$t=0$ での速度が v_0 だから，

$$v = -gt + v_0$$

となる。速度と位置の関係から

$$\frac{dy}{dt} = v = -gt + v_0 \implies y = \int (-gt + v_0)\,dt = -\frac{g}{2}t^2 + v_0 t + C$$

$t=0$ での高さが h だから，

$$y = -\frac{g}{2}t^2 + v_0 t + h$$

となる。このようにして，非常に簡単な積分から，物体の速度 v，高さ y が時間の関数として求まる。この一連の操作を，運動方程式 (5.33) を解くという。

次に，物体の放物運動を考察する。水平方向に x 軸，鉛直上方に y 軸を設ける。高さ h より，初速度 v_0 で，水平線から角度 θ 上方に物体を投げる。加速度を (a_x, a_y) とすると，運動方程式は

$$\begin{cases} ma_x = 0 \\ ma_y = -mg \end{cases} \implies \begin{cases} a_x = 0 \\ a_y = -g \end{cases}$$

となる。速度 (v_x, v_y) と加速度の関係から

$$\begin{cases} \dfrac{dv_x}{dt} = a_x = 0 \\ \dfrac{dv_y}{dt} = a_y = -g \end{cases} \implies \begin{cases} v_x = \displaystyle\int 0\,dt = C_x \\ v_y = \displaystyle\int -g\,dt = -gt + C_y \end{cases}$$

時刻 $t=0$ で，速度の大きさ v_0 で，水平から上方に角度 θ で投げるから，x 方向，y 方向の速度の成分は $(v_0 \cos\theta, v_0 \sin\theta)$ となる。これより積分定数が決まり速度が時刻の関数として求まる。

$$\begin{cases} v_x = v_0 \cos\theta \\ v_y = -gt + v_0 \sin\theta \end{cases} \tag{5.34}$$

5.4. 積分法の応用

位置 (x, y) と速度 (v_x, v_y) の関係から

$$\begin{cases} \dfrac{dx}{dt} = v_x = v_0 \cos\theta \\ \dfrac{dy}{dt} = v_y = -gt + v_0 \sin\theta \end{cases} \Rightarrow \begin{cases} x = \displaystyle\int v_0 \cos\theta \, dt = v_0 t \cos\theta + C_x \\ y = \displaystyle\int (-gt + v_0 \sin\theta) \, dt = -\dfrac{1}{2}gt^2 + v_0 t \sin\theta + C_y \end{cases}$$

$t=0$ での位置が $(0, h)$ だから，積分定数が決まり，物体の位置が，時刻 t の関数としてきまる．

$$\begin{cases} x = v_0 t \cos\theta \\ y = -\dfrac{1}{2}gt^2 + v_0 t \sin\theta + h \end{cases} \tag{5.35}$$

このようにして，運動方程式から，簡単な積分の操作で，物体の運動を決定することができる．

物体の運動する軌道は，(5.35) にあるように，時刻 t を媒介変数とする関数で表される．t を消去すると，y は，x の 2 次関数で表されて放物運動であることがわかる．

問題 5.21 水平軸を x 軸，鉛直軸を y 軸としてボールの位置を (x, y) とする．地上 2m の所から，60° 上方に時速 72km でボールを投げた．重力定数を $g = 9.8 \text{m/s}^2$ として，次の問いに答えよ．(4) は，小数第 3 位を四捨五入せよ．

(1) 速度を秒速に直せ．

(2) 運動方程式から，速度を求めよ．

(3) 速度から，位置を求めよ．

(4) 最高点における時刻，最高点の高さを求めよ．

(5) y を x で表して軌道を求めよ．

(6) 水平方向の到達距離を求めよ．

ヒント：$v_y = 0$ として，最高点における時刻を求めてから高さを求めよ．水平方向の到達距離は，$y = 0$ として，地上に落下する時刻から求めてもよいし，軌道を求めてから $y = 0$ として x を求めてもよい．

注意：この問題は，この節の説明で導いた式に数値を代入して答えを求めることもできるが，それでは，本当に理解したことにならない．答えを求めるプロセスに従って自ら計算して，結果を得て初めて理解したことになる．

5.5 定積分の近似計算

基本的な関数からできている関数の導関数は，ほとんどの場合求めることができるが，定積分は少し難しい関数となると求めることができない。そのような関数でも，理工学の専門分野では数値積分で近似的に値をもとめれば十分であることが多い。この節では，定積分の近似計算について解説する。

台形公式

図 5.5 における区間 $[a, b]$ を n 等分し分点を
$a = x_0, x_1, x_2, \cdots, x_{i-1}, x_i, \cdots, x_{n-1}, x_n = b$
とする。関数 $y = f(x)$ の分点における値を $y_i = f(x_i)$ とする。点 $(x_i, f(x_i))$ を直線で結んでいくと n 個の台形ができる。区間 $[a, b]$ での定積分の近似を，図における台形の面積を加え合わせることで求める。図の i 番目の台形の面積を s_i として，定積分を

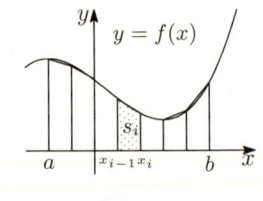

図 5.5

$$\int_a^b f(x)\,dx \fallingdotseq \sum_{i=1}^n s_i$$

で近似する。台形の幅は $h = \dfrac{b-a}{n}$ であるので，台形の面積は

$$s_i = \frac{y_{i-1} + y_i}{2} \frac{b-a}{n}$$

となる。これより，定積分は

$$\begin{aligned}
\int_a^b f(x)\,dx &\fallingdotseq \sum_{i=1}^n \frac{y_{i-1} + y_i}{2} \frac{b-a}{n} \\
&= \frac{b-a}{2n} \left\{ y_0 + y_n + 2(y_1 + y_2 + \cdots + y_{n-1}) \right\}
\end{aligned} \tag{5.36}$$

で近似される。定積分の近似値を与えるこの式を台形公式という。

台形公式の誤差の程度は次の式で表される。

$$\Delta = -\frac{f''(x_M)}{12} \frac{(b-a)^3}{n^2}$$

ここで，$f''(x_M)$ は，区間 $[a, b]$ での $f''(x)$ の最大値である。

シンプソンの公式

台形公式は，関数を直線近似して求めているが，シンプソンの公式は，関数を2次曲線で近似して導き出される．図 5.6 で，実線の曲線が $y=f(x)$ で，破線が $x=-h, x=0, x=h$ で，$y=f(x)$ と一致する 2 次曲線である．2 次曲線の方程式は [注1]

$$y = g(x) = f(-h)\frac{x(x-h)}{2h^2} + f(0)\frac{(x+h)(x-h)}{-h^2} + f(h)\frac{x(x+h)}{2h^2}$$

であり，$x=-h, x=0, x=h$ を代入すると $y=f(x)$ と一致することが分かる．この 2 次曲線を，区間 $[-h, h]$ で積分すると次の式となる．

$$\int_{-h}^{h} g(x)\,dx = \frac{h}{3}(f(-h) + f(h) + 4f(0)) \tag{5.37}$$

この右辺の式をシンプソンの公式を導出するのに使う．

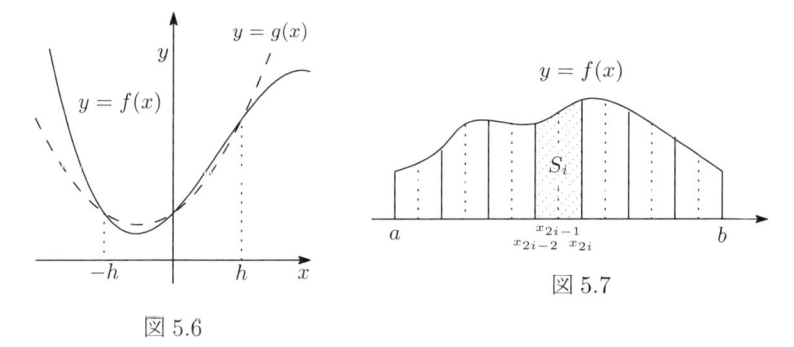

図 5.6

図 5.7

図 5.7 にあるように，区間 $[a, b]$ を $2n$ 等分し分点を

$$a = x_0, x_1, x_2, \cdots, x_{2i-2}, x_{2i-1}, x_{2i}, \cdots, x_{2n-1}, x_{2n} = b$$

とする．$x = x_{2i-2}, x_{2i-1}, x_{2i}$ において，$y=f(x)$ と一致する 2 次曲線を $y = g_i(x)$ とする．図にあるように，$y = g_i(x)$ の区間 $[x_{2i-2}, x_{2i}]$ における面積を S_i とする．そして，区間 $[a, b]$ における $y=f(x)$ の定積分を次の式で近似する．

$$\int_a^b f(x)\,dx \doteqdot \sum_{i=1}^{n} S_i \tag{5.38}$$

S_i は次の式で表される．

$$S_i = \int_{x_{2i-2}}^{x_{2i}} g_i(x)\,dx$$

[注1] ラグランジェの補間法という関数を整式関数で近似する方法である．

変数変換 $x = t + \dfrac{x_{2i} + x_{2i-2}}{2}$, $h = \dfrac{x_{2i} - x_{2i-2}}{2}$ を行うと

$$S_i = \int_{-h}^{h} g_i\left(t + \frac{x_{2i} + x_{2i-2}}{2}\right) dt = \int_{-h}^{h} g_i\left(t + x_{2i-1}\right) dt$$

2次曲線 $y = g_i(t + x_{2i-1})$ の，変数 t についてのグラフは図 5.6 にあるのと同じような形をしているので，(5.37) より

$$S_i = \frac{h}{3}(g_i(x_{2i-2}) + g_i(x_{2i}) + 4g_i(x_{2i-1}))$$
$$= \frac{h}{3}(f(x_{2i-2}) + f(x_{2i}) + 4f(x_{2i-1}))$$

となる．この式を (5.38) に代入する．

$$\int_a^b f(x)\,dx \doteqdot \sum_{i=1}^{n} \frac{h}{3}(f(x_{2i-2}) + f(x_{2i}) + 4f(x_{2i-1})) \qquad (5.39)$$
$$= \frac{h}{3}\left\{y_0 + y_{2n} + 2(y_2 + y_4 + \cdots + y_{2n-2}) + 4(y_1 + y_3 + \cdots + y_{2n-1})\right\}$$

ここで，関数 $y = f(x)$ の分点における値を $y_i = f(x_i)$, $(i = 0, 1, 2, \cdots, 2n)$ としている．また，$h = \dfrac{x_{2i} - x_{2i-2}}{2} = \dfrac{b-a}{2n}$ である．(5.39) が，シンプソンの公式である．誤差は，次の式で与えられる．

$$R = -\frac{(b-a)f^{(4)}(x_M)}{180}h^5$$

$f^{(4)}(x_M)$ は，$f^{(4)}(x)$ の区間 $[a, b]$ での最大値である．

実用的には，(5.39) をプログラミングして計算機にかける．

例題 5.30 定積分 $\displaystyle\int_0^1 \frac{4}{x^2+1}\,dx$ を，区間 $[0, 1]$ を 10 等分して，台形公式，シンプソンの公式を使って，近似値を求めよ．（正確な積分値は $\pi = 3.141592653\cdots$）

解答：台形公式 $I = 4 \times \dfrac{0.1}{2}\left\{1 + \dfrac{1}{2} + 2\displaystyle\sum_{i=1}^{9}\dfrac{1}{1+(0.1\times i)^2}\right\} = 3.13992\cdots$

シンプソンの公式
$$I = \frac{0.4}{3}\left\{1 + \frac{1}{2} + 2\sum_{i=1}^{4}\frac{1}{1+(0.1\times 2i)^2} + 4\sum_{i=1}^{5}\frac{1}{1+(0.1\times(2i-1))^2}\right\} = 3.141592613\cdots$$

問題 5.22 定積分 $\displaystyle\int_0^1 \frac{1}{x^3+1}\,dx$ を，区間 $[0, 1]$ を 10 等分して，台形公式，シンプソンの公式を使って，近似値を求めよ．（例題 5.9 の答えを使って正確な値を求め，近似値と比較せよ）

第6章 偏微分法

　我々の住んでいる空間は3次元空間であり，その中のすべての物体は3次元的な広がりを持っている。したがって，その物体の持ついろいろな物理量（形，内部の温度，質量密度，濃度等）は，空間座標の関数となっている。しかも時間が経過すると，その物理量も変化するので時間の関数でもある。その物理量を u とすると

$$u = f(x, y, z, t)$$

となって，独立変数が4個の多変数関数となる。この物理量の，空間的，時間的な変化を知るためには偏微分が必要である。

　地球は，互いに作用する万有引力によって太陽の周りを回転している。この万有引力は保存力であり，ポテンシャルが存在する。そのポテンシャルを数式で表現するためには x, y, z の変数が必要である。そして，万有引力は，ポテンシャルを偏微分することによって表すことができる。また，空間に分布している電気，磁気の力は，電場，磁場と呼ばれるが，これらの空間的，時間的な変化を知るためには偏微分が必要である。

　第3章5節の「多変数関数の微分 … 偏微分」には，部屋の内部の温度の例をとって，多変数関数の偏微分について説明しているので，そこも参照して，多変数関数の必要性について理解して，勉学の動機としていただきたい。

6.1 簡単な多変数関数

2変数関数

xy 平面上の領域 D 内の x, y に対して，z に有限な実数値が対応しているとする。このとき，z は **2変数関数** であり，$z = f(x, y)$ や $z = g(x, y)$ などと書く。$z = z(x, y)$ と書くこともある。x, y を**独立変数**，z を**従属変数**という。領域 D を関数 $z = f(x, y)$ の**定義域**といい，z の取り得る範囲を**値域**という。

空間に，x, y, z を軸とする直交座標を設けると，関数 $z = f(x, y)$ のグラフは，平面や曲面となる．グラフがよく知られた平面や曲面となる 2 変数関数を挙げる．

平面：平面は，x, y, z の一次式で表される関係である．$c \neq 0$ として

$$ax + by + cz + d = 0 \quad \rightarrow \quad z = -\frac{ax + by + d}{c}, \quad \text{定義域は } xy \text{ 平面全体}$$

放物楕円面：$z = \dfrac{x^2}{a^2} + \dfrac{y^2}{b^2}, \quad$ 定義域は xy 平面全体

$z = c^2$ の面で切ると切り口は，楕円 $\dfrac{x^2}{(ac)^2} + \dfrac{y^2}{(bc)^2} = 1$ となる

$x = c$ の面，あるいは，$y = c$ の面で切ると切り口は，それぞれ，放物線 $z = \dfrac{y^2}{b^2} + \dfrac{c^2}{a^2}$ と $z = \dfrac{x^2}{a^2} + \dfrac{c^2}{b^2}$ となる．

楕円体面：$\dfrac{x^2}{a^2} + \dfrac{y^2}{b^2} + \dfrac{z^2}{c^2} = 1 \quad \rightarrow \quad z = \pm c\sqrt{1 - \dfrac{x^2}{a^2} - \dfrac{y^2}{b^2}}$

定義域は，楕円の内部 $\dfrac{x^2}{a^2} + \dfrac{y^2}{b^2} \leqq 1$ である．
$|x| < |a|, \ |y| < |b|, \ |z| < |c|$ のどの面で切っても切り口は楕円となる．

双曲楕円面：$\dfrac{x^2}{a^2} + \dfrac{y^2}{b^2} - \dfrac{z^2}{c^2} = 1 \quad \rightarrow \quad z = \pm c\sqrt{\dfrac{x^2}{a^2} + \dfrac{y^2}{b^2} - 1}$

定義域は，楕円の外部 $\dfrac{x^2}{a^2} + \dfrac{y^2}{b^2} \geqq 1$ である．

$z = k$ の面で切ると切り口は，楕円 $\dfrac{x^2}{a^2} + \dfrac{y^2}{b^2} = 1 + \dfrac{k^2}{c^2}$ となる．

$y = k$ の面で切ると切り口は双曲線 $\dfrac{x^2}{a^2} - \dfrac{z^2}{c^2} = 1 - \dfrac{k^2}{b^2}$ となる．

3 変数関数

3 変数関数も同様に定義できる．$u = x + 2y - z + 1$ や $u = x^2 + y^2 + z$ のように，x, y, z が決まれば，u の値が一つ決まるとき，u を，x, y, z の関数という．一般には $u = f(x, y, z)$，$u = u(x, y, z)$ などと表す．この場合も x, y, z を独立変数，u を従属変数という．x, y, z の領域を，関数 u の定義域という．u の取り得る範囲を値域という．3 変数関数のグラフは，3 次元空間の中では描くことができない．n 変数の**多変数関数** $u = f(x_1, x_2, \cdots, x_n)$ についても同様である．

6.2 関数の極限と連続性

多変数関数の連続性を調べたり，微分を求めるためには，1 変数関数の場合と同じように，極限操作をしなければならない．2 変数関数で説明する．

関数の極限

点 $P(x,y)$ が，点 $A(a,b)$ に限りなく近づくことを $(x,y) \to (a,b)$ と書く．このように書いたときは，すべての方向から近づくことを意味する．1 変数のときには，右極限と左極限の 2 つの近づき方しかなかったが，2 変数の場合は，任意の方向からの近づき方がある．$(x,y) \to (a,b)$ を，$P \to A$ とも書く．

$(x,y) \to (a,b)$ としたとき，関数 $f(x,y)$ が，近づき方には依らず、

$$\lim_{(x,y)\to(a,b)} f(x,y) = \lim_{r\to 0} f(a+r\cos\theta, b+r\sin\theta) = \alpha \tag{6.1}$$

であるとき、α を $f(x,y)$ の極限値という．

二つの関数 $f(x,y), g(x,y)$ の極限に関して次の定理が成り立つ．

定理 6.1

α, β を有限な定数として $\lim_{(x,y)\to(a,b)} f(x,y) = \alpha$, $\lim_{(x,y)\to(a,b)} g(x,y) = \beta$ であるとき

(1) $\lim_{(x,y)\to(a,b)} (f(x,y)+g(x,y)) = \alpha+\beta$ (2) $\lim_{(x,y)\to(a,b)} cf(x,y) = c\alpha$ (c は定数)

(3) $\lim_{(x,y)\to(a,b)} f(x,y)g(x,y) = \alpha\beta$ (4) $\lim_{(x,y)\to(a,b)} \dfrac{f(x,y)}{g(x,y)} = \dfrac{\alpha}{\beta}$ ($\beta \neq 0$)

証明：定理 2.1 の証明と同様にしてできる．

例題 6.1 次の関数の極限を調べよ．

(1) $\lim_{(x,y)\to(2,1)} (x^2 y + xy^2)$ (2) $\lim_{(x,y)\to(0,0)} \dfrac{xy}{x^2+y^2}$

解答：(1) は，ただ代入すればよい．(2) は，(6.1) にある $r \to 0$ の極限に置き換える．

(1) $\lim_{(x,y)\to(2,1)} (x^2 y + xy^2) = (2^2 \cdot 1 + 2 \cdot 1^2) = 6$

(2) $\lim_{(x,y)\to(0,0)} \dfrac{xy}{x^2+y^2} = \lim_{r\to 0} \dfrac{r^2 \cos\theta \sin\theta}{r^2(\cos^2\theta + \sin^2\theta)} = \cos\theta\sin\theta$

となって，θ に依存するので，極限値は存在しない．

問題 6.1 次の関数の極限を調べよ。

(1) $\displaystyle\lim_{(x,y)\to(2,1)} (x^2y - xy^2)$ (2) $\displaystyle\lim_{(x,y)\to(0,0)} \frac{x^2y}{x^2+y^2}$ (3) $\displaystyle\lim_{(x,y)\to(0,0)} \frac{x}{y}$

(4) $\displaystyle\lim_{(x,y)\to(0,0)} e^{x^2-y^2}$ (5) $\displaystyle\lim_{(x,y)\to(0,0)} \frac{x}{x^2+y^2}$ (6) $\displaystyle\lim_{(x,y)\to(\frac{\pi}{2},1)} \sin xy$

2 変数関数の連続性

2 変数関数 $f(x,y)$ の連続性を次のように定義する。

― 2 変数関数の連続性の定義 ―

関数 $f(x,y)$ の定義域を D とする。(a,b) が領域 D に含まれるとする。

$$\lim_{(x,y)\to(a,b)} f(x,y) = f(a,b) \tag{6.2}$$

が成り立つとき，$f(x,y)$ は (a,b) で連続であるという。領域 D のすべての点で $f(x,y)$ が連続であるとき，$f(x,y)$ は，領域 D で連続であるという。

定理 2.5 の基本的な初等関数の連続性，そして，定理 6.1 と合成関数の定義より、2 変数関数の連続性に関して，次の定理が成り立つ。

― 定理 6.2：2 変数関数の連続性 ―

関数 $f(x,y), g(x,y)$ が領域 D で連続とする。

- 関数 $f(x,y), g(x,y)$ の四則演算でつくられる関数は，領域 D で連続である。但し，除算のときの分母が 0 となる点は除く。

- $f(x,y), g(x,y)$ の値域を定義域とする関数 $h(u,v)$ が連続であるとき，合成関数 $z = h(f(x,y), g(x,y))$ は，領域 D で連続である。

- x, y を変数とする有理関数，指数関数，対数関数，三角関数，その逆関数は，その定義域において連続である。また，それらの関数の四則演算でつくられる関数，合成関数も，その定義域で連続である。

以上において，関数の連続性について，いささか詳しい説明をしたが，これから述べる偏導関数などではこれらのことは考慮しなくて計算を進めればよい。

6.3 偏導関数

2変数関数 $z = f(x, y)$ において，一つの変数のみを変動させて，その変数に関して微分することを偏微分[注1] といい，次のように書く．

$$\begin{aligned}\frac{\partial z}{\partial x} &= \lim_{h \to 0} \frac{f(x+h, y) - f(x, y)}{h} \\ \frac{\partial z}{\partial y} &= \lim_{k \to 0} \frac{f(x, y+k) - f(x, y)}{k}\end{aligned} \quad (6.3)$$

偏微分は，他の変数を一定とみて微分するだけだから，常微分の演算がすべて通用する．偏微分した関数を，**偏導関数** といい，次のような表し方がある．

$$\frac{\partial z}{\partial x} = \frac{\partial f}{\partial x} = z_x = f_x, \qquad \frac{\partial z}{\partial y} = \frac{\partial f}{\partial y} = z_y = f_y \quad (6.4)$$

以上のことは，2変数関数 $z = f(x, y)$ で説明したが，任意の多変数関数にも当てはまる．

例題 6.2 次の関数の偏導関数 z_x, z_y を求めよ．

(1) $z = x^2 y - xy^2$ (2) $z = \dfrac{x}{x^2 + y^2}$ (3) $z = \log \dfrac{x}{y}$ (4) $z = e^{x^2 - y^2}$ (5) $z = \sin xy$

解答：偏微分の定義にもとづいて微分すればよい．

(1) $z_x = 2xy - y^2, \ z_y = x^2 - 2xy$

(2) $z_x = \dfrac{1 \cdot (x^2 + y^2) - x \cdot 2x}{(x^2 + y^2)^2} = \dfrac{-x^2 + y^2}{(x^2 + y^2)^2}, \ z_y = \dfrac{-2xy}{(x^2 + y^2)^2}$

(3) $z_x = \dfrac{\partial}{\partial x}(\log|x| - \log|y|) = \dfrac{1}{x}, \ z_y = -\dfrac{1}{y}$

(4) $z_x = 2xe^{x^2 - y^2}, \ z_y = -2ye^{x^2 - y^2}$

(5) $z_x = y \cos xy, \ z_y = x \cos xy$

例題 6.3 次の関数の偏導関数を求めよ．(3) では x, t が変数 である．

(1) $r = \sqrt{x^2 + y^2 + z^2}$ (2) $u = \dfrac{1}{r} = \dfrac{1}{\sqrt{x^2 + y^2 + z^2}}$ (3) $u = A\sin(kx - \omega t)$

(4) $u = xy^2 z^3$ (5) $u = \log(ax + by + cz)$ (6) $u = A \sin xyz$

[注1] 前章までの1変数関数の微分を **常微分** という．

解答：微分する変数以外を定数とみると，常微分のすべての方法が使える．

(1) $r_x = \dfrac{\partial}{\partial x}(x^2+y^2+z^2)^{\frac{1}{2}} = \dfrac{1}{2}(x^2+y^2+z^2)^{-\frac{1}{2}}(2x) = \dfrac{x}{r},\ r_y = \dfrac{y}{r},\ r_z = \dfrac{z}{r}$

(2) $u_x = \dfrac{\partial}{\partial x}\dfrac{1}{r} = \left(\dfrac{\partial}{\partial r}\dfrac{1}{r}\right)\dfrac{\partial r}{\partial x} = -\dfrac{1}{r^2}\cdot\dfrac{x}{r} = -\dfrac{x}{r^3},\ u_y = -\dfrac{y}{r^3},\ u_z = -\dfrac{z}{r^3}$

(3) $u_x = Ak\cos(kx-\omega t),\ u_t = -A\omega\cos(kx-\omega t)$

(4) $u_x = y^2 z^3,\ u_y = 2xyz^3,\ u_z = 3xy^2z^2$

(5) $u_x = \dfrac{a}{ax+by+cz},\ u_y = \dfrac{b}{ax+by+cz},\ u_z = \dfrac{c}{ax+by+cz}$

(6) $u_x = Ayz\cos xyz,\ u_y = Axz\cos xyz,\ u_z = Axy\cos xyz$

同次関数について

関数 $z = x^3y^2 + 2x^2y^3$ は，2つの項があるが，第1項目は，x について3次，y について2次であるので，加えると5次となる．第2項目も同様に5次となる．このような z を5次の同次関数という．$z_x = 3x^2y^2 + 4xy^3$, $z_y = 2x^3y + 6x^2y^2$ であるので $xz_x + yz_y = 5z$ を満たす．右辺に，次数の5が現れている．一般の α 次の同次関数についても，次の関係を満たす．

$$z\text{ が }\alpha\text{ 次の同次関数} \iff xz_x + yz_y = \alpha z \qquad (6.5)$$

例題 6.4 $z = y^{\frac{3}{2}}\sin\dfrac{x}{y}$ は，偏微分方程式 $x\dfrac{\partial z}{\partial x} + y\dfrac{\partial z}{\partial y} = \dfrac{3}{2}z$ の解であることを示せ．

解答：$z_x = y^{\frac{3}{2}}\cos\dfrac{x}{y}\cdot\dfrac{1}{y} = y^{\frac{1}{2}}\cos\dfrac{x}{y}$,

$z_y = \dfrac{3}{2}y^{\frac{1}{2}}\sin\dfrac{x}{y} + y^{\frac{3}{2}}\cos\dfrac{x}{y}\cdot\left(-\dfrac{x}{y^2}\right) = \dfrac{3}{2}y^{\frac{1}{2}}\sin\dfrac{x}{y} - xy^{-\frac{1}{2}}\cos\dfrac{x}{y}$

$x\dfrac{\partial z}{\partial x} + y\dfrac{\partial z}{\partial y} = x\left(y^{\frac{1}{2}}\cos\dfrac{x}{y}\right) + y\left(\dfrac{3}{2}y^{\frac{1}{2}}\sin\dfrac{x}{y} - xy^{-\frac{1}{2}}\cos\dfrac{x}{y}\right) = \dfrac{3}{2}y^{\frac{3}{2}}\sin\dfrac{x}{y} = \dfrac{3}{2}z$

例題 6.5 $z = x^{\frac{1}{2}}y^2 + x^{\frac{5}{2}}e^{-\frac{y}{x}}$ が，(6.5) を満たすことを確かめ α を求めよ．

解答：z_x, z_y を求めて，(6.5) へ代入する．

$z_x = \dfrac{1}{2}x^{-\frac{1}{2}}y^2 + \dfrac{5}{2}x^{\frac{3}{2}}e^{-\frac{y}{x}} + x^{\frac{5}{2}}e^{-\frac{y}{x}}\cdot\left(\dfrac{y}{x^2}\right) = \dfrac{1}{2}x^{-\frac{1}{2}}y^2 + \dfrac{5}{2}x^{\frac{3}{2}}e^{-\frac{y}{x}} + x^{\frac{1}{2}}ye^{-\frac{y}{x}}$

$z_y = x^{\frac{1}{2}}(2y) + x^{\frac{5}{2}}e^{-\frac{y}{x}}\cdot\left(-\dfrac{1}{x}\right) = 2x^{\frac{1}{2}}y - x^{\frac{3}{2}}e^{-\frac{y}{x}}$

$xz_x + yz_y = x\left(\dfrac{1}{2}x^{-\frac{1}{2}}y^2 + \dfrac{5}{2}x^{\frac{3}{2}}e^{-\frac{y}{x}} + x^{\frac{1}{2}}ye^{-\frac{y}{x}}\right) + y\left(2x^{\frac{1}{2}}y - x^{\frac{3}{2}}e^{-\frac{y}{x}}\right)$

$= \dfrac{5}{2}\left(x^{\frac{1}{2}}y^2 + x^{\frac{5}{2}}e^{-\frac{y}{x}}\right) = \dfrac{5}{2}z$, よって $\alpha = \dfrac{5}{2}$

6.3. 偏導関数

問題 6.2 次の関数の偏導関数を求めよ。

(1) $z = x^3 + 2x^2y - 3xy^2$ (2) $z = \log x^2 y$ (3) $z = \dfrac{xy}{x^2+y^2}$ (4) $z = xe^{-xy}$

(5) $z = e^{x^2+xy-y^2}$ (6) $z = e^{-\frac{x^2}{t}}$ (7) $z = \log(\sqrt{x}+\sqrt{y})$ (8) $z = \sqrt{x^2-4xy+y^2}$

(9) $u = (x^2-y^2)z$ (10) $u = \log(xy^2z^3)$ (11) $u = e^{-t}(\sin 2x + \cos 3y)$

(12) $u = \sin(x+y)z$ (13) $u = e^{xy^2z^3}$ (14) $u = \cos(xyz)$ (15) $u = xy^{\frac{1}{2}}z^{\frac{1}{3}}$

問題 6.3 次の関数 z は，(6.5) を満たすことを確かめ α を求めよ。

(1) $z = x^4 + 2x^3y - 3x^2y^2$ (2) $z = \dfrac{x}{x^3+2y^3}$ (3) $z = \sqrt{x}\log\dfrac{3x^2}{y^2}$ (4) $z = e^{\frac{y}{x}}$

問題 6.4 次の問いに答えよ。ただし，$f(u)$ は，微分可能な任意の関数。

(1) $z = (x^2+y^2)^{-\frac{1}{2}}$ は，$(z_x)^2 + (z_y)^2 = z^4$ を満たすことを示せ。

(2) $z = x^2 + f(x^2+y^2)$ は，$yz_x - xz_y = 2xy$ を満たすことを示せ。

(3) $z = x^3 f(x^2-y^2)$ は，$yz_x + xz_y = \dfrac{3y}{x}z$ を満たすことを示せ。

(4) $z = y^2 f(x^3-y^3)$ は，$\dfrac{z_x}{x^2} + \dfrac{z_y}{y^2} = \dfrac{2z}{y^3}$ を満たすことを示せ。

(5) a, b が定数で，$z = f(ax+by)$ のとき，$bz_x = az_y$ を満たすことを示せ。

高次偏導関数

x, y の関数 z を偏微分した偏導関数

$$z_x = \frac{\partial z}{\partial x}, \qquad z_y = \frac{\partial z}{\partial y}$$

は x, y の関数であるので，さらに x, y で偏微分したものを

$$\frac{\partial}{\partial x}\left(\frac{\partial z}{\partial x}\right) = \frac{\partial^2 z}{\partial x^2} = z_{xx}, \qquad \frac{\partial}{\partial x}\left(\frac{\partial z}{\partial y}\right) = \frac{\partial^2 z}{\partial x \partial y} = z_{yx}$$
$$\frac{\partial}{\partial y}\left(\frac{\partial z}{\partial x}\right) = \frac{\partial^2 z}{\partial y \partial x} = z_{xy}, \qquad \frac{\partial}{\partial y}\left(\frac{\partial z}{\partial y}\right) = \frac{\partial^2 z}{\partial y^2} = z_{yy} \tag{6.6}$$

などと書いて，**2次偏導関数**という。上の表示で z_{yx} と書いているときは，最初に y で微分して，次に x で微分する記号であることに注意せよ。また，$z = f(x, y)$ と書かれているときは，上記の表示の z の所を f とかいて，2次偏導関数を表すこともある。

例題 6.6 $z = ax^3 + bx^2y + cy^2 (a, b, c$ は定数$)$ の 2 次偏導関数を求めよ。

解答：まず，1 次偏導関数 z_x, z_y を求め，それを偏微分して，2 次偏導関数を求める。

$$\frac{\partial z}{\partial x} = 3ax^2 + 2bxy, \qquad \frac{\partial z}{\partial y} = bx^2 + 2cy$$

$$\frac{\partial^2 z}{\partial x^2} = 6ax + 2by, \quad \frac{\partial^2 z}{\partial y \partial x} = 2bx, \quad \frac{\partial^2 z}{\partial x \partial y} = 2bx, \quad \frac{\partial^2 z}{\partial y^2} = 2c$$

例題 6.7 $z = \sin xy$ の 2 次偏導関数を求めよ。

解答：まず，1 次偏導関数 z_x, z_y を求め，それを偏微分して，2 次偏導関数を求める。

$$\frac{\partial z}{\partial x} = y \cos xy, \qquad \frac{\partial z}{\partial y} = x \cos xy, \qquad \frac{\partial^2 z}{\partial x^2} = -y^2 \sin xy,$$

$$\frac{\partial^2 z}{\partial y \partial x} = \cos xy - xy \sin xy, \quad \frac{\partial^2 z}{\partial x \partial y} = \cos xy - xy \sin xy, \quad \frac{\partial^2 z}{\partial y^2} = -x^2 \sin xy$$

例題 6.8 $z = \log(x^2 + y^2)$ のとき，2 次偏導関数を求めよ。

解答：前問と同様に解く。

$$\frac{\partial z}{\partial x} = \frac{2x}{x^2 + y^2}, \quad \frac{\partial z}{\partial y} = \frac{2y}{x^2 + y^2}, \quad \frac{\partial^2 z}{\partial x^2} = \frac{2(x^2 + y^2) - 2x \cdot 2x}{(x^2 + y^2)^2} = \frac{2(y^2 - x^2)}{(x^2 + y^2)^2}$$

$$\frac{\partial^2 z}{\partial y \partial x} = -\frac{4xy}{(x^2 + y^2)^2}, \quad \frac{\partial^2 z}{\partial x \partial y} = -\frac{4xy}{(x^2 + y^2)^2}, \quad \frac{\partial^2 z}{\partial y^2} = \frac{2(x^2 - y^2)}{(x^2 + y^2)^2}$$

これより $\dfrac{\partial^2 z}{\partial x^2} + \dfrac{\partial^2 z}{\partial y^2} = 0$ であることがわかる。

例題 6.9 $u = \dfrac{1}{\sqrt{2\pi t}} e^{-\frac{x^2}{2t}}$ の t についての 1 次偏導関数，x についての 2 次偏導関数を求めよ。

解答：$u_t = -\dfrac{1}{2} \dfrac{1}{\sqrt{2\pi t^3}} e^{-\frac{x^2}{2t}} + \dfrac{1}{\sqrt{2\pi t}} e^{-\frac{x^2}{2t}} \left(\dfrac{x^2}{2t^2} \right)$

$u_x = \dfrac{1}{\sqrt{2\pi t}} e^{-\frac{x^2}{2t}} \cdot \left(-\dfrac{x}{t} \right),$

$u_{xx} = \dfrac{1}{\sqrt{2\pi t}} e^{-\frac{x^2}{2t}} \cdot \left(-\dfrac{1}{t} \right) + \dfrac{1}{\sqrt{2\pi t}} e^{-\frac{x^2}{2t}} \cdot \left(-\dfrac{x}{t} \right)^2 = \dfrac{-1}{\sqrt{2\pi t^3}} e^{-\frac{x^2}{2t}} + \dfrac{1}{\sqrt{2\pi t}} e^{-\frac{x^2}{2t}} \cdot \left(\dfrac{x^2}{t^2} \right)$

以上より，次の熱伝導型の偏微分方程式が成り立つことがわかる。

$$\frac{\partial u}{\partial t} = \frac{1}{2} \frac{\partial^2 u}{\partial x^2}$$

6.3. 偏導関数

3次偏導関数は，次の8個となる。

$$z_{xxx},\ z_{xxy},\ z_{yxx},\ z_{yxx},\ z_{xyy},\ z_{yxy},\ z_{yyx},\ z_{yyy} \tag{6.7}$$

記法は，2次偏導関数 (6.6) のときと同様である。たとえば，

$$z_{xxy} = \frac{\partial}{\partial y}\left(\frac{\partial^2 z}{\partial x \partial x}\right) = \frac{\partial}{\partial y}\frac{\partial}{\partial x}\frac{\partial z}{\partial x}$$

である。z_{xxy} の添え字の左側から，x, x, y の順に微分する。

3変数関数 $u = f(x, y, z)$ の偏導関数は u_x, u_y, u_z であるが，これを，さらに x, y, z で微分すると9つの2次偏導関数になる。

$$u_{xx},\ u_{xy},\ u_{xz},\ u_{yx},\ u_{yy},\ u_{yz},\ u_{zx},\ u_{zy},\ u_{zz}$$

上の3つの例題では，$\dfrac{\partial^2 z}{\partial y \partial x} = \dfrac{\partial^2 z}{\partial x \partial y}$ となっている。これは，この2つの偏導関数が連続な (x, y) の点では，必ず一致することが証明できる。ほとんどの関数ではこの条件を満たしている。その証明を行う。

定理 6.3：2次偏微分の順序の交換

関数 $z = f(x, y)$ について，$z_{yx} = \dfrac{\partial^2 z}{\partial x \partial y}$, $z_{xy} = \dfrac{\partial^2 z}{\partial y \partial x}$ がともに連続であるとき

$$\frac{\partial^2 z}{\partial x \partial y} = \frac{\partial^2 z}{\partial y \partial x} \tag{6.8}$$

証明：平均値の定理 4.2' を使う。

$$\Delta = f(x+h, y+k) - f(x, y+k) - f(x+h, y) + f(x, y)$$

として，$\varphi(y) = f(x+h, y) - f(x, y)$ とすると，平均値の定理より

$$\Delta = \varphi(y+k) - \varphi(y) = \varphi_y(y + \theta k)k$$
$$= (f_y(x+h, y+\theta k) - f_y(x, y+\theta k))k = f_{yx}(x+\theta' h, y+\theta k)hk$$

この式は，また，次のようにもかける。$\phi(x) = f(x, y+k) - f(x, y)$ とすると，平均値の定理より

$$\Delta = \psi(x+h) - \phi(x) = \phi_x(x + \alpha h)h$$
$$= (f_x(x+\alpha h, y+k) - f_x(x+\alpha h, y))h = f_{xy}(x+\alpha h, y+\alpha' k)hk$$

よって $f_{yx}(x+\theta' h, y+\theta k) = f_{xy}(x+\alpha h, y+\alpha' k)$ となるので，z_{xy}, z_{yx} が連続であるという条件のもとに $h \to 0, k \to 0$ とすると，式 (6.8) が出てくる。

ラプラシアンとナブラ：理工学の専門書に出てくるラプラシアンといわれる微分演算子について説明する．ラプラシアンは，記号 Δ [注1)] で表されて，次の式で定義される．

$$
\begin{aligned}
&\text{2 次元} & \Delta &= \frac{\partial^2}{\partial x^2} + \frac{\partial^2}{\partial y^2} \\
&\text{3 次元} & \Delta &= \frac{\partial^2}{\partial x^2} + \frac{\partial^2}{\partial y^2} + \frac{\partial^2}{\partial z^2}
\end{aligned} \tag{6.9}
$$

一般の n 次元でも，同じように定義される．このラプラシアンは，次の成分を持ったナブラといわれる演算子の内積を取ったものと考えられる．

$$\text{ナブラ} \quad \nabla = \left(\frac{\partial}{\partial x}, \frac{\partial}{\partial y}, \frac{\partial}{\partial z} \right)$$

$$\nabla \cdot \nabla = \frac{\partial}{\partial x} \cdot \frac{\partial}{\partial x} + \frac{\partial}{\partial y} \cdot \frac{\partial}{\partial y} + \frac{\partial}{\partial z} \cdot \frac{\partial}{\partial z} = \Delta$$

ラプラシアンは，関数に作用すると

$$\Delta f(x,y) = \left(\frac{\partial^2}{\partial x^2} + \frac{\partial^2}{\partial y^2} \right) f(x,y) = \frac{\partial^2}{\partial x^2} f(x,y) + \frac{\partial^2}{\partial y^2} f(x,y)$$

となり，2 次偏微分の和となる．とくに，$\Delta f(x,y) = 0$ を満たす関数は，**調和関数**といわれ，数学的にも物理的にも重要な関数である．例題 6.8 の関数 $z = \log(x^2+y^2)$ は，調和関数で，2 次元のグリーン関数であって偏微分方程式を解くときの重要な関数である．

例題 6.10 次の関数について，Δz を求めよ．

(1) $z = x^3 - x^2 y + y^2$ (2) $z = e^{-x} \cos y$ (3) $z = e^{-xy}$

解答：定義に従い，2 次偏微分を計算すればよい．

(1) $z_x = 3x^2 - 2xy,\ z_y = -x^2 + 2y,\ z_{xx} = 6x - 2y,\ z_{yy} = 2,\ \therefore\ \Delta z = 6x - 2y + 2$

(2) $z_x = -e^{-x} \cos y,\ z_y = -e^{-x} \sin y,\ z_{xx} = e^{-x} \cos y,\ z_{yy} = -e^{-x} \cos y,\ \therefore\ \Delta z = 0$

(3) $z_x = -ye^{-xy},\ z_y = -xe^{-xy},\ z_{xx} = y^2 e^{-xy},\ z_{yy} = x^2 e^{-xy},\ \therefore\ \Delta z = (x^2 + y^2)e^{-xy}$

問題 6.5 次の関数について，Δz を求めよ．

(1) $z = x^4 - 6x^2 y^2 + y^4$ (2) $z = \log(x + 2y)$ (3) $z = \cos xy$

[注1)] ギリシャ文字のアルファベットの大文字のデルタ

問題 6.6 次の関数の 2 次偏導関数を求めよ。

(1) $z = x^3 - 2x^2y - 3xy^2$ (2) $z = xy(x^2 - y^2)$ (3) $z = \log \dfrac{x^2}{y^3}$

(4) $z = e^{-x-2y}$ (5) $z = \sin^2(x - y)$ (6) $z = x^{\frac{1}{2}} y^{\frac{1}{3}}$

(7) $u = \sin(ax + by + cz)$ (8) $u = xy^2z^3$ (9) $u = \log(ax^3y^2z)$

問題 6.7 万有引力や電気力のポテンシャルは $\phi = -\dfrac{k}{r}$ $(r = \sqrt{x^2 + y^2 + z^2})$ の形をしている。次の問いに答えよ。

(1) 力 $\boldsymbol{F} = -\nabla\phi = -\left(\dfrac{\partial\phi}{\partial x}, \dfrac{\partial\phi}{\partial y}, \dfrac{\partial\phi}{\partial z}\right)$ を求めよ。

(2) $r \neq 0$ として，$\Delta\phi$ を求めよ。

6.4 合成関数の微分法

次の関数は，2 変数関数の合成関数とみることができる。

$$z = (t^2 + 1)^3 \sin(2t - 3) \iff z = x^3 \sin y,\ x = t^2 + 1,\ y = 2t - 3$$
$$z = e^{-\frac{1}{2}t^2} \log(t^2 + 4) \iff z = e^x \log y,\ x = -\frac{1}{2}t^2,\ y = t^2 + 4$$

このような関数を t で微分するとき，次の合成関数の微分法の定理が成り立つ。

定理 6.4：合成関数の微分法

合成関数 $z = f(x, y),\ x = x(t),\ y = y(t)$ において，$f(x, y)$ は偏微分可能，$x(t),\ y(t)$ は微分可能とする。このとき

$$\frac{dz}{dt} = \frac{\partial z}{\partial x}\frac{dx}{dt} + \frac{\partial z}{\partial y}\frac{dy}{dt} \tag{6.10}$$

となる。

証明：$x(t + h) - x(t) = \Delta x,\ y(t + h) - y(t) = \Delta y$ とおく。定理 4.2' の平均値の定理を使って (6.10) を導く。

$$\Delta z = f(x(t + h), y(t + h)) - f(x(t), y(t))$$
$$= \{f(x + \Delta x, y(t + h)) - f(x, y(t + h))\} + \{f(x, y + \Delta y) - f(x, y(t))\}$$
$$= f_x(x + \theta_1 \Delta x, y(t + h))\Delta x + f_y(x, y + \theta_2 \Delta y)\Delta y$$
$$0 < \theta_1 < 1,\quad 0 < \theta_2 < 1$$

h で両辺を割ると

$$\frac{\Delta z}{h} = f_x\big(x+\theta_1\Delta x,\ y(t+h)\big)\frac{\Delta x}{h} + f_y\big(x,\ y+\theta_2\Delta y\big)\frac{\Delta y}{h} \qquad (6.11)$$

となる．この式で $h \to 0$ の極限をとる．

$$\lim_{h\to 0}\frac{\Delta z}{h} = \lim_{h\to 0}\frac{f(x(t+h),\ y(t+h)) - f(x(t),\ y(t))}{h} = \frac{df(x,\ y)}{dt} = \frac{dz}{dt}$$

$$\lim_{h\to 0}\frac{\Delta x}{h} = \lim_{h\to 0}\frac{x(t+h) - x(t)}{h} = \frac{dx}{dt}$$

$$\lim_{h\to 0}\frac{\Delta y}{h} = \lim_{h\to 0}\frac{y(t+h) - y(t)}{h} = \frac{dy}{dt}$$

$$\lim_{h\to 0} f_x\big(x(t)+\theta\Delta x,\ y(t+h)\big) = f_x(x,y) = \frac{\partial z}{\partial x}$$

$$\lim_{h\to 0} f_y\big(x(t),\ y(t)+\theta'\Delta y\big) = f_y(x,y) = \frac{\partial z}{\partial y}$$

以上より，(6.11) の極限をとると，合成関数の微分法 (6.10) が導ける．

例題 6.11 次の関数を t で微分せよ．

(1) $z = (t^2+1)^3(2t-3)^4$ (2) $z = \cos^2 t \sin^3 t$ (3) $z = e^{-t^2}\log 2t$

解答：この問題は，わざわざ偏微分を用いなくてもできるが，ここでは (6.10) を用いる形にして答えを求める．習熟すれば途中経過は書く必要がない．

(1) $x = t^2+1,\ y = 2t-3$ とすると，$z = x^3 y^4$ となり，(6.10) を用いる．
$$\frac{dz}{dt} = 3x^2 y^4 \cdot 2t + x^3 \cdot 4y^3 \cdot 2 = 2x^2 y^3(3ty+4x) = 2(t^2+1)^2(2t-3)^3(10t^2-9t+4)$$

(2) $x = \cos t,\ y = \sin t$ とすると，$z = x^2 y^3$ となり，(6.10) を用いる．
$$\frac{dz}{dt} = 2x(-\sin t)\cdot y^3 + x^2 \cdot 3y^2 \cdot \cos t = \cos t\,\sin^2 t(3\cos^2 t - 2\sin^2 t)$$

(3) $x = -t^2,\ y = 2t$ とすると，$z = e^x \log y$ となり，(6.10) を用いる．
$$\frac{dz}{dt} = e^x \log y \cdot (-2t) + e^x \frac{1}{y}\cdot 2 = -2te^{-t^2}\log 2t + \frac{e^{-t^2}}{t}$$

問題 6.8 次の関数を t で微分せよ．

(1) $z = e^{-t^2}\cos 2t$ (2) $z = \sin^2 t \cos 2t$ (3) $z = \sqrt{t^2+1}\log 2t$

6.4. 合成関数の微分法

2 変数関数の合成関数

$$z = (x^2 + y^2)^3 \cos(2x - 3y)$$

を，x, y で偏微分することを考える。これは，次のような 2 変数関数の合成関数とみることができる。

$$z = (x^2 + y^2)^3 \cos(2x - 3y) \iff z = u^3 \cos v,\ u = x^2 + y^2,\quad v = 2x - 3y$$

x で偏微分するときは y は定数，y で偏微分するときは x は定数とみるから，(6.10) と同じ形の式が成り立つ。ただし，u, v を x, y で微分するときは，偏微分の記号を用いなければならない。

---- **2 変数の合成関数の偏微分** ----

$$\frac{\partial z}{\partial x} = \frac{\partial z}{\partial u}\frac{\partial u}{\partial x} + \frac{\partial z}{\partial v}\frac{\partial v}{\partial x},\qquad \frac{\partial z}{\partial y} = \frac{\partial z}{\partial u}\frac{\partial u}{\partial y} + \frac{\partial z}{\partial v}\frac{\partial v}{\partial y} \tag{6.12}$$

例題 6.12 次の関数の偏導関数を求めよ。

(1) $z = (x^2 + y^2)^3 \cos(2x - 3y)$ (2) $z = e^{x+y} \log(x^2 - y^2)$

解答：(1) は $z = u^3 \cos v,\ u = x^2 + y^2,\ v = 2x - 3y,$

(2) は $u = x + y,\ v = x^2 - y^2$ として，(6.12) を適用。

(1) $\dfrac{\partial z}{\partial x} = 3u^2 \cos v \cdot 2x - u^3 \sin v \cdot 2$

$\qquad = 6x(x^2 + y^2)^2 \cos(2x - 3y) - 2(x^2 + y^2)^3 \sin(2x - 3y)$

$\dfrac{\partial z}{\partial y} = 3u^2 \cos v \cdot 2y - u^3 \sin v \cdot (-3)$

$\qquad = 6y(x^2 + y^2)^2 \cos(2x - 3y) + 3(x^2 + y^2)^3 \sin(2x - 3y)$

(2) $\dfrac{\partial z}{\partial x} = e^u \log v \cdot 1 + e^u \dfrac{1}{v} \cdot 2x = e^{x+y} \log(x^2 - y^2) + e^{x+y} \dfrac{2x}{x^2 - y^2}$

$\dfrac{\partial z}{\partial y} = e^u \log v \cdot 1 + e^u \dfrac{1}{v} \cdot (-2y) = e^{x+y} \log(x^2 - y^2) + e^{x+y} \dfrac{-2y}{x^2 - y^2}$

問題 6.9 次の関数の偏導関数を求めよ。

(1) $z = (x - 3y)^2(2x + y)^3$ (2) $z = \cos^2 x \sin(2x + 3y)$ (3) $z = \sqrt{x^2 + y^2} \log 2x$

(4) $z = e^{-x} \sin(x - 2y)$ (5) $z = \cos^2 x \sin^2 y$ (6) $z = e^{-x^2} \log(x^2 + y^2)$

問題 6.10 $f(u), g(v)$ を 2 回微分可能な任意の関数とする．
$z = f(x - ct) + g(x + ct)$ は，つぎの波動方程式を満たすことを示せ．
$$\frac{\partial^2 z}{\partial t^2} - c^2 \frac{\partial^2 z}{\partial x^2} = 0$$

6.5 変数変換

これまでは，直交座標を用いてきたが，取り扱う問題によっては，極座標や球座標の曲線座標を用いると便利なことがある．また，積分の計算などのときには，他の変数に置き換えた方が簡単になる場合がある．変数 x, y を u, v に変換したときの偏導関数の変換公式は，(6.12) において，x, y を u, v に入れ替えた式となる．

定理 6.5：2 変数の変数変換

関数 $z = f(x, y)$ において，変換 $x = x(u, v), y = y(u, v)$ によって変数を u, v としたときの偏導関数は

$$\begin{cases} \dfrac{\partial z}{\partial u} = \dfrac{\partial z}{\partial x}\dfrac{\partial x}{\partial u} + \dfrac{\partial z}{\partial y}\dfrac{\partial y}{\partial u} \\ \dfrac{\partial z}{\partial v} = \dfrac{\partial z}{\partial x}\dfrac{\partial x}{\partial v} + \dfrac{\partial z}{\partial y}\dfrac{\partial y}{\partial v} \end{cases} \Longleftrightarrow \begin{pmatrix} \dfrac{\partial z}{\partial u} \\ \dfrac{\partial z}{\partial v} \end{pmatrix} = \begin{pmatrix} \dfrac{\partial x}{\partial u} & \dfrac{\partial y}{\partial u} \\ \dfrac{\partial x}{\partial v} & \dfrac{\partial y}{\partial v} \end{pmatrix} \begin{pmatrix} \dfrac{\partial z}{\partial x} \\ \dfrac{\partial z}{\partial y} \end{pmatrix} \tag{6.13}$$

で与えられる．

以下，よく出てくる座標系と，その座標系への変数変換を紹介する．

6.5.1 極座標

xy 平面上の点の位置を表すのに座標軸上の原点からの位置 (x, y) で示すのが普通であるが，場合によっては，図の原点からの距離 r と，x 軸と動径 OP のなす角度 θ で表すほうが便利なことがある．図 6.1 における (r, θ) を極座標という．極座標 (r, θ) は，$0 \leqq r < \infty, 0 \leqq \theta < 2\pi$ の領域の値をとる．直交座標と極座標の関係は

$$x = r\cos\theta, \qquad y = r\sin\theta \tag{6.14}$$

である．逆に r, θ を x, y で表すと，第一象限では

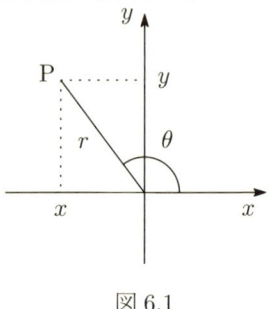

図 6.1

6.5. 変数変換

$$r = \sqrt{x^2 + y^2}, \qquad \theta = \tan^{-1} \frac{y}{x} \tag{6.15}$$

となる。一般的には，θ は，(x, y) の属する象限と (6.15) を考慮して正しく決めなければならない。

$z = f(x, y)$ を，(6.14) によって，(r, θ) の関数とみて，r, θ で偏微分する。(6.13) によって

$$\frac{\partial z}{\partial r} = \frac{\partial z}{\partial x}\frac{\partial x}{\partial r} + \frac{\partial z}{\partial y}\frac{\partial y}{\partial r} = \frac{\partial z}{\partial x}\cos\theta + \frac{\partial z}{\partial y}\sin\theta$$

$$\frac{\partial z}{\partial \theta} = \frac{\partial z}{\partial x}\frac{\partial x}{\partial \theta} + \frac{\partial z}{\partial y}\frac{\partial y}{\partial \theta} = -\frac{\partial z}{\partial x}r\sin\theta + \frac{\partial z}{\partial y}r\cos\theta$$

これより，偏導関数の変換式

$$\begin{pmatrix} \frac{\partial z}{\partial r} \\ \frac{\partial z}{\partial \theta} \end{pmatrix} = \begin{pmatrix} \cos\theta & \sin\theta \\ -r\sin\theta & r\cos\theta \end{pmatrix} \begin{pmatrix} \frac{\partial z}{\partial x} \\ \frac{\partial z}{\partial y} \end{pmatrix} \tag{6.16}$$

が導かれる。この変換式 (6.16) より，簡単に次の式が導ける。

$$\left(\frac{\partial z}{\partial r}\right)^2 + \frac{1}{r^2}\left(\frac{\partial z}{\partial \theta}\right)^2 = \left(\frac{\partial z}{\partial x}\right)^2 + \left(\frac{\partial z}{\partial y}\right)^2$$

ヤコビアン 2重積分の変数変換のときに出てくる因子がヤコビアンである。直交座標から極座標へ移る際のヤコビアンを計算する。

$$\frac{\partial(x, y)}{\partial(r, \theta)} = \begin{vmatrix} \frac{\partial x}{\partial r} & \frac{\partial y}{\partial r} \\ \frac{\partial x}{\partial \theta} & \frac{\partial y}{\partial \theta} \end{vmatrix} = \begin{vmatrix} \cos\theta & \sin\theta \\ -r\sin\theta & r\cos\theta \end{vmatrix} = r(\cos^2\theta + \sin^2\theta) = r \tag{6.17}$$

問題 6.11 運動している物体の，動径方向とそれに垂直な方向の速度 (v_r, v_θ) と加速度 (a_r, a_θ) は，直交座標の速度 (v_x, v_y)，加速度 (a_x, a_y) と次の関係にある。

$$\begin{pmatrix} v_r \\ v_\theta \end{pmatrix} = \begin{pmatrix} \cos\theta & \sin\theta \\ -\sin\theta & \cos\theta \end{pmatrix} \begin{pmatrix} v_x \\ v_y \end{pmatrix}, \qquad \begin{pmatrix} a_r \\ a_\theta \end{pmatrix} = \begin{pmatrix} \cos\theta & \sin\theta \\ -\sin\theta & \cos\theta \end{pmatrix} \begin{pmatrix} a_x \\ a_y \end{pmatrix}$$

時間 t の関数 $z = z(t)$ の t での微分の表示として $\frac{dz}{dt} = \dot{z}$, $\frac{d^2z}{dt^2} = \ddot{z}$ が用いられる。以下これに従って，次の問いに答えよ。

(1) x, y と r, θ の関係式 (6.14) を用いて，$v_x = \dot{x}$, $v_y = \dot{y}$ を r, θ とその時間微分で表せ。そして，上の関係式を用いて v_r, v_θ を求めよ。

(2) $a_x = \ddot{x}$, $a_y = \ddot{y}$ を r, θ とその時間微分で表して，a_r, a_θ を求めよ。

6.5.2 球座標

空間においては，xyz 空間上の点 P の位置を表すのに座標軸の原点からの位置 (x, y, z) で示すのが普通であるが，場合によっては，図の原点からの距離 r と，z 軸と動径 OP のなす角度 θ，P 点から xy 面に射影した点を Q としたとき，x 軸と OQ のなす角度 φ で表すことがある．(r, θ, φ) を球座標という．

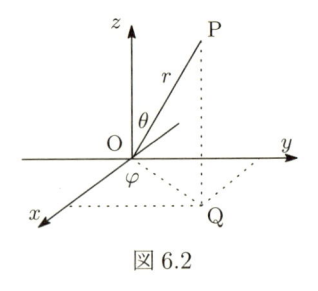

図 6.2

球座標 (r, θ, φ) は，$0 \leqq r < \infty$, $0 \leqq \theta \leqq \pi$, $0 \leqq \varphi < 2\pi$ の領域の値をとる．

直交座標と球座標の関係は

$$x = r\sin\theta\cos\varphi, \qquad y = r\sin\theta\sin\varphi, \qquad z = r\cos\theta \tag{6.18}$$

である．逆に r, θ, φ を x, y, z で表すと，$x \geqq 0, y \geqq 0, z \geqq 0$ では

$$r = \sqrt{x^2 + y^2 + z^2}, \qquad \varphi = \tan^{-1}\frac{y}{x}, \qquad \theta = \tan^{-1}\frac{\sqrt{x^2 + y^2}}{z}$$

となる．一般的には，θ, φ は，点 P の空間での位置を考慮して正しく決める．

直交座標 (x, y, z) から球座標 (r, θ, φ) への偏導関数の変換は，(6.16) の式を3変数に拡張した式が使われる．$u = f(x, y, z)$ の偏導関数の変換は，次の式で与えられる．

$$\begin{pmatrix} \frac{\partial u}{\partial r} \\ \frac{\partial u}{\partial \theta} \\ \frac{\partial u}{\partial \varphi} \end{pmatrix} = \begin{pmatrix} \frac{\partial x}{\partial r} & \frac{\partial y}{\partial r} & \frac{\partial z}{\partial r} \\ \frac{\partial x}{\partial \theta} & \frac{\partial y}{\partial \theta} & \frac{\partial z}{\partial \theta} \\ \frac{\partial x}{\partial \varphi} & \frac{\partial y}{\partial \varphi} & \frac{\partial z}{\partial \varphi} \end{pmatrix} \begin{pmatrix} \frac{\partial u}{\partial x} \\ \frac{\partial u}{\partial y} \\ \frac{\partial u}{\partial z} \end{pmatrix} = \begin{pmatrix} \sin\theta\cos\varphi & \sin\theta\sin\varphi & \cos\theta \\ r\cos\theta\cos\varphi & r\cos\theta\sin\varphi & -r\sin\theta \\ -r\sin\theta\sin\varphi & r\sin\theta\cos\varphi & 0 \end{pmatrix} \begin{pmatrix} \frac{\partial u}{\partial x} \\ \frac{\partial u}{\partial y} \\ \frac{\partial u}{\partial z} \end{pmatrix}$$

ヤコビアン 直交座標から球座標へ移る際のヤコビアンを計算する．

$$\frac{\partial(x, y, z)}{\partial(r, \theta, \varphi)} = \begin{vmatrix} \frac{\partial x}{\partial r} & \frac{\partial y}{\partial r} & \frac{\partial z}{\partial r} \\ \frac{\partial x}{\partial \theta} & \frac{\partial y}{\partial \theta} & \frac{\partial z}{\partial \theta} \\ \frac{\partial x}{\partial \varphi} & \frac{\partial y}{\partial \varphi} & \frac{\partial z}{\partial \varphi} \end{vmatrix} = \begin{vmatrix} \sin\theta\cos\varphi & \sin\theta\sin\varphi & \cos\theta \\ r\cos\theta\cos\varphi & r\cos\theta\sin\varphi & -r\sin\theta \\ -r\sin\theta\sin\varphi & r\sin\theta\cos\varphi & 0 \end{vmatrix} \tag{6.19}$$

$$= r^2\sin\theta$$

問題 6.12 次の式が成り立つことを証明せよ．

$$\left(\frac{\partial u}{\partial r}\right)^2 + \frac{1}{r^2}\left(\frac{\partial u}{\partial \theta}\right)^2 + \frac{1}{r^2\sin^2\theta}\left(\frac{\partial u}{\partial \varphi}\right)^2 = \left(\frac{\partial u}{\partial x}\right)^2 + \left(\frac{\partial u}{\partial y}\right)^2 + \left(\frac{\partial u}{\partial z}\right)^2$$

6.5.3 その他の変数変換

次の変数変換を考察する。
$$x = au + bv, \qquad y = cu + dv, \qquad ad - bc \neq 0 \qquad (6.20)$$
このときのヤコビアンは
$$J = \begin{vmatrix} a & c \\ b & d \end{vmatrix} = ad - bc$$
$u = 1, v = 0$ としたとき xy 平面上では $(x,y) = (a,c)$ となり，$u = 0, v = 1$ としたときは $(x,y) = (b,d)$ となる。この二つのベクトルのなす平行四辺形の符号付き面積がヤコビアンであり，**xy 平面と uv 平面の対応した領域の面積比**となっている。

他の変数変換でも，局所的には (6.20) のような定数係数の 1 次変換になっているので，ヤコビアンは，変数変換したときの**面積比**を表していると考えてよい。それが，2 重積分の変数変換の定理 8.3 における (8.13) 式に出てきている。

例題 6.13 a, b が 0 でない定数のとき，偏微分方程式[注1] $b\dfrac{\partial z}{\partial x} = a\dfrac{\partial z}{\partial y}$ の解は，$f(u)$ を微分可能な任意の関数として $z = f(ax + by)$ であることを示せ。

解答：偏微分方程式を，変数変換する。
$u = ax + by, v = y$ と変換すると，$x = \frac{1}{a}u - \frac{b}{a}v, y = v$ となる。(6.13) より

$$\begin{pmatrix} \frac{\partial z}{\partial u} \\ \frac{\partial z}{\partial v} \end{pmatrix} = \begin{pmatrix} \frac{1}{a} & 0 \\ -\frac{b}{a} & 1 \end{pmatrix} \begin{pmatrix} \frac{\partial z}{\partial x} \\ \frac{\partial z}{\partial y} \end{pmatrix} \implies \begin{pmatrix} \frac{\partial z}{\partial x} \\ \frac{\partial z}{\partial y} \end{pmatrix} = \begin{pmatrix} a & 0 \\ b & 1 \end{pmatrix} \begin{pmatrix} \frac{\partial z}{\partial u} \\ \frac{\partial z}{\partial v} \end{pmatrix}$$

偏微分方程式に代入すると
$$b\left(a\frac{\partial z}{\partial u}\right) = a\left(b\frac{\partial z}{\partial u} + \frac{\partial z}{\partial v}\right) \implies \frac{\partial z}{\partial v} = 0$$

これより，z は v に依らない u のみの関数であるので，$z = f(u) = f(ax + by)$ となる。

問題 6.13 次の変数変換のヤコビアンを求めよ。

(1) $x = uv, \quad y = \dfrac{v}{u}$ 　　　(2) $x = 2u - 3v, \quad y = u + v$

(3) $x = u + v, \quad y = \sqrt{uv}$ 　　(4) $x = \dfrac{u^2}{v}, \quad y = \dfrac{v^2}{u}$

(5) $x = uv, \quad y = u^2 + v^2$ 　　(6) $x = u\cos v, \quad y = u\sin v$

[注1] 未知関数の偏導関数を含む方程式をいう。この式では，z が未知関数である。

問題 6.14 次のことを証明せよ．$f(u)$ は，微分可能な任意の関数とする．

(1) $x\dfrac{\partial z}{\partial x} = y\dfrac{\partial z}{\partial y}$ のとき，$z = f(xy)$ である．

(2) $y\dfrac{\partial z}{\partial x} + x\dfrac{\partial z}{\partial y} = 0$ のとき，$z = f(x^2 - y^2)$ である．

6.5.4 2次の偏導関数の変数変換

(6.13) から，次の微分演算子を定義する．

$$\frac{\partial}{\partial u} = \frac{\partial x}{\partial u}\frac{\partial}{\partial x} + \frac{\partial y}{\partial u}\frac{\partial}{\partial y}, \qquad \frac{\partial}{\partial v} = \frac{\partial x}{\partial v}\frac{\partial}{\partial x} + \frac{\partial y}{\partial v}\frac{\partial}{\partial y} \qquad (6.21)$$

微分演算子は，関数に作用する微分を含む線形の演算子であり，たとえば，関数 z に作用すると

$$\frac{\partial}{\partial u}z = \frac{\partial x}{\partial u}\frac{\partial z}{\partial x} + \frac{\partial y}{\partial u}\frac{\partial z}{\partial y}$$

となる．2次微分は，この微分演算子を2回作用させればよい．

$$\frac{\partial^2 z}{\partial u \partial v} = \frac{\partial}{\partial u}\frac{\partial}{\partial v}z = \frac{\partial}{\partial u}\left(\frac{\partial x}{\partial v}\frac{\partial}{\partial x} + \frac{\partial y}{\partial v}\frac{\partial}{\partial y}\right)z$$

$$= \left\{\frac{\partial^2 x}{\partial u \partial v}\cdot\frac{\partial}{\partial x} + \frac{\partial x}{\partial v}\cdot\frac{\partial}{\partial u}\frac{\partial}{\partial x} + \frac{\partial^2 y}{\partial u \partial v}\cdot\frac{\partial}{\partial y} + \frac{\partial y}{\partial v}\cdot\frac{\partial}{\partial u}\frac{\partial}{\partial y}\right\}z$$

$$= \left\{\frac{\partial^2 x}{\partial u \partial v}\cdot\frac{\partial}{\partial x} + \frac{\partial^2 y}{\partial u \partial v}\cdot\frac{\partial}{\partial y} + \frac{\partial x}{\partial v}\left(\frac{\partial x}{\partial u}\frac{\partial}{\partial x} + \frac{\partial y}{\partial u}\frac{\partial}{\partial y}\right)\frac{\partial}{\partial x} + \frac{\partial y}{\partial v}\left(\frac{\partial x}{\partial u}\frac{\partial}{\partial x} + \frac{\partial y}{\partial u}\frac{\partial}{\partial y}\right)\frac{\partial}{\partial y}\right\}z$$

より

$$\frac{\partial^2 z}{\partial u \partial v} = \frac{\partial^2 x}{\partial u \partial v}\cdot\frac{\partial z}{\partial x} + \frac{\partial^2 y}{\partial u \partial v}\cdot\frac{\partial z}{\partial y}$$
$$+ \frac{\partial x}{\partial u}\frac{\partial x}{\partial v}\cdot\frac{\partial^2 z}{\partial x^2} + \left(\frac{\partial x}{\partial u}\frac{\partial y}{\partial v} + \frac{\partial x}{\partial v}\frac{\partial y}{\partial u}\right)\frac{\partial^2 z}{\partial x \partial y} + \frac{\partial y}{\partial u}\frac{\partial y}{\partial v}\cdot\frac{\partial^2 z}{\partial y^2} \qquad (6.22)$$

$\dfrac{\partial^2 z}{\partial u^2}$ は上の式で $v \to u$，$\dfrac{\partial^2 z}{\partial v^2}$ は上の式で $u \to v$ とおけばよい．

$$\frac{\partial^2 z}{\partial u^2} = \frac{\partial^2 x}{\partial u^2}\cdot\frac{\partial z}{\partial x} + \frac{\partial^2 y}{\partial u^2}\cdot\frac{\partial z}{\partial y} + \left(\frac{\partial x}{\partial u}\right)^2\frac{\partial^2 z}{\partial x^2} + 2\frac{\partial x}{\partial u}\frac{\partial y}{\partial u}\cdot\frac{\partial^2 z}{\partial x \partial y} + \left(\frac{\partial y}{\partial u}\right)^2\frac{\partial^2 z}{\partial y^2}$$
$$\frac{\partial^2 z}{\partial v^2} = \frac{\partial^2 x}{\partial v^2}\cdot\frac{\partial z}{\partial x} + \frac{\partial^2 y}{\partial v^2}\cdot\frac{\partial z}{\partial y} + \left(\frac{\partial x}{\partial v}\right)^2\frac{\partial^2 z}{\partial x^2} + 2\frac{\partial x}{\partial v}\frac{\partial y}{\partial v}\cdot\frac{\partial^2 z}{\partial x \partial y} + \left(\frac{\partial y}{\partial v}\right)^2\frac{\partial^2 z}{\partial y^2}$$
$$(6.23)$$

注意：これらの式 (6.22)，(6.23) において (x, y) と (u, v) を置き換えた式も成り立つことに注意せよ．

6.5. 変数変換

例題 6.14 波動方程式 $\dfrac{\partial^2 z}{\partial x^2} - \dfrac{1}{c^2}\dfrac{\partial^2 z}{\partial t^2} = 0$ の解は，$f(u), g(v)$ を2回微分可能な関数として，$z = f(x+ct) + g(x-ct)$ であることを示せ．

解答： $\left(\dfrac{\partial^2}{\partial x^2} - \dfrac{1}{c^2}\dfrac{\partial^2}{\partial t^2}\right) z = \left(\dfrac{\partial}{\partial x} + \dfrac{1}{c}\dfrac{\partial}{\partial t}\right)\left(\dfrac{\partial}{\partial x} - \dfrac{1}{c}\dfrac{\partial}{\partial t}\right) z$ となるので
$u = x + ct,\ v = x - ct$ とおく．これより

$$\dfrac{\partial}{\partial x} + \dfrac{1}{c}\dfrac{\partial}{\partial t} = \left(\dfrac{\partial u}{\partial x}\dfrac{\partial}{\partial u} + \dfrac{\partial v}{\partial x}\dfrac{\partial}{\partial v}\right) + \left(\dfrac{1}{c}\dfrac{\partial u}{\partial t}\dfrac{\partial}{\partial u} + \dfrac{1}{c}\dfrac{\partial v}{\partial t}\dfrac{\partial}{\partial v}\right) = 2\dfrac{\partial}{\partial u}$$

$$\dfrac{\partial}{\partial x} - \dfrac{1}{c}\dfrac{\partial}{\partial t} = \left(\dfrac{\partial u}{\partial x}\dfrac{\partial}{\partial u} + \dfrac{\partial v}{\partial x}\dfrac{\partial}{\partial v}\right) - \left(\dfrac{1}{c}\dfrac{\partial u}{\partial t}\dfrac{\partial}{\partial u} + \dfrac{1}{c}\dfrac{\partial v}{\partial t}\dfrac{\partial}{\partial v}\right) = 2\dfrac{\partial}{\partial v}$$

となるので

$$\left(\dfrac{\partial^2}{\partial x^2} - \dfrac{1}{c^2}\dfrac{\partial^2}{\partial t^2}\right) z = 4\dfrac{\partial^2}{\partial u \partial v} z = 4\dfrac{\partial}{\partial u}\left(\dfrac{\partial z}{\partial v}\right) = 0$$

となる．これより，$\dfrac{\partial z}{\partial v}$ は，変数 u を含まないので $\dfrac{\partial z}{\partial v} = g'(v)$ とおく．
v で積分して $z = f(u) + g(v) = f(x+ct) + g(x-ct)$ となる．

問題 6.15 $u = 2x + y,\ v = 3x - y$ として，2次微分の微分演算子

$$I = \dfrac{\partial^2}{\partial x^2} + \dfrac{\partial^2}{\partial x \partial y} - 6\dfrac{\partial^2}{\partial y^2}\ を\ u, v\ の微分で書き改めよ．$$

それを用いて，偏微分方程式 $\dfrac{\partial^2 z}{\partial x^2} + \dfrac{\partial^2 z}{\partial x \partial y} - 6\dfrac{\partial^2 z}{\partial y^2} = 0$ の解を求めよ．

問題 6.16 $\dfrac{\partial}{\partial x},\ \dfrac{\partial}{\partial y}$ を極座標で書き表せ．

それを用いてラプラシアン $\Delta = \dfrac{\partial^2}{\partial x^2} + \dfrac{\partial^2}{\partial y^2}$ を極座標で書き表せ．

問題 6.17 $\dfrac{\partial}{\partial x},\ \dfrac{\partial}{\partial y},\ \dfrac{\partial}{\partial z}$ を球座標で書き表せ．

それを用いてラプラシアン $\Delta = \dfrac{\partial^2}{\partial x^2} + \dfrac{\partial^2}{\partial y^2} + \dfrac{\partial^2}{\partial z^2}$ を球座標で書き表すと

$$\Delta = \dfrac{1}{r^2}\dfrac{\partial}{\partial r} r^2 \dfrac{\partial}{\partial r} + \dfrac{1}{r^2}\left(\dfrac{1}{\sin\theta}\dfrac{\partial}{\partial \theta}\sin\theta\dfrac{\partial}{\partial \theta} + \dfrac{1}{\sin^2\theta}\dfrac{\partial^2}{\partial \varphi^2}\right)\ となることを示せ．$$

量子力学における質量 m の粒子のハミルトニアンは，$H = -\dfrac{\hbar^2}{2m}\Delta + \phi(r)$ である．$\hbar$ はプランク定数であり，$\phi(r)$ は粒子に作用する力のポテンシャルである．Δ の中の角度部分の演算子は，角運動量の演算子に対応している．

第7章 偏微分法の応用

第6章の偏微分法で，おもに2変数関数の偏微分についていろいろな角度から考察してきた．この章では，それに基づいて，2変数関数の極大と極小，陰関数の極大と極小，そして，応用上重要な課題である条件付きの多変数関数の極値を求めるラグランジェの未定乗数法について講ずる．

7.1 全微分

最初に，1変数関数の全微分について説明し，次いで，多変数関数の全微分について説明する．

1変数関数 $y = f(x)$ の全微分

曲線 $y = f(x)$ の上の点 (x, y) における接線の方程式は，接線を表す変数を X, Y とすると

$$Y - y = f'(x)(X - x)$$

となる．$X = x + h$ とすると

$$Y - y = f'(x)h$$

となる．h が，微小であることを前提として $Y - h = dy$, $h = dx$ とおいて

$$dy = f'(x)\,dx = \frac{dy}{dx}\,dx \tag{7.1}$$

を，関数 $y = f(x)$ の全微分という．

一方，平均値の定理より

$$\Delta y = f(x + h) - f(x) = f'(x + \theta h)h, \qquad 0 < \theta < 1$$

となる．したがって，h が微小だから，dy は Δy の近似とみることができるが，次に述べるように，全微分 dy は，概念的には Δy とは異なったものである．

7.1. 全微分

定理 5.3 の置換積分法は

$$\int f(x)\,dx = \int f(x)\frac{dx}{dt}\,dt = \int f(g(t))g'(t)\,dt, \quad x = g(t)$$

であったが，この式の $dx = g'(t)\,dt$ は，全微分の式とみなしてよい．

2 変数関数の全微分

$z = f(x,y)$ の全微分も，同様にして定義される．曲面 $z = f(x,y)$ の上の点 (x,y,z) での接平面は，

$$Z - z = f_x(x,y)(X - x) + f_y(x,y)(Y - y) \tag{7.2}$$

となる．この式は，7 章 6.2 節で導出される．この式において，

$$Z - z = dz, \quad X - x = dx, \quad Y - y = dy$$

とおくと，2 変数関数の全微分の式が出てくる．

$$dz = f_x(x,y)dx + f_y(x,y)dy \tag{7.3}$$

この式は

$$dz = \frac{\partial z}{\partial x}\,dx + \frac{\partial z}{\partial y}\,dy \tag{7.4}$$

ともかける．

多変数関数の全微分

多変数関数 $u = f(x_1, x_2, \cdots, x_n)$ の全微分も，同様に定義できる．

$$\begin{aligned}du &= \frac{\partial u}{\partial x_1}dx_1 + \frac{\partial u}{\partial x_2}dx_2 + \cdots + \frac{\partial u}{\partial x_n}dx_n \\ &= \sum_{k=1}^{n} f_{x_k}(x_1, x_2, \cdots, x_n)dx_k\end{aligned} \tag{7.5}$$

微分形式の理論

幾何学 (多次元の図形に関する数学) を，微積分を使って解析的に取り扱う微分幾何学において発展してきた数学が，微分形式の理論である．全微分にあたる量を 1 形式 (one form) として，3 次元では (dx, dy, dz) が基本の微分形式となる．この 1 形式にウェッジ積 $\wedge$ を，次のように定義して，2 形式，3 形式をつくる．

$dx \wedge dx = 0, \qquad dy \wedge dy = 0, \qquad dz \wedge dz = 0$

$dx \wedge dy = -dy \wedge dx, \qquad dy \wedge dz = -dz \wedge dy, \qquad dz \wedge dx = -dx \wedge dz$

$dx \wedge dy \wedge dz = -dx \wedge dz \wedge dy$ 等, $dx \wedge dy \wedge dx = 0$ 等

このように，ウェッジ積の順序を交換したらマイナス符号が出てくるので3次元では，4形式は存在しない。一つの例として，この微分形式で変数変換を取り扱う。$x = x(u,v), y = y(u,v)$ として，全微分は

$$dx = \frac{\partial x}{\partial u}du + \frac{\partial x}{\partial v}dv, \qquad dy = \frac{\partial y}{\partial u}du + \frac{\partial y}{\partial v}dv$$

となる。この1形式のウェッジ積 $\wedge$ をとると2形式ができる。

$$dx \wedge dy = \left(\frac{\partial x}{\partial u}du + \frac{\partial x}{\partial v}dv\right) \wedge \left(\frac{\partial y}{\partial u}du + \frac{\partial y}{\partial v}dv\right)$$

$$= \left(\frac{\partial x}{\partial u}\frac{\partial y}{\partial v} - \frac{\partial x}{\partial v}\frac{\partial y}{\partial u}\right) du \wedge dv = \begin{vmatrix} \frac{\partial x}{\partial u} & \frac{\partial x}{\partial v} \\ \frac{\partial y}{\partial u} & \frac{\partial y}{\partial v} \end{vmatrix} du \wedge dv$$

これは，後程出てくる2重積分における置換積分の式に対応している。

例題 7.1 次の関数の全微分を求めよ。

(1) $u = xy^2z^3$ (2) $u = e^z \sin(x + y^2)$ (3) $u = xy \log xyz$

解答：全微分の定義式 (7.5) より，偏微分の計算をすればよい。

(1) $du = y^2z^3 dx + 2xyz^3 dy + 3xy^2z^2 dz$

(2) $du = e^z \cos(x + y^2)dx + 2ye^z \cos(x + y^2)dy + e^z \sin(x + y^2)dz$

(3) $du = (y \log xyz + y)dx + (x \log xyz + x)dy + \dfrac{xy}{z}dz$

問題 7.1 次の関数の全微分を求めよ。

(1) $u = x + y^2 + z^3$ (2) $u = x^3 y^2 z$ (3) $u = \cos(xyz)$

(4) $u = e^{-x-2y+z}$ (5) $u = \sin(x^2 - y + 3z)$ (6) $u = \log x^3 y^2 z$

問題 7.2 $x = r\cos\theta, y = r\sin\theta$ であるとき，次の問いに答えよ。

(1) x, y の全微分を求めよ。

(2) $dx \wedge dy$ を r, θ で表せ。

7.2 多変数関数の展開

関数 $z = f(x, y)$ に対して，次の関数を考える．

$$F(t) = f(xt + u, yt + v) \tag{7.6}$$

ここでは，t を変数として u, v, x, y は定数とみる．この関数にテイラーの定理 4.8 を適用する．式 (4.15) において，簡単のために $n = 2$ とし，$x = 1$，$a = 0$ とおくと

$$F(1) = F(0) + F'(0) + \frac{F''(c)}{2!}, \qquad 0 < c < 1$$

となる．ここで $F(1) = f(x + u, y + v)$，$F(0) = f(u, v)$ となることは簡単に分かる．

$$F'(0) = \left[\frac{d}{dt} f(xt + u, yt + v) \right]_{t=0}$$

となるので，定理 6.4 の合成関数の微分法 (6.10) によって

$$F'(0) = \left(x \frac{\partial}{\partial u} + y \frac{\partial}{\partial v} \right) f(u, v)$$

となる．さらに t で微分すると

$$F''(c) = \left(x \frac{\partial}{\partial u} + y \frac{\partial}{\partial v} \right)^2 f(u, v) \Bigg|_{\substack{u \to u + cx \\ v \to v + cy}}$$

となることもわかる．よって

$$\begin{aligned}
f(x + u, y + v) = {} & f(u, v) + \left(x \frac{\partial}{\partial u} + y \frac{\partial}{\partial v} \right) f(u, v) \\
& + \frac{1}{2!} \left(x \frac{\partial}{\partial u} + y \frac{\partial}{\partial v} \right)^2 f(u, v) \Bigg|_{\substack{u \to u + cx \\ v \to v + cy}}
\end{aligned} \tag{7.7}$$

となる．ここで

$$\left(x \frac{\partial}{\partial u} + y \frac{\partial}{\partial v} \right)^2 f(u, v) = \left(x^2 \frac{\partial^2}{\partial u^2} + 2xy \frac{\partial}{\partial u} \frac{\partial}{\partial v} + y^2 \frac{\partial^2}{\partial v^2} \right) f(u, v)$$

である．(7.7) を一般化すると，2 変数関数のテイラーの定理となる．

第 7 章　偏微分法の応用

定理 7.1：2 変数関数のテイラーの定理

関数 $f(x,y)$ が，領域 D で n 回微分可能とする。$(u,v),\ (x+u,y+v) \in D$ である。

$$f(x+u, y+v) = \sum_{k=0}^{n-1} \frac{1}{k!}\left(x\frac{\partial}{\partial u} + y\frac{\partial}{\partial v}\right)^k f(u,v) \\ + \frac{1}{n!}\left(x\frac{\partial}{\partial u} + y\frac{\partial}{\partial v}\right)^n f(u,v)\bigg|_{\substack{u \to u+cx \\ v \to v+cy}} \tag{7.8}$$

となる $c\ (0 < c < 1)$ が少なくとも一つ存在する。この式で

$$\left(x\frac{\partial}{\partial u} + y\frac{\partial}{\partial v}\right)^n f(u,v) = \sum_{m=0}^{n} \frac{n!}{m!(n-m)!} x^{n-m} y^m \frac{\partial^n}{\partial u^{n-m}\partial v^m} f(u,v)$$

である。

(7.8) が，2 変数関数のテーラーの定理で，1 変数関数のときの (4.15) に対応する式である。他のテキストでは，$u = a, v = b$ となっているが，同じ書き方にするには，微分をしてしまってから $u = a, v = b$ と置かなければならない。

(7.8) において，級数が収束する x, y の範囲で無限級数に展開できる。

$$f(x+u, y+v) = \sum_{k=0}^{\infty} \frac{1}{k!}\left(x\frac{\partial}{\partial u} + y\frac{\partial}{\partial v}\right)^k f(u,v) \tag{7.9}$$

この式が 2 変数関数の**テーラー展開**である。この式を次の形に書くこともできる。

$$f(x,y) = \sum_{k=0}^{\infty} \frac{1}{k!}\left((x-a)\frac{\partial}{\partial u} + (y-b)\frac{\partial}{\partial v}\right)^k f(u,v)\bigg|_{\substack{u=a \\ v=b}} \tag{7.10}$$

$a = b = 0$ とすると**マクローリン展開**となる。

$$f(x,y) = \sum_{k=0}^{\infty} \frac{1}{k!}\left(x\frac{\partial}{\partial u} + y\frac{\partial}{\partial v}\right)^k f(u,v)\bigg|_{\substack{u=0 \\ v=0}} \tag{7.11}$$

さらに，多変数関数のテーラー展開は次の式となる。

$$f(x_1, x_2, \cdots, x_n) = \sum_{k=0}^{\infty} \frac{1}{k!}\bigg((x_1-a_1)\frac{\partial}{\partial u_1} + (x_2-a_2)\frac{\partial}{\partial u_2} \\ + \cdots + (x_n-a_n)\frac{\partial}{\partial u_n}\bigg)^k f(u_1, u_2, \cdots, u_n)\bigg|_{u_i=a_i,\ i=1,2,\cdots,n} \tag{7.12}$$

7.3. 2変数関数の極値

例題 7.2 2変数のテーラーの定理 (7.8) を使い，$2.02^4 \times 3.97^5$ の近似値を2次の微小量まで計算せよ．

解答：$f(u,v) = u^4 v^5$ として，$2.02^4 \times 3.97^5 = (0.02+2)^4 \times (-0.03+4)^5$ とする．
$$f_u = 4u^3 v^5,\ f_v = 5u^4 v^4,\ f_{uu} = 12u^2 v^5,\ f_{uv} = 20u^3 v^4,\ f_{vv} = 20u^4 v^3$$
(7.8) を使うと，$2.02^4 \times 3.97^5 = 2^4 4^5 + \left(0.02 \cdot 4 \times 2^3 \times 4^5 - 0.03 \cdot 5 \times 2^4 \times 4^4\right)$
$$+ \tfrac{1}{2}\left(0.02^2 \cdot 12 \times 2^2 \times 4^5 + 2 \cdot 0.02 \cdot (-0.03) 20 \times 2^3 \times 4^4 + (-0.03)^2 \cdot 20 \times 2^4 \times 4^3 \right)$$
$= 16419.4304$ となる．正確な値は $16419.4275\cdots$ である．

現在は，関数電卓などの計算機があるので，このような例題は，実用的には意味はないが，テーラーの定理や，テイラー展開の意味を把握するために出した．

問題 7.3 例題と同じように，次の量の近似値を2次の微小量まで計算せよ．

(1) $\dfrac{3.01^4}{5.98^3}$,   (2) $\dfrac{6.02^4}{2.97^2}$,   (3) $3.02^4 \times 5.98^3$

7.3 2変数関数の極値

この節では，2変数関数 $z = f(x,y)$ の極値の求め方を解説する．2変数関数 $z = f(x,y)$ が，極値を取るとは，その関数のグラフが図 7.1 に示されたようになる場合である．局所的に最小になる場合が極小であり，最大になる場合が極大である．その値を，**極小値**，**極大値**といい，合わせて**極値**という．図 7.1a において，$z = f(x,y)$ は，点 (a,b) において，極小となり，図 7.1b において，$z = f(x,y)$ は，点 (a,b) において，極大となる．

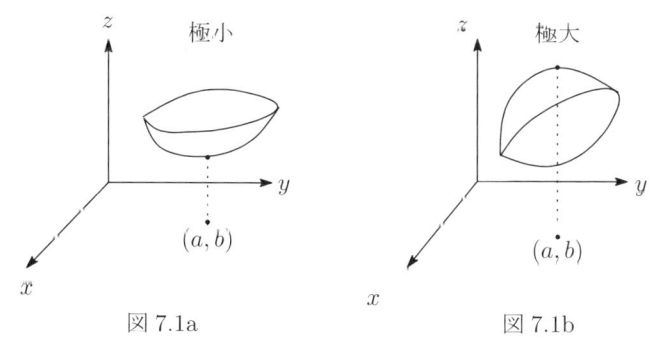

図 7.1a   図 7.1b

2変数関数のテイラーの定理 7.1 の (7.8) において，$n = 3$ の式を採用する．その式で $u = a, v = b$ とおく．ただし，右辺は微分した後，a, b に置き換える．

$$f(x+a, y+b) = f(a,b) + f_u(a,b)x + f_v(a,b)y$$
$$+ \frac{1}{2}\left(f_{uu}(a,b)x^2 + 2f_{uv}(a,b)xy + f_{vv}(a,b)y^2\right) + (x,y について 3 次の項) \quad (7.13)$$

以後, 偏微分の添え字は, $u \to x, v \to y$ とする. たとえば, $f_u(a,b) \to f_x(a,b)$ である. また, $f_{uv}(a,b) \to f_{xy}(a,b)$ 等である.

$z = f(x,y)$ が, 極値 $f(a,b)$ を取るとする. このとき, $f(x+a, y+b) - f(a,b)$ は, 微小な x, y に対して符号を変えない. (7.13) 式の展開において, x, y の 1 次の項があると, この条件を満たさない. したがって, $f(a,b)$ が極値であるための必要条件は

$$f_x(a,b) = 0, \qquad f_y(a,b) = 0 \qquad (7.14)$$

である. 極大か極小か, あるいはどちらでもないかは, (7.13) の x, y の 2 次の符号から決まる.

$f_{xx}(a,b) = A, f_{xy}(a,b) = B, f_{yy}(a,b) = C$, とおく. $A=0$ か $C=0$ のときは, 明らかに極値ではないので, $AC \neq 0$ とする.

$$f(x+a, y+b) - f(a,b) = \frac{1}{2}\left(Ax^2 + 2Bxy + Cy^2\right) + (x,y について 3 次の項)$$
$$= \frac{1}{2}A\left\{\left(x + \frac{B}{A}y\right)^2 + \frac{AC - B^2}{A^2}y^2\right\} + (x,y について 3 次の項)$$

x, y が, 比較的小さいときは, 右辺の 3 次の項は無視できて, 2 次の項だけから符号が決まる. このことより, 次のことが結論できる.

1. $A > 0, AC - B^2 > 0$ のとき, 比較的小さい x, y に対して
$$f(x+a, y+b) > f(a,b)$$
となり, $f(a,b)$ は, 極小値となる.
2. $A < 0, AC - B^2 > 0$ のとき, 比較的小さい x, y に対して
$$f(x+a, y+b) < f(a,b)$$
となり, $f(a,b)$ は, 極大値となる.
3. $AC - B^2 < 0$ のとき, 右辺の中括弧内にある y の 2 次の項が負となり, 中括弧内の符号が一定でないので, 極値ではない. $AC \neq 0$ のときは, その曲面は, 馬の背中の形状に似ているので, 鞍点といわれる.
4. $AC - B^2 = 0$ のときは, $x + \frac{B}{A}y = 0$ のとき, 2 次の項が 0 となるので, 3 次以上の項を調べないと何もいえない.

以上より, 2 変数関数の極値に関して, 次の定理が得られる.

7.3. 2変数関数の極値

定理 7.2 : 2変数関数の極値

$z = f(x,y)$ が，極値をとる必要条件は
$$f_x(a,b) = 0, \qquad f_y(a,b) = 0$$
である。$f_{xx}(a,b) = A$, $f_{xy}(a,b) = B$, $f_{yy}(a,b) = C$, とおく。

1. $A > 0$, $AC - B^2 > 0$ のとき，$f(a,b)$ は，極小値となる。
2. $A < 0$, $AC - B^2 > 0$ のとき，$f(a,b)$ は，極大値となる。
3. $AC - B^2 < 0$ のとき，極値ではない。
4. $AC - B^2 = 0$ のときは，3次以上の項を調べないと何もいえない。

例題 7.3 次の2変数関数の極値を求めよ。

(1) $f(x,y) = x^2 + xy + y^2 + x + 5y + 2$ (2) $f(x,y) = x^3 - y^3 - 3xy$

解答：最初に，式 (7.14) より，極値を与える候補である x, y を求める。

(1) $f_x(x,y) = 2x + y + 1 = 0$, $\qquad f_y(x,y) = x + 2y + 5 = 0$
を満たす点が，極値を与える (x,y) の候補である。
この方程式を解くと $x = 1$, $y = -3$ となる。
2次偏導関数は $f_{xx} = 2$, $\quad f_{xy} = 1$, $\quad f_{yy} = 2$ となるので

$$f(x+1, y-3) - f(1,-3) = x^2 + xy + y^2 = \left\{\left(x + \frac{y}{2}\right)^2 + \frac{3}{4}y^2\right\} > 0$$

よって $f(1,-3) = -5$ は極小値である。

(2) $f_x(x,y) = 3x^2 - 3y = 0$, $\quad f_y(x,y) = -3y^2 - 3x = 0$
を満たす点が，極値を与える (x,y) の候補である。この方程式は
$y = x^2$, $x = -y^2 \implies y^4 - y = y(y^3 - 1) = y(y-1)(y^2 + y + 1) = 0$
より，解 $(x,y) = (0,0), (-1,1)$ を持つ。
2次偏導関数は $f_{xx} = 6x$, $f_{xy} = -3$, $f_{yy} = -6y$ となる。
$(x,y) = (0,0)$ のとき，$A = 0$, $B = -3$, $C = 0$ となるので，
$AC - B^2 = -9 < 0$ となり極値ではない。
$(x,y) = (-1,1)$ のとき，$A = -6$, $B = -3$, $C = -6$ となるので，
$A < 0$, $AC - B^2 = 27 > 0$ となり $f(-1,1) = 1$ は極大値である。

問題 7.4 次の関数の極値を求めよ．

(1) $f(x,y) = -x^2 + 2xy - 3y^2 + 10x - 14y - 9$　　(2) $f(x,y) = x^2y + xy^2 - 3xy$

(3) $f(x,y) = x^2 - 3xy + 2y^2 - 7x + 10y + 8$　　(4) $f(x,y) = x^3 + y^3 - 3xy$

(5) $f(x,y) = x^4 + y^4 - (x-y)^2$　　(6) $f(x,y) = (x^2 + 2y)e^y$

(7) $f(x,y) = (x^2 + y^2)e^{-x-y}$　　(8) $f(x,y) = x^2 e^{-(x^2+y^2)}$

関数の最大・最小

2変数関数 $z = f(x,y)$ が閉領域[注1] D で連続であるとき，定理 2.7 の最大値，最小値の存在定理を 2 次元に拡張した定理によって，$f(x,y)$ は閉領域 D において，最大，最小値をとる．開領域[注2] においても多くの場合，最大，最小がある．領域 D での最大，最小を求める問題は，必要条件から関数の極大，極小を求めて，その中から最大，最小を選ぶ．閉領域の場合は，境界において最大，最小にならないかを調べる．

例題 7.4 x, y, z を正の数とする．$xyz = a^3$ (a は定数) であるとき，$x + y + z$ の最小値を求めよ．

解答: $z = \dfrac{a^3}{xy}$ を，$f(x,y) = x + y + z$ に代入すると $f(x,y) = x + y + \dfrac{a^3}{xy}$ となる．$x > 0, y > 0$ の領域で $f(x,y)$ の最小値を求める．

$$f_x = 1 - \frac{a^3}{x^2 y} = 0, \qquad f_y = 1 - \frac{a^3}{xy^2} = 0$$

より $x^2 y - xy^2 = xy(x-y) = 0 \implies x = y$ となるので，上の式に代入して $x^3 = a^3 \leftrightarrow x = y = z = a$ となる．

$$f_{xx} = \frac{2a^3}{x^3 y}, \qquad f_{xy} = \frac{a^3}{x^2 y^2}, \qquad f_{yy} = \frac{2a^3}{xy^3}$$

となるので，判定条件は

$$AC - B^2 = \frac{3}{a^2} > 0, \qquad A = \frac{2}{a} > 0$$

[注1] 境界を含む連続した領域
[注2] 境界は含まない連続した領域

となる。$x>0, y>0, z>0$ の領域では、$x=y=z=a$ 以外には必要条件を満たす点はないので、$f(a,a)=3a$ は最小値である。

この問題より、よく知られた次の不等式が導ける。

$$\frac{x+y+z}{3} \geqq \sqrt[3]{xyz}, \qquad x>0, \ y>0, \ z>0$$

問題 7.5 次の問いに答えよ。

(1) x, y, z を正の数とする。$x+y+z=3a$ (a は定数) であるとき、xyz の最大値を求めよ。

(2) 三角形の辺の長さを x, y, z とする。$x+y+z=2a$ (a は定数) である三角形の面積の最大値を求めよ。
ヒント：ヘロンの公式 $S=\sqrt{a(a-x)(a-y)(a-z)}$ を使え。

(3) 半径 a の円に内接する三角形の周の最大値を求めよ。

7.4 陰関数とその極値

最初に、陰関数について、例を挙げて説明する。x, y の間に関係

$$x^2 + y^2 = 1 \tag{7.15}$$

があるとする。これは半径 1 の円を表すが、通常の関数 $y=f(x)$ のように、x の一つの値に対して y が一つ決まるという関係になっていない。しかし、図 7.1 に示すように、$y>0$ の領域では $y=\sqrt{1-x^2}$ となり、$y<0$ では、$y=-\sqrt{1-x^2}$ となって普通の関数になる。この関数を、(7.15) で決まる陰関数という。

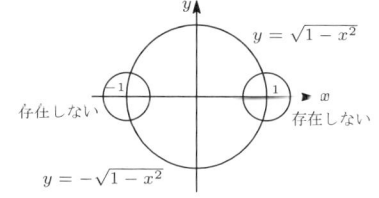

図 7.1

しかし、点 $(1,0)$ あるいは $(-1,0)$ の近傍では、図 7.1 に示すように、関数は、$y=g(x)$ の形に一意的には決まらないので、$(1,0)$, $(-1,0)$ の近傍では陰関数は存在しない。

陰関数の導関数は、(7.15) の形から導くことができる。(7.15) の y を x の関数として、両辺を x で微分する。

$$2x + \frac{d}{dx}y^2 = 2x + 2y\frac{dy}{dx} = 0$$

$y \neq 0$ のときは，導関数が存在して $\dfrac{dy}{dx} = -\dfrac{x}{y}$ となる．$(x, y) = (\pm 1, 0)$ の近傍では陰関数は存在しない．このことは，図 7.1 より明らかである．

以上のことを一般的に説明すると次のようになる．連続な 2 変数関数 $z = f(x, y)$ に対して，x, y が定義域で変化したとき，z の取り得る範囲を値域というが，k をその値域にある数値とする．

$$f(x, y) = k \tag{7.16}$$

は，xy 平面において連続な曲線となる．その一つの例が，(7.15) である．(7.16) は，x, y の関数関係を表しているが，それを領域を限って $y = g(x)$ の形にした関数を陰関数という．気を付けなければいけないのは，$y = g(x)$ の形にして抜き出すことができない領域があることである．それは $\dfrac{dy}{dx}$ が存在しない点の周りの領域である．それは，xy 平面上での図を考えてみれば明らかである．そのような点は，次の $\dfrac{dy}{dx}$ を求める過程からすぐわかる．(7.16) の両辺を x で微分する．

$$\frac{d}{dx} f(x, y) = f_x(x, y) + f_y(x, y) \frac{dy}{dx} = 0 \tag{7.17}$$

これより，$f_y(x, y) = 0$ となる点では $\dfrac{dy}{dx}$ は存在しない．よって，$f_y(x, y) = 0$ となる点の近傍では陰関数は存在しない．$f_y(x, y) \neq 0$ である点では $\dfrac{dy}{dx}$ は存在して，その点の近傍では陰関数が存在する．陰関数の導関数は

$$\frac{dy}{dx} = -\frac{f_x(x, y)}{f_y(x, y)} \tag{7.18}$$

で与えられる．

例題 7.5 次の関数関係で表される曲線の x 座標で指定された点における接線を求めよ．

$$x^3 - 4xy + y^3 = 1, \quad (x = 1)$$

解答：$x = 1$ とすると $-4y + y^3 = y(y-2)(y+2) = 0$ となり，$y = 0, y = 2, y = -2$ となる．よって，3 点 $(1, 0), (1, 2), (1, -2)$ における接線を求める．接線の傾きは，両辺を x で微分すると

$$3x^2 - 4y + (-4x + 3y^2) \frac{dy}{dx} = 0 \implies \frac{dy}{dx} = -\frac{3x^2 - 4y}{-4x + 3y^2}$$

となる．

7.4. 陰関数とその極値

よって，$(1,0)$ における接線の傾きは $\frac{3}{4}$ であるので，接線は $y = \frac{3}{4}(x-1)$ である。
$(1,2)$ における接線の傾きは $\frac{5}{8}$ であるので，接線は $y = \frac{5}{8}x + \frac{11}{8}$ である。
$(1,-2)$ における接線の傾きは $-\frac{11}{8}$ であるので，接線は $y = -\frac{11}{8}x - \frac{5}{8}$ である。

例題 7.6 楕円 $\dfrac{x^2}{a^2} + \dfrac{y^2}{b^2} = 1$ の上の点 (x_0, y_0) における接線の方程式を求めよ。

解答： 接線の傾きは，両辺を x で微分すると

$$\frac{2x}{a^2} + \frac{2y}{b^2}\frac{dy}{dx} = 0 \implies \frac{dy}{dx} = -\frac{b^2 x}{a^2 y}$$

これより，点 (x_0, y_0) における接線は

$$y = -\frac{b^2 x_0}{a^2 y_0}(x - x_0) + y_0 \implies \frac{x_0 x}{a^2} + \frac{y_0 y}{b^2} = \frac{x_0^2}{a^2} + \frac{y_0^2}{b^2}$$

となる。(x_0, y_0) は楕円の上の点だから $\dfrac{x_0^2}{a^2} + \dfrac{y_0^2}{b^2} = 1$ となるので，接線の方程式は $\dfrac{x_0 x}{a^2} + \dfrac{y_0 y}{b^2} = 1$ となる。

問題 7.6 次の関数関係で表される曲線の y 座標で指定された点における接線を求めよ。

(1) $x^2 + xy + y^2 = 1, \quad (y = 1)$ (2) $x^3 - 2xy + y^3 = 8, \quad (y = 2)$

問題 7.7 次の双曲線と放物線の上の点 (x_0, y_0) における接線を求めよ。

(1) $\dfrac{x^2}{a^2} - \dfrac{y^2}{b^2} = 1,$ (2) $y^2 = 4px$

3 変数関数の陰関数

次のように多変数に拡張することができる。3 変数 x, y, z の間の関係式

$$f(x, y, z) = 0 \tag{7.19}$$

があるとき，陰関数 $z = z(x, y)$ が存在するのは

$$f_x(x,y,z) + f_z(x,y,z)\frac{\partial z}{\partial x} = 0, \qquad f_y(x,y,z) + f_z(x,y,z)\frac{\partial z}{\partial y} = 0$$

より，$f_z(x, y, z) \neq 0$ のときである。そのときの偏微分係数は

$$\frac{\partial z}{\partial x} = -\frac{f_x(x,y,z)}{f_z(x,y,z)}, \qquad \frac{\partial z}{\partial y} = -\frac{f_y(x,y,z)}{f_z(x,y,z)} \tag{7.20}$$

である。

陰関数の極値

　$f(x,y) = 0$ から定まる陰関数 $y = g(x)$ の極大値，極小値を求める方法について述べる．陰関数の導関数は (7.18) であるから，陰関数が極値をとる可能性があるのは

$$\frac{dy}{dx} = -\frac{f_x(x,y)}{f_y(x,y)} = 0 \implies f_x(x,y) = 0$$

のときである．極大値か極小値かを知るためには，$\dfrac{d^2y}{dx^2}$ の符号を知らなければならないので (7.17) をもう一度 x で微分する．

$$\frac{d^2}{dx^2}f(x,y) = \frac{d}{dx} \cdot \frac{d}{dx}f(x,y) = \frac{d}{dx}\left(f_x(x,y) + f_y(x,y)\frac{dy}{dx}\right)$$

$$= f_{xx}(x,y) + 2f_{xy}\frac{dy}{dx} + f_{yy}(x,y)\left(\frac{dy}{dx}\right)^2 + f_y(x,y)\frac{d^2y}{dx^2} = 0$$

極値を取るための必要条件は $\dfrac{dy}{dx} = 0$ なので，この条件が成り立つところでは

$$f_{xx}(x,y) + f_y(x,y)\frac{d^2y}{dx^2} = 0 \implies \frac{d^2y}{dx^2} = -\frac{f_{xx}(x,y)}{f_y(x,y)} \tag{7.21}$$

したがって，$f(x,y) = 0$ で決まる陰関数 $y = g(x)$ の極値に関して，次の定理が成り立つ．

定理 7.3：陰関数の極値

$f(x,y) = 0$ から決まる陰関数を $y = g(x)$ とする．連立方程式

$$f(x,y) = 0, \qquad f_x(x,y) = 0 \tag{7.22}$$

の解を $(x,y) = (a,b)$ とする．$f_y(a,b) \neq 0$ のとき，

$$\begin{aligned}\left.\frac{d^2y}{dx^2}\right|_{\substack{x=a\\y=b}} &= -\frac{f_{xx}(a,b)}{f_y(a,b)} > 0 \quad \text{ならば } b = g(a) \text{ は極小値}\\ \left.\frac{d^2y}{dx^2}\right|_{\substack{x=a\\y=b}} &= -\frac{f_{xx}(a,b)}{f_y(a,b)} < 0 \quad \text{ならば } b = g(a) \text{ は極大値}\end{aligned} \tag{7.23}$$

である．

7.4. 陰関数とその極値

例題 7.7 次の式で与えられる陰関数の極値を求めよ。

(1) $x^2 + xy + y^2 = 1$ (2) $x^3 - 3xy + y^3 = 0$

解答：(1) $f(x) = x^2 + xy + y^2 - 1$ とする。陰関数の導関数は

$$\frac{dy}{dx} = -\frac{f_x}{f_y} = -\frac{2x+y}{x+2y}$$

となる。$x^2 + xy + y^2 = 1$, $2x + y = 0$ より

$$(x,y) = \left(\frac{1}{\sqrt{3}}, \frac{-2}{\sqrt{3}}\right), \left(\frac{-1}{\sqrt{3}}, \frac{2}{\sqrt{3}}\right)$$

となる。これより

$\left(\dfrac{1}{\sqrt{3}}, \dfrac{-2}{\sqrt{3}}\right)$ に対して $-\dfrac{f_{xx}}{f_y} = -\dfrac{2}{x+2y} = \dfrac{2}{\sqrt{3}} > 0$ となるので極小

$\left(\dfrac{-1}{\sqrt{3}}, \dfrac{2}{\sqrt{3}}\right)$ に対して $-\dfrac{f_{xx}}{f_y} = -\dfrac{2}{x+2y} = -\dfrac{2}{\sqrt{3}} < 0$ となるので極大

陰関数は $x = \dfrac{1}{\sqrt{3}}$ のとき極小値 $y = \dfrac{-2}{\sqrt{3}}$, $x = -\dfrac{1}{\sqrt{3}}$ のとき極大値 $y = \dfrac{2}{\sqrt{3}}$ をとる。

(2) $f(x,y) = x^3 - 3xy + y^3$ とする。陰関数の導関数は

$$\frac{dy}{dx} = -\frac{f_x}{f_y} = -\frac{x^2 - y}{-x + y^2}$$

となる。$x^3 - 3xy + y^3 = 0$, $x^2 - y = 0$ より

$$(x,y) = (0,0), (2^{\frac{1}{3}}, 2^{\frac{2}{3}})$$

$(0,0)$ は $f_y = 0$ となるので除外される。

$(2^{\frac{1}{3}}, 2^{\frac{2}{3}})$ に対して $-\dfrac{f_{xx}}{f_y} = -\dfrac{6x}{3(-x+y^2)} = -\dfrac{2x}{(-x+y^2)} = -2 < 0$ となるので極大

よって，陰関数は $x = 2^{\frac{1}{3}}$ のとき，極大値 $y = 2^{\frac{2}{3}}$ をとる。

問題 7.8 次の式で与えられる陰関数の極値を求めよ。

(1) $2x^2 + 2xy + y^2 = 1$ (2) $x^2 - 4xy + 5y^3 = 1$

(3) $x^2 + 2xy - y^2 = -8$ (4) $x^2 - xy + y^3 = 7$

7.5 ラグランジェの未定乗数法

最初に，どのような問題を取り扱うのかを例を挙げて説明する．
$$x^2 + 4y^2 = 4$$
という条件のもとで，$z = x + y$ の極値を求める問題を考える．

この問題の初歩的な解き方はいくつかある．たとえば，$x = 2\cos t, y = \sin t$ と置けば，条件がつかない $z = 2\cos t + \sin t$ の極値を求める問題となる．この場合は，条件を簡単に表現できたが，そうではないような問題に対しても有効な方法がラグランジェの未定乗数法である．未定乗数 λ を導入して，前節までに取り扱った"条件の付かない多変数関数の極値問題"に還元する方法である．

7.5.1 条件付きの2変数関数の極値

次のように問題を設定する．条件
$$g(x, y) = 0 \tag{7.24}$$
のもとに，
$$z = f(x, y) \tag{7.25}$$
の極値を求める．

(7.24) が，媒介変数 t を用いて，$x = x(t), y = y(t)$ と書けたとする．そして，(7.24) を t で微分すると
$$\frac{d}{dt}g(x,y) = g_x(x,y)\frac{dx}{dt} + g_y(x,y)\frac{dy}{dt} = 0$$

(7.25) の z が極値を取るところで $\frac{dz}{dt} = 0$ となるので
$$\frac{dz}{dt} = f_x(x,y)\frac{dx}{dt} + f_y(x,y)\frac{dy}{dt} = 0$$

これより
$$\frac{f_x(x,y)}{g_x(x,y)} = \frac{f_y(x,y)}{g_y(x,y)}$$

なる比例関係[注1] が成り立つ．したがって，比例定数を $-\lambda$ として
$$f_x(x,y) + \lambda g_x(x,y) = 0, \quad f_y(x,y) + \lambda g_y(x,y) = 0 \tag{7.26}$$

[注1] $g_x(x,y) = 0, g_y(x,y) = 0$ となる点は除かなければならないが，それは，(7.24), (7.26) を解いて解を得た後，初めてわかることである．

7.5. ラグランジェの未定乗数法

が成り立つ. x, y, λ の未知数に対して,関係式が (7.24) と (7.26) に 3 個ある. したがって,$z = f(x, y)$ が極値を取る x, y が求まる. 正確に言うと,必要条件であって,この x, y は,極値を与える候補である. この λ を導入して極値を求める方法が Lagrange の未定乗数法である.

以上の内容を定理としてまとめておく.

定理 7.4：ラグランジェの未定乗数法

$g(x, y) = 0$ の拘束条件のもとで,$z = f(x, y)$ の極値を求める問題は,変数 λ も加えた 3 変数関数

$$F(x, y, \lambda) = f(x, y) + \lambda g(x, y) \tag{7.27}$$

の極値を求める問題と同等である.

証明：第 7 章 3 節の「2 変数関数の極値」のところと同じ考察で,各変数についての 1 次偏導関数は,極値を与える (x, y, λ) において 0 となる.

$$F_\lambda(x, y, \lambda) = g(x, y) = 0$$
$$F_x(x, y, \lambda) = f_x(x, y) + \lambda g_x(x, y) = 0$$
$$F_y(x, y, \lambda) = f_y(x, y) + \lambda g_y(x, y) = 0$$

この方程式は,(7.26) と同等である.

この Lagrange の未定乗数法で,最初に挙げた問題を解いてみよう.

例題 7.8 条件 $g(x, y) = x^2 + 4y^2 - 4 = 0$ の下で,$f(x, y) = x + y$ の極値を求めよ.

解答：(7.27) における $F(x, y, \lambda)$ をつくり,偏微分する.

$$F(x, y, \lambda) = x + y + \lambda(x^2 + 4y^2 - 4)$$

とすると

$$F_x(x, y, \lambda) = 1 + 2x\lambda = 0, \quad F_y(x, y, \lambda) = 1 + 8y\lambda = 0$$

これから,x, y を λ で表し,$F_\lambda(x, y, \lambda) = x^2 + 4y^2 - 4 = 0$ に代入して $\lambda = \pm\frac{\sqrt{5}}{8}$ となる. これより $x = \pm\frac{4}{\sqrt{5}}$, $y = \pm\frac{1}{\sqrt{5}}$ となる. この (x, y) が極値になっていることは次の考察からわかる. $\left(\frac{4}{\sqrt{5}}, \frac{1}{\sqrt{5}}\right)$ の近傍での,$x^2 + 4y^2 - 4 = 0$ の陰関数は

$y = \sqrt{1 - \frac{x^2}{4}}$ である。$y' = -\frac{x}{2y}$, $y'' = -\frac{1}{2y} - \frac{x^2}{4y^3}$ となり $\frac{d^2}{dx^2}f(x,y) = f''(x,y) = y''$ だから，$\left(\frac{4}{\sqrt{5}}, \frac{1}{\sqrt{5}}\right)$ では，$f''(x,y) < 0$ となるので，極大値になる点である．同様にして，$\left(-\frac{4}{\sqrt{5}}, -\frac{1}{\sqrt{5}}\right)$ は，極小値になる点である．この場合は次のようになる．

$$f\left(\frac{4}{\sqrt{5}}, \frac{1}{\sqrt{5}}\right) = \frac{4}{\sqrt{5}} + \frac{1}{\sqrt{5}} = \sqrt{5} \qquad \cdots \text{最大値}$$

$$f\left(-\frac{4}{\sqrt{5}}, -\frac{1}{\sqrt{5}}\right) = -\frac{4}{\sqrt{5}} - \frac{1}{\sqrt{5}} = -\sqrt{5} \qquad \cdots \text{最小値}$$

問題 7.9 つぎの関数 $f(x,y)$ の，与えられた条件の下での停留値[注1] を求めよ．

(1) $f(x,y) = \frac{2}{x} + \frac{2}{y},\qquad g(x,y) = x^2 + y^2 - 2 = 0$

(2) $f(x,y) = x - 2y,\qquad g(x,y) = x^2 + y^2 - 5 = 0$

(3) $f(x,y) = xy,\qquad g(x,y) = x^2 + y^2 - 2 = 0$

(4) $f(x,y) = x^3 + y,\qquad g(x,y) = x^2 - y^2 - \frac{8}{9} = 0$

問題 7.10 体積が一定の $2\pi a^3$ である円筒のうち表面積が最小となる円筒の半径 r, 高さ h を求めよ．また，その最小の表面積を求めよ．

7.5.2 条件付きの多変数関数の極値

条件のある 3 変数関数の極値問題を取り扱う．条件

$$g(x, y, z) = 0 \tag{7.28}$$

のもとで

$$u = f(x, y, z) \tag{7.29}$$

が極値[注2] をとる (x, y, z) の満たす式を求める．$g(x, y, z) = 0$ は空間における曲面を表す．その曲面上での変位を考える．

$$g(x + dx, y + dy, z + dz) - g(x, y, z)$$
$$= g_x(x,y,z)dx + g_y(x,y,z)dy + g_z(x,y,z)dz = 0$$

[注1] 単に，$\frac{d}{dx}f(x,y) = 0$ となるような，$f(x,y)$ の値のことを言う．例題 7.8 のように，極値であることを証明しなくてよい．

[注2] 正確には停留値である．しかし，多くの実際的な問題に対しては極値になっている．

7.5. ラグランジェの未定乗数法

(dx, dy, dz) は，曲面上の変位を表すベクトルである．上の式は，このベクトルとベクトル

$$(g_x(x,y,z), g_y(x,y,z), g_z(x,y,z)) \tag{7.30}$$

の内積が 0 であることを示している．このことは，ベクトル (7.30) は，曲面上の点 (x,y,z) において曲面に垂直な[注1]ベクトルを表す．

(7.29) における $u = f(x,y,z)$ に対しても，同じ変位をおこなう．

$$du = f(x+dx, y+dy, z+dz) - f(x,y,z)$$
$$= f_x(x,y,z)dx + f_y(x,y,z)dy + f_z(x,y,z)dz + (dx, dy, dz \text{ の 2 次以上の項})$$

このうち u が極値を取るときは，dx, dy, dz の 1 次の項は 0 となるので

$$f_x(x,y,z)dx + f_y(x,y,z)dy + f_z(x,y,z)dz = 0$$

となって，ベクトル

$$(f_x(x,y,z), f_y(x,y,z), f_z(x,y,z)) \tag{7.31}$$

も，曲面上の点 (x,y,z) において曲面に垂直なベクトルになる．したがって，(7.30) と (7.31) の二つのベクトルは平行である．よって，λ を定数として

$$(f_x(x,y,z), f_y(x,y,z), f_z(x,y,z)) = -\lambda(g_x(x,y,z), g_y(x,y,z), g_z(x,y,z))$$

となる．これより

$$\begin{aligned} f_x(x,y,z) + \lambda g_x(x,y,z) &= 0, \\ f_y(x,y,z) + \lambda g_y(x,y,z) &= 0, \\ f_z(x,y,z) + \lambda g_z(x,y,z) &= 0 \end{aligned} \tag{7.32}$$

この 3 つの式と $g(x,y,z) = 0$ が，未知数 x, y, z, λ の連立方程式になる．これを解けば，$u = f(x,y,z)$ が停留値を取る x, y, z の値を求めることができる．

定理 7.5 : ラグランジェの未定乗数法

$g(x,y,z) = 0$ の拘束条件のもとで，$u = f(x,y,z)$ の極値を求める問題は，変数 λ も加えた 4 変数関数

$$F(x,y,z,\lambda) = f(x,y,z) + \lambda g(x,y,z) \tag{7.33}$$

の極値を求める問題と同等である．

[注1] ベクトル (a_1, b_1, c_1) と (a_2, b_2, c_2) の内積 $(a_1, b_1, c_1) \cdot (a_2, b_2, c_2) = a_1 a_2 + b_1 b_2 + c_1 c_2$ が 0 ならば，二つのベクトルは直交する．線形代数のテキストの "ベクトルの内積" の項を参照せよ．

例題 7.9 条件 $xyz = a^3$, $x, y, z > 0$ のもとで, $u = \dfrac{x^3 + y^3 + z^3}{3}$ の停留値を求めよ.

解答: $F(x, y, z, \lambda) = x^3 + y^3 + z^3 - 3\lambda xyz$ とおくと,

$$F_x = 3x^2 - 3\lambda yz = 0,\ F_y = 3y^2 - 3\lambda xz = 0,\ F_z = 3z^2 - 3\lambda xy = 0$$
$$\implies \lambda = 1 \implies x^2 = yz,\ y^2 = xz,\ z^2 = xy \implies x = y = z = a$$

となる. これより $u = \dfrac{x^3 + y^3 + z^3}{3}$ に代入して, 停留値は a^3 となる[注1].

問題 7.11 つぎの関数 $f(x, y, z)$ の, 与えられた条件の下での停留値を求めよ.

(1) $f(x, y, z) = x^2 + y^2 + z^2,\quad g(x, y, z) = x^2 + 2y^2 + 3z^2 = 6$

(2) $f(x, y, z) = x + y + 2z,\quad g(x, y, z) = x^2 + y^2 + z^2 - 6 = 0$

問題 7.12 辺の長さが x, y, z の直方体で, 表面積が一定 $6a^2$ であるとき, 体積が最大となるときの辺の長さを求めよ.

条件式が二つある極値問題

3 変数関数の場合は, 次のように条件が二つの式で与えられる極値問題もある.

$$g(x, y, z) = 0, \qquad h(x, y, z) = 0 \qquad (7.34)$$

のもとで

$$u = f(x, y, z) \qquad (7.35)$$

の停留値を求める問題を考察する. (7.34) の二つの式は, 空間における曲面を表すので, 二つの式を同時に満たすのは, この曲面の交線上の (x, y, z) である. その曲面の交線を表す媒介変数を t とすると

$$g(x(t), y(t), z(t)) = 0, \qquad h(x(t), y(t), z(t)) = 0$$

この二つの式を t で微分すると[注2]

$$g_x \frac{dx}{dt} + g_y \frac{dy}{dt} + g_z \frac{dz}{dt} = 0, \qquad h_x \frac{dx}{dt} + h_y \frac{dy}{dt} + h_z \frac{dz}{dt} = 0 \qquad (7.36)$$

[注1] この場合, 最小値になっている.
[注2] 記述を簡単にするために, $g_x(x(t), y(t), z(t)) = g_x$ と表している. 他の書き方も同じである.

7.5. ラグランジェの未定乗数法

となる。(7.35) が極値をとるときは $\dfrac{du}{dt}=0$ となるので，その点では

$$f_x\frac{dx}{dt}+f_y\frac{dy}{dt}+f_z\frac{dz}{dt}=0 \tag{7.37}$$

となる。ベクトル $\left(\dfrac{dx}{dt},\dfrac{dy}{dt},\dfrac{dz}{dt}\right)$ は，交線の接線ベクトルである。(7.36), (7.37) の式は，3つのベクトル

$$(g_x, g_y, g_z), \quad (h_x, h_y, h_z), \quad (f_x, f_y, f_z),$$

が，この接線ベクトルと直交していること[注1)]を示している。したがって，この3つのベクトルは同一平面上にあり，一つのベクトルは他の二つのベクトルで書き表される[注2)]ことになる。よって，λ, μ を定数として

$$(f_x, f_y, f_z)+\lambda(g_x, g_y, g_z)+\mu(h_x, h_y, h_z)=(0,0,0)$$

となる。よって，極値をとる点では

$$f_x+\lambda g_x+\mu h_x=0, \quad f_y+\lambda g_y+\mu h_y=0, \quad f_z+\lambda g_z+\mu h_z=0 \tag{7.38}$$

が成り立つ。(7.34) の2つの式と，(7.38) の3つの式を，5つの未知数 (x,y,z,λ,μ) に関する連立方程式として解を求めると極値をとる点がわかる。これらをまとめると次のようになる。

定理 7.6：ラグランジェの未定乗数法

$g(x,y,z)=0, h(x,y,z)=0$ の拘束条件のもとで，$u=f(x,y,z)$ の極値を求める問題は，変数 λ, μ も加えた5変数関数

$$F(x,y,z,\lambda,\mu)=f(x,y,z)+\lambda g(x,y,z)+\mu h(x,y,z) \tag{7.39}$$

の極値を求める問題と同等である。

注1) 179 ページの注 1) を参照せよ。
注2) 平面は 2 次元であり，その上では，独立なベクトルは 2 つで，他のベクトルは，その二つのベクトルの線形結合で表される。このことも，線形代数のテキストを参照せよ。

例題 7.10 二つの条件式
$$x^2 + y^2 + 4z^2 = 5, \quad 4x^2 + 4y^2 + z^2 = 5$$
のもとで，
$$u = x + 2y + 4z$$
の停留値を求めよ．

解答：$F(x, y, z, \lambda, \mu) = x + 2y + 4z + \lambda(x^2 + y^2 + 4z^2 - 5) + \mu(4x^2 + 4y^2 + z^2 - 5)$
として偏微分すると

$$\frac{\partial F}{\partial x} = 1 + 2\lambda x + 8\mu x = 0 \implies x = \frac{-1}{2\lambda + 8\mu} = a$$

$$\frac{\partial F}{\partial y} = 2 + 2\lambda y + 8\mu y = 0 \implies y = \frac{-2}{2\lambda + 8\mu} = 2a$$

$$\frac{\partial F}{\partial z} = 4 + 8\lambda z + 2\mu z = 0 \implies z = \frac{-4}{8\lambda + 2\mu} = b$$

となる．条件式に代入すると $a^2 = \frac{1}{5}$, $b^2 = 1$ これより，
$(x, y, z) = \left(\frac{1}{\sqrt{5}}, \frac{2}{\sqrt{5}}, \pm 1\right)$ のとき，停留値 $\sqrt{5} \pm 4$ をとる．
$(x, y, z) = \left(-\frac{1}{\sqrt{5}}, -\frac{2}{\sqrt{5}}, \mp 1\right)$ のとき，停留値 $-\sqrt{5} \mp 4$ を取る．

問題 7.13 二つの条件式
$$x + 2y + 3z = 5, \qquad 3x + 4y + 5z = 11$$
のもとで，
$$u = x^2 + y^2 + z^2$$
の極値を求めよ．

7.6 曲線と曲面

この節では，曲線の接線と法線，および，曲面の接平面の一般的な表示について解説する．

7.6.1 曲線とその接線，法線

平面上の曲線 $f(x, y)$ を連続な関数とする．$f(x, y) = 0$ は，xy 平面上において曲線を描く．その曲線上の接線を求める．$f(x, y) = 0$ から決まる陰関数を

7.6. 曲線と曲面

$y = g(x)$ とすると，その導関数は (7.18) より $\dfrac{dy}{dx} = -\dfrac{f_x(x,y)}{f_y(x,y)}$ であった。これより，この曲線上の点 (x_0, y_0) における接線は

$$y = -\frac{f_x(x_0, y_0)}{f_y(x_0, y_0)}(x - x_0) + y_0 \tag{7.40}$$
$$\implies f_x(x_0, y_0)(x - x_0) + f_y(x_0, y_0)(y - y_0) = 0$$

となる。この接線の式は，$f_y(x_0, y_0) = 0$ の点でも成り立つ。$f_y(x_0, y_0) = f_x(x_0, y_0) = 0$ となる特異な点では直線とはならない。

法線は，接線に垂直な直線である。陰関数の点 (x_0, y_0) における法線の傾きは $\dfrac{dy}{dx} = \dfrac{f_y(x_0, y_0)}{f_x(x_0, y_0)}$ であるから，法線の方程式は

$$y = \frac{f_y(x_0, y_0)}{f_x(x_0, y_0)}(x - x_0) + y_0$$
$$\implies f_y(x_0, y_0)(x - x_0) - f_x(x_0, y_0)(y - y_0) = 0$$

となる。

例題 7.11 楕円 $\dfrac{(x-\alpha)^2}{a^2} + \dfrac{(y-\beta)^2}{b^2} = 1$ の上の点 (x_0, y_0) における接線の方程式を求めよ。

解答：単に，偏導関数を求めて (7.40) に代入して答えを得るのではなく，接線の方程式を求める過程を理解すべきである。
楕円の式で，y を x の関数とみて，x で微分すると $\dfrac{2(x-\alpha)}{a^2} + \dfrac{2(y-\beta)}{b^2}\dfrac{dy}{dx} = 0$ となるので，(x_0, y_0) における接線の傾きは $\dfrac{dy}{dx} = -\dfrac{b^2(x_0-\alpha)}{a^2(y_0-\beta)}$ となる。
よって，接線は

$$y - y_0 = -\frac{b^2(x_0-\alpha)}{a^2(y_0-\beta)}(x - x_0) \implies \frac{(x_0-\alpha)(x-x_0)}{a^2} + \frac{(y_0-\beta)(y-y_0)}{b^2} = 0$$

$x - x_0 = x - \alpha - (x_0 - \alpha)$, $y - y_0 = y - \beta - (y_0 - \beta)$ と変形すると
接線は $\dfrac{(x_0-\alpha)(x-\alpha)}{a^2} + \dfrac{(y_0-\beta)(y-\beta)}{b^2} = 1$ となる。

問題 7.14 次の曲線の，指定された点における接線と法線を求めよ。

(1) $x^2 - xy + y^2 = 1$, $(x, y) = (1, 1)$

(2) $x^3 - 2x^2 + xy + y^2 = -3$, $(x, y) = (-1, 1)$

7.6.2 曲面とその接平面, 法線

関数 $f(x,y,z) = 0$ は, 空間において曲面を描く. その曲面上の点 (x_0, y_0, z_0) における接平面と法線の方程式を求める.

曲面上の曲線を $x = x(t), y = y(t), z = z(t)$ で表す. この曲線は $t = 0$ のときに点 (x_0, y_0, z_0) を通るとすると, $x(0) = x_0, y(0) = y_0, z(0) = z_0$ となる. この曲線は, 曲面上にあるから $f(x(t), y(t), z(t)) = 0$ が成り立つ. この式を t で微分すると

$$f_x(x,y,z)\frac{dx}{dt} + f_y(x,y,z)\frac{dy}{dt} + f_z(x,y,z)\frac{dz}{dt} = 0$$

となる. この式は, 二つのベクトル

$$\left(\frac{dx}{dt}, \frac{dy}{dt}, \frac{dz}{dt}\right), \quad (f_x(x,y,z), f_y(x,y,z), f_z(x,y,z))$$

の内積が 0 であることを示しているので, この二つのベクトルは互いに直交[注1]している. 点 (x_0, y_0, z_0) を通る曲線は無数にあるので, ベクトル

$$(f_x(x_0,y_0,z_0), f_y(x_0,y_0,z_0), f_z(x_0,y_0,z_0)) \tag{7.41}$$

は, 点 (x_0, y_0, z_0) において曲面に垂直なベクトルである.

接平面上の点を (x, y, z) とすると, ベクトル $(x - x_0, y - y_0, z - z_0)$ と (7.41) におけるベクトルは直交する. これより, 接平面の方程式は

$$f_x(x_0,y_0,z_0)(x - x_0) + f_y(x_0,y_0,z_0)(y - y_0) + f_z(x_0,y_0,z_0)(z - z_0) = 0$$

となる. また, 法線の方程式は

$$\frac{x - x_0}{f_x(x_0,y_0,z_0)} = \frac{y - y_0}{f_y(x_0,y_0,z_0)} = \frac{z - z_0}{f_z(x_0,y_0,z_0)}$$

となる.

例題 7.12 楕円体面 $x^2 + \frac{y^2}{4} + \frac{z^2}{9} = 3$ の上の点 $(1, 2, 3)$ における接平面と法線を求めよ.

解答：楕円体の式の両辺の全微分をとると $2x\,dx + \frac{2y}{4}dy + \frac{2z}{9}dz = 0$ となる. これより, 接平面に垂直なベクトルは $\left(x, \frac{y}{4}, \frac{z}{9}\right)$ となる. よって, 接平面は

$$1 \cdot (x - 1) + \frac{1}{2} \cdot (y - 2) + \frac{1}{3} \cdot (z - 3) = 0$$

[注1] 線形代数のテキストの "ベクトルの内積" の項を参照せよ.

7.6. 曲線と曲面

となる。整理すると $6x + 3y + 2z = 18$ となる。

また法線の方程式は，方向ベクトルが接平面に垂直なベクトルと同じ方向だから

$$\frac{x-1}{6} = \frac{y-2}{3} = \frac{z-3}{2} = t$$

となる。

例題 7.13 放物楕円面 $z = \dfrac{x^2}{4} + \dfrac{y^2}{9}$ の上の点 $(2,3,2)$ における接平面と法線を求めよ。

解答：放物楕円面の式の両辺の全微分をとると $\dfrac{2x}{4}dx + \dfrac{2y}{9}dy = dz$ となる。これより，接平面に垂直なベクトルは $\left(\dfrac{2x}{4}, \dfrac{2y}{9}, -1\right)$ となる。よって，接平面は

$$1 \cdot (x-2) + \frac{2}{3} \cdot (y-3) - 1 \cdot (z-2) = 0$$

となる。整理すると $3x + 2y - 3z = 6$ となる。

また法線の方程式は，方向ベクトルが接平面に垂直なベクトルと同じ方向だから，t をパラメーターとして

$$x - 2 = t, \quad y - 3 = \frac{2}{3}t, \quad z - 2 = -t$$

となる。

問題 7.15 次の関数の指定された点における接平面と法線を求めよ。

(1) $z = x^2 - xy + y^2$, $\quad (x,y,z) = (1,2,3)$

(2) $z = x^3 - 2x^2 + xy + y^2$, $\quad (x,y,z) = (-1,1,-3)$

(3) $\dfrac{x^2}{9} + \dfrac{y^2}{4} - z^2 = 1$, $\quad (x,y,z) = (3,2,-1)$

問題 7.16 次の円錐面の指定された点における接平面と法線を求めよ。

$$z^2 = x^2 + y^2, \quad (x,y,z) = (3,4,5)$$

第8章 重積分とその応用

第5章において，1変数関数の積分を学び，その応用として立体の体積は，断面の面積を積分した式 (5.29) で与えらることが分かった。右図 8.1 に示すように，(5.29) において積分区間を $[a, b]$ とし，積分変数を x とすると，体積は

$$V = \int_a^b S(x)\,dx \tag{8.1}$$

となる。$S(x)$ は，x を一定にしたときの立体の断面の面積である。図 8.1 では，

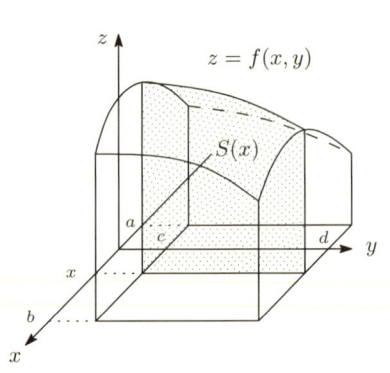

図 8.1

点線の入った部分が，x を一定にしたときの立体の断面である。立体の屋根にあたる曲面は $z = f(x, y)$ で表されるものとする。このとき，$S(x)$ は，yz 面の積分として，次の式で与えられる。

$$S(x) = \int_c^d f(x, y)\,dy$$

この式を (8.1) に代入すると，立体の体積に関する2重積分の式が出てくる。

$$V = \int_a^b \left(\int_c^d f(x, y)\,dy \right) dx = \int_a^b \int_c^d f(x, y)\,dydx \tag{8.2}$$

この式の積分する領域は長方形であり，もっとも簡単な2重積分の式である。実際には，積分する領域が曲線で囲まれた場合もある。そのような場合にも，(8.1) の $S(x)$ を $f(x, y)$ の x での積分，または y についての積分の式で表すことができ，2重積分の式が導かれる。具体的には，後で説明する。一般的に積分領域を D とすると，体積は

$$V = \iint_D f(x, y)\,dxdy \tag{8.3}$$

と表される。次に，この2重積分の一般化を解説する。

8.1 重積分の定義と性質

右図 8.2 の xy 平面上の領域 D を，図にあるように，細かい長方形状のメッシュに分割する。そして，その中の小さい領域に番号付 $i = 1, 2, \cdots, n$ をして，その領域を D_i とし，面積を ΔS_i とする。$z = f(x, y)$ を連続な 2 変数関数とする。(x_i, y_i) を，D_i 内の代表点とする。

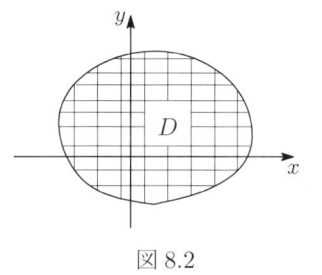

$$I_\Delta = \sum_{i=1}^{n} f(x_i, y_i) \Delta S_i$$

図 8.2

として，すべての ΔS_i が 0 に近づくように分割を無限大 $n \to \infty$ にすると，I_Δ は，一定の値に収束することを，次のようにして示すことができる。

微小領域 D_i における，$f(x, y)$ の最大値を M_i，最小値を m_i とすると，不等式

$$\sum_{i=1}^{n} m_i \Delta S_i \leqq \sum_{i=1}^{n} f(x_i, y_i) \Delta S_i \leqq \sum_{i=1}^{n} M_i \Delta S_i$$

が成り立つ。ε を微小量として，分割を十分細かくすると，$f(x, y)$ が連続[注1]であることより，すべての微小領域で

$$|M_i - m_i| < \varepsilon$$

が成り立つ。これより

$$\left| \sum_{i=1}^{n} (M_i - m_i) \Delta S_i \right| \leqq \sum_{i=1}^{n} |M_i - m_i| \Delta S_i \leqq \sum_{i=1}^{n} \varepsilon \Delta S_i = \varepsilon S$$

となる。ここで，$S = \sum_{i=1}^{n} \Delta S_i$ は，領域 D の面積である。すべての微小領域に対して $\Delta S_i \to 0$ となるように，分割を細かくしていくと $\varepsilon \to 0$ とすることができる。そのとき，$\sum_{i=1}^{n} m_i \Delta S_i$ は単調増加，$\sum_{i=1}^{n} M_i \Delta S_i$ は単調減少だから，ワイエルシュトラスの定理 2.6 より，

$$\lim_{n \to \infty} \sum_{i=1}^{n} m_i \Delta S_i = \lim_{n \to \infty} \sum_{i=1}^{n} M_i \Delta S_i = \lim_{n \to \infty} \sum_{i=1}^{n} f(x_i, y_i) \Delta S_i$$

は一定の値 I に収束する。この I の値が，領域 D で $f(x, y)$ を 2 重積分したときの積分値である。以上により，重積分の定義と，その値が有限確定であることが証明できた。以上を，定理としてまとめておく。

[注1] 領域 D 内のすべての点で，同じように連続であるという一様連続性が成り立つとする。

定理 8.1：2 重積分の定義と存在定理

関数 $f(x,y)$ が，xy 平面上で有限な面積をもつ領域 D において連続であるとき，2 重積分

$$I = \lim_{n \to \infty} \sum_{i=1}^{n} f(x_i, y_i) \Delta S_i = \iint_D f(x,y)\, dxdy \tag{8.4}$$

は，有限確定値を持つ。ただし，領域 D の分割を無限大 $n \to \infty$ としたとき，すべての $\Delta S_i \to 0$ とする。

この定理では，$f(x,y)$ は連続としているが，その証明より，$f(x,y)$ に有限個の不連続点があったとしても，$f(x,y)$ が有限であるなら積分値は存在する。

定理 8.1 の 2 重積分の定義より，つぎの性質が成り立つことは容易にわかる。

定理 8.2：2 重積分の性質

関数 $f(x,y)$, $g(x,y)$ は，xy 平面上で有限な面積をもつ領域 D において連続である。c は定数である。

(1) $\displaystyle\iint_D cf(x,y)\, dxdy = c\iint_D f(x,y)\, dxdy$

(2) $\displaystyle\iint_D (f(x,y)+g(x,y))\, dxdy = \iint_D f(x,y)\, dxdy + \iint_D f(x,y)\, dxdy$

(3) 領域 D を二つの領域 D_1, D_2 に分割する。

$$\iint_D f(x,y)\, dxdy = \iint_{D_1} f(x,y)\, dxdy + \iint_{D_2} f(x,y)\, dxdy$$

---

3 重積分

以上は 2 変数関数の積分であったが，3 変数関数の積分についても同様なことが成り立つ。3 変数関数の積分は，次の式で定義される。

$$\iiint_V f(x,y,z)\, dxdydz = \lim_{n \to \infty} \sum_{i=1}^{n} f(x_i, y_i, z_i) \Delta V_i \tag{8.5}$$

ここで，V は，3 次元空間の積分領域である。それを n 個の小領域に分割して和をとり，その小領域の体積 ΔV_i が 0 となるように $n \to \infty$ の極限をとったものが，3 重積分である。領域 V の体積が有限であり，関数が連続であれば，その 3 重積分は有限な確定値を持つ。3 重積分に対しても定理 8.2 に対応した公式が成り立つ。また，3 重積分以上の多重積分に対しても同様である。

8.2 重積分の計算

2重積分の値を求めるためには,この章の初めに述べた (8.2) にあるような実際に積分の計算ができる累次積分の形にしなければならない。2重積分の定義 (8.4) が,(8.2) 式にあるような累次積分の形になることを示す。

8.2.1 長方形領域での重積分

積分領域を,図 8.1 にあるような xy 平面上の長方形とする。x 方向に,$a = x_0, x_1, x_2, \cdots, x_n = b$,$y$ 方向に,$c = y_0, y_1, y_2, \cdots, y_m = d$ と $n \times m$ 個の小領域に分割する。2重積分の定義 (8.4) により

$$I = \iint_D f(x,y)\,dxdy = \lim_{\substack{n \to \infty \\ m \to \infty}} \sum_{\substack{i=1 \sim n \\ j=1 \sim m}} f(x_i, y_j)\,\Delta x_i \Delta y_j$$

となる。ここで $\Delta x_i = x_i - x_{i-1}$,$\Delta y_j = y_j - y_{j-1}$ であり,$\Delta x_i \Delta y_j$ は,ij 番目の長方形の面積である。この式の和と,極限の順を次のようにとる。

$$\iint_D f(x,y)\,dxdy = \lim_{n \to \infty} \sum_{i=1}^n \left(\lim_{m \to \infty} \sum_{j=1}^m f(x_i, y_j)\,\Delta y_j \right) \Delta x_i$$

この括弧の中の式は,1変数の定積分の定義式となるので

$$\lim_{m \to \infty} \sum_{j=1}^m f(x_i, y_j)\,\Delta y_j = \int_c^d f(x_i, y)\,dy = S(x_i)$$

となる。$S(x_i)$ は,平面 $x = x_i$ で立体を切ったときの断面の面積である。さらに

$$\lim_{n \to \infty} \sum_{i=1}^n S(x_i)\,\Delta x_i = \int_a^b S(x)\,dx$$

となるので

$$\iint_D f(x,y)\,dxdy = \int_a^b \left(\int_c^d f(x, y)\,dy \right) dx \tag{8.6}$$

となり,(8.2) と同じ形になる。

(8.6) の右辺の記述で，y 積分を最初に行うことを表すために大括弧を使ったが，そうしないで

$$\int_a^b \int_c^d f(x, y)\, dydx \tag{8.7}$$

と書く場合も多い。この場合は，$dydx$ の順序で，まず，y 積分を計算して，その後，x 積分を計算することを意味する。一方，(8.6) の左辺の記述における $dxdy$ は，積分の順序には関係なくて，単に x と y の 2 重積分であることを表している。

(8.7) において，$f(x,y) = g(x)h(y)$ のような関数であれば，次のように，1 変数関数の積分の積の形になる。

$$\boxed{\int_a^b \int_c^d g(x)h(y)\, dydx = \int_a^b g(x)\, dx \int_c^d h(y)\, dy} \tag{8.8}$$

例題 8.1 領域 $D = \{(x,y) |-1 \leqq x \leqq 2,\ 1 \leqq y \leqq 2\}$ における 2 重積分

$$I = \iint_D (x^2 y + xy^2)\, dxdy$$

を計算せよ。

解答：(8.6) の右辺の形にして計算する。

$$I = \int_{-1}^2 \left(\int_1^2 (x^2 y + xy^2)\, dy \right) dx = \int_{-1}^2 \left[\frac{x^2 y^2}{2} + \frac{xy^3}{3} \right]_1^2 dx = \int_{-1}^2 \left(\frac{3}{2} x^2 + \frac{7}{3} x \right) dx$$

$$= \left[\frac{1}{2} x^3 + \frac{7}{6} x^2 \right]_{-1}^2 = 8$$

積分の順序を交換しても，当然，同じ答えになる。

$$I = \int_1^2 \left(\int_{-1}^2 (x^2 y + xy^2)\, dx \right) dy = \int_1^2 \left[\frac{x^3 y}{3} + \frac{x^2 y^2}{2} \right]_{-1}^2 dy = \int_{-1}^2 \left(3y + \frac{3}{2} y^2 \right) dx$$

$$= \left[\frac{3}{2} y^2 + \frac{1}{2} y^3 \right]_1^2 = 8$$

例題 8.2 次の重積分を計算せよ。

$$I = \iint_D \sin(x+y)\, dxdy, \qquad D = \left\{ (x,y) \,\bigg|\, 0 \leqq x \leqq \frac{\pi}{2},\ 0 \leqq y \leqq \frac{\pi}{2} \right\}$$

解答：この問題でも，(8.6) の右辺の形にして計算する。

$$I = \int_0^{\frac{\pi}{2}} \left(\int_0^{\frac{\pi}{2}} \sin(x+y)\, dy \right) dx = \int_0^{\frac{\pi}{2}} \left[-\cos(x+y) \right]_0^{\frac{\pi}{2}} dx$$

$$= \int_0^{\frac{\pi}{2}} (-\cos(x + \frac{\pi}{2}) + \cos x)\, dx = \left[-\sin(x + \frac{\pi}{2}) + \sin x \right]_0^{\frac{\pi}{2}} = 2$$

8.2. 重積分の計算

問題 8.1 次の 2 重積分を計算せよ。

(1) $\iint\limits_{\substack{0\leq x\leq 1\\ 0\leq y\leq 1}} (2x+y)^2 \, dxdy$ (2) $\iint\limits_{\substack{a\leq x\leq b\\ c\leq y\leq d}} xy^2 \, dxdy$ (3) $\iint\limits_{\substack{0\leq x\leq 1\\ 0\leq y\leq 1}} \frac{1}{\sqrt{x+y}} \, dxdy$

(4) $\iint\limits_{\substack{0\leq x\leq \frac{\pi}{2}\\ 0\leq y\leq \pi}} y\cos(x+y) \, dxdy$ (5) $\iint\limits_{\substack{0\leq x\leq 1\\ 0\leq y\leq 1}} \log(xy^2) \, dxdy$ (6) $\iint\limits_{\substack{0\leq x\leq 1\\ 0\leq y\leq \infty}} ye^{x-y^2} \, dxdy$

(7) $\iint\limits_{\substack{0\leq x\leq 2\\ 0\leq y\leq \frac{\pi}{2}}} x\cos y \, dxdy$ (8) $\iint\limits_{\substack{0\leq x\leq 1\\ 0\leq y\leq 1}} x\log(x+y) \, dxdy$ (9) $\iint\limits_{\substack{0\leq x\leq \infty\\ 0\leq y\leq \infty}} x^2 e^{-x-y} \, dxdy$

8.2.2　一般領域での重積分

次に，積分領域が右図 8.3a にあるような 2 重積分を考える。$x=$ 一定 とすると y の動く範囲は $[\alpha(x), \beta(x)]$ となる。このとき，右図にあるようにすべての x に対して $c<\alpha(x), d>\beta(x)$ となるような直線 $y=c, y=d$ をもうけて積分領域を含む大きな長方形の内部での積分と考える。(8.6) において，x を一定とした，y の積分範囲 $[c, \alpha(x)]$ と $[\beta(x), d]$ では，$f(x,y)=0$ とすると

$$\iint_D f(x,y) \, dxdy = \int_a^b \left(\int_{\alpha(x)}^{\beta(x)} f(x,y) \, dy \right) dx$$

となる。

図 8.3a

積分領域 D が右図 8.3b にあるような 2 重積分を考える。$y=$ 一定 とすると x の動く範囲は $[\alpha(y), \beta(y)]$ となる。このとき，同様に考えると

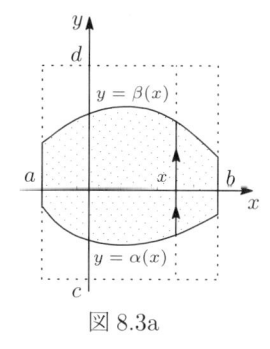

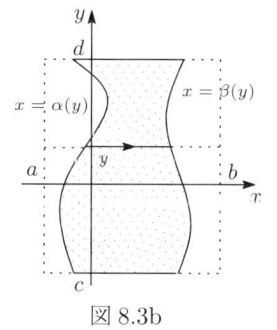

$$\iint_D f(x,y) \, dxdy = \int_c^d \left(\int_{\alpha(y)}^{\beta(y)} f(x,y) \, dx \right) dy$$

となる。

図 8.3b

例題 8.3 次の2重積分の値を求めよ．
$$I = \iint_D x\, dxdy, \quad D = \{(x,y) \mid \tfrac{1}{4}x^2 \leqq y \leqq x\}$$

解答：積分領域の図を描くと右図のようになる．
$$I = \int_0^4 \left(\int_{\frac{1}{4}x^2}^x x\, dy\right) dx = \int_0^4 x\left(x - \frac{1}{4}x^2\right) dx$$
$$= \left[\frac{1}{3}x^3 - \frac{1}{16}x^4\right]_0^4 = \frac{16}{3}$$

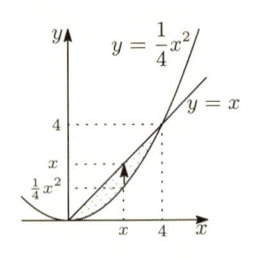

このような問題は，積分領域のグラフを描いて，それがどのような形をしているのかを把握してから計算するとよい．図から，yを一定として，x積分を先に行ってもよい．yを一定としているので，$4y = x^2 \to x = 2\sqrt{y}$として積分の上限が決まる．
$$I = \int_0^4 \left(\int_y^{2\sqrt{y}} x\, dx\right) dy = \int_0^4 \left[\frac{1}{2}x^2\right]_y^{2\sqrt{y}} dy = \int_0^4 \left(2y - \frac{1}{2}y^2\right) dy$$
$$= \left[y^2 - \frac{1}{6}y^3\right]_0^4 = \frac{16}{3}$$

例題 8.4 次の2重積分の値を求めよ．
$$I = \iint_D xy(2-x-y)\, dxdy,$$
$$D = \{(x,y) \mid x \geqq 0,\, y \geqq 0,\, x+y \leqq 2\}$$

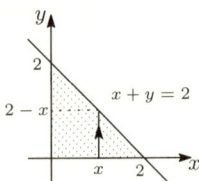

解答：積分領域の図を描くと右図のようになる．
$$I = \int_0^2 \left(\int_0^{2-x} xy(2-x-y)\, dy\right) dx = \int_0^2 \left[x(2-x)\cdot\frac{1}{2}y^2 - x\cdot\frac{y^3}{3}\right]_0^{2-x} dx$$
$$= \int_0^2 \frac{1}{6}x(2-x)^3\, dx = \frac{1}{6}\int_0^2 \{2-(2-x)\}(2-x)^3\, dx = \frac{1}{6}\int_0^2 \left\{2(2-x)^3 - (2-x)^4\right\} dx$$
$$= \frac{1}{6}\left[-\frac{1}{2}(2-x)^4 + \frac{1}{5}(2-x)^5\right]_0^2 = \frac{4}{15}$$

例題 8.5 次の2重積分の値を求めよ．
$$I = \iint_D xy\, dxdy, \quad D = \{(x,y) \mid x \geqq 0,\, y \geqq 0,\, x^2+y^2 \leqq 1\}$$

8.2. 重積分の計算

解答: 右図に示すように, y を一定としたとき, $0 \leqq x \leqq \sqrt{1-y^2}$ となるので

$$I = \int_0^1 \left(\int_0^{\sqrt{1-y^2}} xy \, dx \right) dy$$

$$= \int_0^1 \left[\frac{1}{2}x^2 y \right]_0^{\sqrt{1-y^2}} dy = \frac{1}{2} \int_0^1 y(1-y^2) \, dy$$

$$= \frac{1}{2} \left[\frac{1}{2}y^2 - \frac{1}{4}y^4 \right]_0^1 = \frac{1}{8}$$

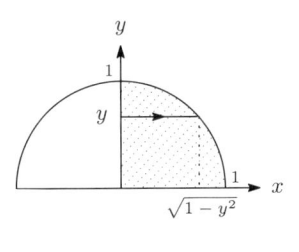

問題 8.2 次の 2 重積分を計算せよ. (注: x, y の積分範囲を図示せよ)

(1) $\iint_D x \, dxdy$, $\quad D = \{(x,y) \,|\, x^2 \leqq y \leqq 2x\}$

(2) $\iint_D y \, dxdy$, $\quad D = \{(x,y) \,|\, x^2 \leqq y \leqq 4\}$

(3) $\iint_D \frac{x^2}{y} \, dxdy$, $\quad D = \{(x,y) \,|\, x^2 \leqq y \leqq x\}$

(4) $\iint_D (4-x-2y) \, dxdy$, $\quad D = \{(x,y) \,|\, x \geqq 0, \, y \geqq 0, \, x+2y \leqq 4\}$

(5) $\iint_D \sin(x+y) \, dxdy$, $\quad D = \{(x,y) \,|\, x \geqq 0, \, y \geqq 0, \, x+y \leqq \pi\}$

(6) $\iint_D y\cos(x+y) \, dxdy$, $\quad D = \{(x,y) \,|\, x \geqq 0, \, y \geqq 0, \, x+y \leqq \frac{\pi}{2}\}$

(7) $\iint_D xy \, dxdy$, $\quad D = \{(x,y) \,|\, x \geqq 0, \, y \geqq 0, \, x^2+y^2 \leqq 4\}$

(8) $\iint_D \log(x+y) \, dxdy$, $\quad D = \{(x,y) \,|\, 0 \leqq x \leqq 1, \, 0 \leqq y \leqq x\}$

(9) $\iint_D xe^{-x-y} \, dxdy$, $\quad D = \{(x,y) \,|\, 0 \leqq y \leqq x < \infty\}$

(10) $\iint_D x^3 y \, e^{-x^2-y^2} \, dxdy$, $\quad D = \{(x,y) \,|\, 0 \leqq x \leqq y < \infty\}$

積分順序の変更

右図 8.4 のような積分領域での 2 重積分の計算の仕方を考える。図 8.4a, b ともに同じ領域である。図にある領域のように，外側に膨らんでいる領域を**凸領域**という。境界に直線も含めた，このような凸領域での 2 重積分は，積分変数 x, y の積分の順序の変更ができる。

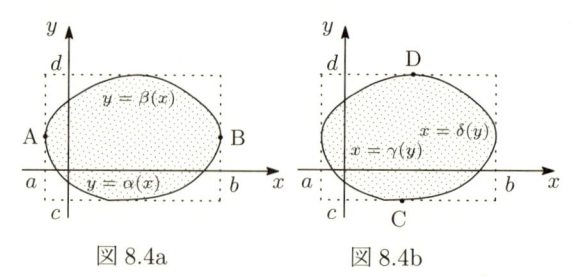

図 8.4a

図 8.4b

図 8.4a では，点 A, B の間の上側の曲線が $y = \beta(x)$ であり，下側が $y = \alpha(x)$ である。このとき，関数 $f(x,y)$ の積分は

$$I = \iint_D f(x,y)\,dxdy = \int_a^b \left(\int_{\alpha(x)}^{\beta(x)} f(x,y)\,dy \right) dx$$

となる。図 8.4b では，点 C, D の間の右側の曲線が $x = \delta(y)$ であり，左側が $x = \gamma(y)$ である。このとき，関数 $f(x,y)$ の積分は

$$I = \iint_D f(x,y)\,dxdy = \int_c^d \left(\int_{\gamma(y)}^{\delta(y)} f(x,y)\,dx \right) dy$$

となる。これより次の，積分順序の変更の式が成り立つ。

$$\int_a^b \int_{\alpha(x)}^{\beta(x)} f(x,y)\,dy\,dx = \int_c^d \int_{\gamma(y)}^{\delta(y)} f(x,y)\,dx\,dy$$

積分の値は，どちらで計算しても同じだが，関数 $f(x,y)$ によって，積分の難易が異なる場合がある。積分が易しくなる方を見込んで計算すればよい。

例題 8.6 次の 2 重積分を計算せよ。

$$I = \int_0^\infty \int_y^\infty e^{-x^2}\,dx\,dy = \int_0^\infty \left(\int_y^\infty e^{-x^2}\,dx \right) dy$$

解答：e^{-x^2} の不定積分は求めることができないので，積分の順序交換を行う。

$$I = \int_0^\infty \left(\int_0^x e^{-x^2}\,dy \right) dx = \int_0^\infty x e^{-x^2}\,dx = \left[-\frac{1}{2} e^{-x^2} \right]_0^\infty = \frac{1}{2}$$

8.2. 重積分の計算

例題 8.7 次の2重積分の順序を変更せよ。

$$I = \int_0^1 \int_{x^2}^x f(x,y)\,dydx$$

解答:このような問題では,必ず積分領域を図で書き表す。右図の 8.5a は,問題にあるように,x を一定にして y についての積分をすることを表している。

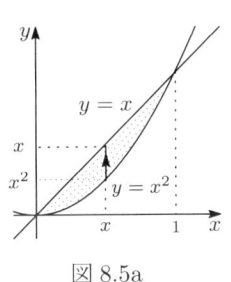

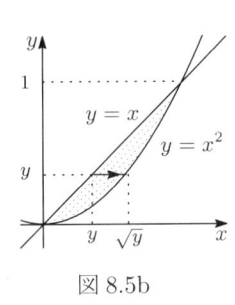

図 8.5a　　　図 8.5b

これが,図 8.5b に表すように,y を一定にして,x の積分をするときの下限は y,上限は $\sqrt{y}$ となるので,

$$I = \int_0^1 \int_y^{\sqrt{y}} f(x,y)\,dxdy \text{ となる。}$$

問題 8.3 次の2重積分を計算せよ。

(1) $\displaystyle\int_0^{\sqrt{\frac{\pi}{2}}} \left(\int_y^{\sqrt{\frac{\pi}{2}}} \cos x^2\,dx \right) dy$

(2) $\displaystyle\int_0^{\sqrt{3}} \left(\int_y^{\sqrt{3}} \sqrt{x^2+1}\,dx \right) dy$

(3) $\displaystyle\int_0^{\infty} \left(\int_x^{\infty} y^2 e^{-y^2}\,dy \right) dx$

(4) $\displaystyle\int_0^4 \left(\int_y^4 \frac{1}{\sqrt{x^2+9}}\,dx \right) dy$

(5) $\displaystyle\iint_D \sin y\,dxdy,$ $\qquad D = \{(x,y)\,|\, 0 \leqq x \leqq \pi,\ \frac{x}{2} \leqq y \leqq x\}$

(6) $\displaystyle\iint_D y^2\,dxdy,$ $\qquad D = \{(x,y)\,|\, 0 \leqq y \leqq 2,\ y \leqq x \leqq 2y\}$

(7) $\displaystyle\iint_D x\,dxdy,$

$\qquad D = \{(x,y)\,|\, xy\text{ 平面の }(0,0),\,(2,4),\,(3,1)\text{ を頂点とする三角形の内部}\}$

問題 8.4 次の2重積分の順序を変更せよ。

(1) $\displaystyle\int_{-1}^1 \int_{x^2}^1 f(x,y)\,dydx$

(2) $\displaystyle\int_0^1 \int_{-2x}^x f(x,y)\,dydx$

(3) $\displaystyle\int_0^2 \int_0^{\sqrt{1-\frac{x^2}{4}}} f(x,y)\,dydx$

(4) $\displaystyle\int_0^2 \int_{y^2-4}^0 f(x,y)\,dxdy$

8.3 変数変換

ここまでの 2 重積分は，直交座標 x, y を用いて計算してきた。1 変数関数の積分のとき，変数変換をすると初等関数の積分に帰着できて，簡単に積分できる場合があったが，2 重積分でも同じ場合がある。特に，積分領域が直交座標では表しにくい場合で，変数変換すれば簡単になることがある。

最初に，2 重積分の変数変換で 1 次変換でかける場合を考察する。a, b, c, d を定数として，変数変換を

$$x = au + bv, \qquad y = cu + dv, \qquad ad - bc \neq 0 \tag{8.9}$$

とする。x, y 平面における積分領域と，u, v 平面における対応した領域の関係を調べる。u, v 平面の 4 点

$$(0,0), \quad (1,0), \quad (0,1), \quad (1,1)$$

は，(x, y) 平面の 4 点

$$(0,0), \quad (a,c), \quad (b,d), \quad (a+b, c+d)$$

に対応する。この 4 点は平行四辺形を形成して，その面積は $J = |ad - bc|$ である。絶対値がついているのは，$ad - bc$ が負になる変換もあるからである。これより，x, y 平面の領域の面積 ΔS と対応した u, v 平面の領域の面積 Δs は

$$\Delta S = J \Delta s$$

という関係がある。1 次変換 (8.9) と，この面積の関係式を，2 重積分の定義式 (8.4) へ代入すると

$$I = \lim_{n \to \infty} \sum_{i=1}^{n} f(x_i, y_i) \Delta S_i = \lim_{n \to \infty} \sum_{i=1}^{n} f(au_i + bv_i, cu_i + dv_i) J \Delta s_i$$

となる。この式は，2 重積分における変数変換の式を導く。

$$\iint_D f(x, y)\, dxdy = \iint_K f(au + bv, cu + dv) J\, dudv \tag{8.10}$$

K は，D と対応した u, v 平面の領域をあらわしている。次に，一般の変換

$$x = x(u, v), \qquad y = y(u, v) \tag{8.11}$$

8.3. 変数変換

を考える。当然，この変換は 1 : 1 の変換で，逆変換が存在するものとする。この変換の全微分をとると

$$dx = \frac{\partial x}{\partial u}du + \frac{\partial x}{\partial v}dv, \qquad dy = \frac{\partial y}{\partial u}du + \frac{\partial y}{\partial v}dv$$

となる。局所的には，この式が 1 次変換 (8.9) と対応している。これより

$$J = \frac{\partial(x,y)}{\partial(u,v)} = \begin{vmatrix} \frac{\partial x}{\partial u} & \frac{\partial x}{\partial v} \\ \frac{\partial y}{\partial u} & \frac{\partial y}{\partial v} \end{vmatrix} \tag{8.12}$$

の絶対値が，局所的な面積の変換比となり，(8.10) と同様にして，2 重積分の変数変換の式が導ける。これより，次の定理が成り立つ。

定理 8.3：2 重積分の変数変換

変換 $x = x(u,v)$, $y = y(u,v)$ によって，xy 面の領域 D と，uv 面の領域 K が 1 対 1 に対応している。このとき 2 重積分の変数変換式

$$\iint_D f(x,y)\,dxdy = \iint_K f(x(u,v),\,y(u,v))\,|J|\,dudv \tag{8.13}$$

が成り立つ。J は，(8.12) で与えられる式で，第 6 章 5 節にも出てきた**ヤコビアン**である。

例題 8.8 次の 2 重積分を計算せよ。

$$I = \iint_D (x^2 + y^2)\,dx\,dy, \quad D : |x+y| \le 1,\ |x-y| \le 1$$

解答：変数変換を $x+y = u$, $x-y = v$ とすると，
積分領域は $D' : -1 \le u \le 1,\ -1 \le v \le 1$ となる。

ヤコビアンは $J = \begin{vmatrix} \frac{\partial x}{\partial u} & \frac{\partial x}{\partial v} \\ \frac{\partial y}{\partial u} & \frac{\partial y}{\partial v} \end{vmatrix} = \begin{vmatrix} \frac{1}{2} & \frac{1}{2} \\ \frac{1}{2} & -\frac{1}{2} \end{vmatrix} = -\frac{1}{2}$

$x^2 + y^2 = \left(\frac{u+v}{2}\right)^2 + \left(\frac{u-v}{2}\right)^2 = \frac{u^2+v^2}{2}$

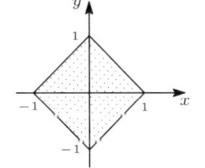

$$\iint_D (x^2+y^2)\,dx\,dy = \iint_{D'} \frac{u^2+v^2}{2}|J|du\,dv = \int_{-1}^{1} \left(\int_{-1}^{1} \frac{u^2+v^2}{4}\,du \right) dv$$

$$= \int_{-1}^{1} \left[\frac{u^3 + 3uv^2}{12}\right]_{-1}^{1} dv = \int_{-1}^{1} \frac{1+3v^2}{6}\,dv = \left[\frac{v+v^3}{6}\right]_{-1}^{1} = \frac{2}{3}$$

例題 8.9 次の 2 重積分を計算せよ。
$$\iint_D \frac{1}{x^2+y^2}\,dx\,dy, \quad D: 4 \leq x^2+y^2 \leq 9,$$

解答：極座標 $x = r\cos\theta,\ y = r\sin\theta$ に変換，積分領域は $2 \leq r \leq 3,\ 0 \leq \theta \leq 2\pi$
ヤコビアンは
$$J = \begin{vmatrix} \frac{\partial x}{\partial r} & \frac{\partial x}{\partial \theta} \\ \frac{\partial y}{\partial r} & \frac{\partial y}{\partial \theta} \end{vmatrix} = \begin{vmatrix} \cos\theta & -r\sin\theta \\ \sin\theta & r\cos\theta \end{vmatrix} = r$$

$$\int_0^{2\pi}\left(\int_2^3 \frac{1}{r^2}\cdot r\,dr\right)d\theta = \int_0^{2\pi}\big[\log r\big]_2^3 d\theta$$
$$= \int_0^{2\pi}(\log 3 - \log 2)\,d\theta = \left[\theta\log\frac{3}{2}\right]_0^{2\pi} = 2\pi\log\frac{3}{2}$$

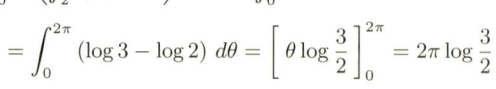

問題 8.5 次の 2 重積分の値を変数変換によって求めよ。

(1) $\displaystyle\iint_D xy\,dx\,dy,$ $\quad D: 0 \leq x+y \leq 2,\ 0 \leq x-y \leq 1$

(2) $\displaystyle\iint_D (3x+2y)\,dx\,dy,$ $\quad D: 0 \leq 2x+3y \leq 2,\ 0 \leq x-y \leq 5$

(3) $\displaystyle\iint_D \sin(3x+2y)\,dx\,dy,$ $\quad D: 0 \leq 2x+y \leq \frac{\pi}{2},\ 0 \leq x+y \leq \frac{\pi}{2}$

(4) $\displaystyle\iint_D (x^2-y^2)e^{2x}\,dx\,dy,$ $\quad D: 0 \leq x+y \leq 1,\ 0 \leq x-y \leq 1$

(5) $\displaystyle\iint_D (2x+y)\cos 3y\,dx\,dy,$ $\quad D: 0 \leq x+2y \leq \frac{\pi}{2},\ 0 \leq x-y \leq \frac{\pi}{2}$

(6) $\displaystyle\iint_D \log(x^2+y^2)\,dx\,dy,$ $\quad D: 1 \leq x^2+y^2 \leq 4$

(7) $\displaystyle\iint_D (2x^2-y^2)\,dx\,dy,$ $\quad D: 0 \leq \frac{x^2}{4}+\frac{y^2}{9} \leq 1$

(8) $\displaystyle\iint_D xy\,e^{x^2+y^2}\,dx\,dy,$ $\quad D: x \geq 0,\ y \geq 0,\ 0 \leq x^2+y^2 \leq 1$

(9) $\displaystyle\iint_D ye^{-x}\,dx\,dy,$ $\quad D: y \geq 0,\ 0 \leq x^2+\frac{y^2}{4} \leq 1$

(10) $\displaystyle\iint_D \frac{1}{x^2+y^2}\,dx\,dy,$ $\quad D: 1 \leq x \leq 2,\ 0 \leq y \leq x$ （ヒント：$x=u,\ y=uv$）

8.4　広義積分

2重積分の定義式 (8.4) において，$f(x,y)$ は，有限な面積を持つ領域 D において連続であるとき，2重積分の値は有限確定値を持った．この二つの条件がなくとも，第5章3.1節の単積分の広義積分と同様に，極限をとったときに有限となる2重積分を広義積分という．その例を挙げる．

例題 8.10 次の2重積分の値を求めよ．

(1) $\displaystyle\iint_D e^{-x^2-y^2}\,dxdy, \qquad D = \{\,-\infty < x < \infty,\ -\infty < y < \infty\,\}$

(2) $\displaystyle\iint_D \frac{1}{\sqrt{1-x^2-y^2}}\,dxdy, \quad D = \{\,0 \leqq x^2 + y^2 \leqq 1\,\}$

解答：極座標 $x = r\cos\theta,\ y = r\sin\theta$ に変換して積分する．

$$\text{ヤコビアンは } J = \begin{vmatrix} \frac{\partial x}{\partial r} & \frac{\partial x}{\partial \theta} \\ \frac{\partial y}{\partial r} & \frac{\partial y}{\partial \theta} \end{vmatrix} = \begin{vmatrix} \cos\theta & -r\sin\theta \\ \sin\theta & r\cos\theta \end{vmatrix} = r \text{ となる．}$$

(1) 積分領域は $0 \leqq r < \infty,\ 0 \leqq \theta \leqq 2\pi$ となるが，(8.4) の定義と合わせるために $0 \leqq r \leqq M$ として，$M \to \infty$ の極限をとって計算する．(8.8) より

$$\iint_D e^{-x^2-y^2}\,dxdy = \lim_{M\to\infty}\int_0^{2\pi}\int_0^M e^{-r^2}r\,drd\theta = \lim_{M\to\infty}\int_0^M e^{-r^2}r\,dr\int_0^{2\pi} 1\,d\theta$$

$$= 2\pi \lim_{M\to\infty}\left[-\frac{1}{2}e^{-r^2}\right]_0^M = 2\pi \lim_{M\to\infty}\frac{1}{2}\left(1 - e^{-M^2}\right) = \pi$$

となって有限な値となる．
この問題から重要な定積分の結果を得ることができる．(8.8) より

$$\iint_D e^{-x^2-y^2}\,dxdy = \int_{-\infty}^{\infty}\int_{-\infty}^{\infty} e^{-x^2}e^{-y^2}\,dxdy = \int_{-\infty}^{\infty} e^{-x^2}\,dx \int_{-\infty}^{\infty} e^{-y^2}\,dy$$

$$= \left(\int_{-\infty}^{\infty} e^{-x^2}\,dx\right)^2 = \pi \text{ となるので，} \int_{-\infty}^{\infty} e^{-x^2}\,dx = \sqrt{\pi}$$

$p(x) = \frac{1}{\sqrt{2\pi}}e^{-\frac{x^2}{2}}$ とすると $\displaystyle\int_{-\infty}^{\infty} p(x)\,dx = 1$ となる．$p(r)$ は，数理統計の**標準正規分布**の分布関数として重要な関数である．

(2) 積分領域は $0 \leqq r \leqq 1,\ 0 \leqq \theta \leqq 2\pi$ となるが，(8.4) の定義と合わせるために $0 \leqq r \leqq M$ として，$M \to 1$ の極限をとって計算する．

$$\iint_D \frac{1}{\sqrt{1-x^2-y^2}}\,dxdy = \lim_{M\to 1-0}\int_0^M\int_0^{2\pi}\frac{r}{\sqrt{1-r^2}}\,d\theta dr$$
$$= 2\pi\lim_{M\to 1-0}\left[-\sqrt{1-r^2}\right]_0^M = 2\pi\lim_{M\to 1-0}\left(1-\sqrt{1-M^2}\right) = 2\pi$$

(1),(2) のように,(8.4) の 2 重積分の定義の前提となっている条件に合わなくとも極限をとって有限となる積分を**広義積分**という。

ガンマ関数,ベータ関数

$$\Gamma(p) = \int_0^\infty x^{p-1}e^{-x}\,dx \tag{8.14}$$

で定義される関数がガンマ関数で,理工学の専門書に出てくることがある。

$$\Gamma(p+1) = \int_0^\infty x^p(-e^{-x})'\,dx = \left[-x^p e^{-x}\right]_0^\infty + p\int_0^\infty x^{p-1}e^{-x}\,dx = p\Gamma(p)$$

より,$\Gamma(p+1) = p\Gamma(p)$ となる。$\Gamma(1) = 1$ であるので,n を正整数とすると $\Gamma(n+1) = n!$ となる。ベータ関数は,次の式で定義される。

$$B(p,q) = \int_0^1 t^{p-1}(1-t)^{q-1}\,dt \tag{8.15}$$

2 重積分の広義積分と変数変換を使って,ガンマ関数,ベータ関数についての次の式を証明することができる。

$$\frac{\Gamma(p)\Gamma(q)}{\Gamma(p+q)} = B(p,q) \tag{8.16}$$

証明:$x \to x^2$ と変数変換すると $\Gamma(p) = 2\int_0^\infty x^{2p-1}e^{-x^2}\,dx$ とかける。

$$\Gamma(p)\Gamma(q) = 4\int_0^\infty x^{2p-1}e^{-x^2}\,dx\int_0^\infty y^{2q-1}e^{-y^2}\,dy = 4\iint_D x^{2p-1}y^{2q-1}e^{-x^2-y^2}\,dxdy$$

ここで,$D = \{(x,y)\,|\,0 \leqq x,\,y < \infty\}$ である。極座標に変換すると

$$\Gamma(p)\Gamma(q) = 4\int_0^\infty \int_0^{\frac{\pi}{2}} r^{2(p+q)-1}e^{-r^2}\cos^{2p-1}\theta \sin^{2q-1}\theta\,d\theta\,dr$$
$$= 2\int_0^\infty r^{2(p+q)-1}e^{-r^2}\,dr \cdot 2\int_0^{\frac{\pi}{2}}\cos^{2p-1}\theta \sin^{2q-1}\theta\,d\theta$$

$r^2 \to r$,および $t = \cos^2\theta$ とすると $dt = -2\cos\theta\sin\theta d\theta$ となるので

$$\Gamma(p)\Gamma(q) = \int_0^\infty r^{(p+q)-1}e^{-r}\,dr \cdot \int_0^1 t^{p-1}(1-t)^{q-1}\,dt = \Gamma(p+q) \cdot B(p,q)$$

8.5. 3重積分

問題 8.6 次の2重積分を計算せよ．解答には，極限の記号を書く必要はない．

(1) $\iint_D x^2 e^{-x-y}\, dx\, dy,$ $\qquad D: 0 \leqq x < \infty,\ 0 \leqq y < \infty$

(2) $\iint_D (x^2 - 2y^2) e^{-2x-3y}\, dx\, dy,$ $\qquad D: 0 \leqq x+2y < \infty,\ 0 \leqq x+y < \infty$

(3) $\iint_D \dfrac{\log(x^2+y^2)}{\sqrt{x^2+y^2}}\, dx\, dy,$ $\qquad D: 0 \leqq x^2+y^2 \leqq 4$

(4) $\iint_D x^2 e^{-x^2-y^2}\, dx\, dy,$ $\qquad D: -\infty < x < \infty,\ -\infty < y < \infty$

(5) $\iint_D \dfrac{1}{\sqrt{4-x^2-y^2}}\, dx\, dy,$ $\qquad D: 1 \leqq x^2+y^2 \leqq 4$

8.5　3重積分

3重積分は，(8.5) 式

$$\iiint_V f(x,y,z)\, dxdydz = \lim_{n\to\infty} \sum_{i=1}^n f(x_i, y_i, z_i) \Delta V_i \tag{8.17}$$

で定義されている．ここで，V は，3次元空間の積分領域である．この積分値が有限確定な値をとる条件は，V が有限な体積を持つことと，$f(x,y,z)$ が V で連続なことである．この条件が満たされなくとも，前節で説明したように，極限をとることによって有限な積分値をとる広義積分がある．

3重積分の値を計算するためには，次の累次積分の形にしなければならない．

$$I = \int_a^b \int_{\alpha_1(z)}^{\beta_1(z)} \int_{\alpha(y,z)}^{\beta(y,z)} f(x,y,z)\, dx\, dy\, dz$$

この式は，最初に y, z を一定にして x で積分し，次に z を一定にして y で積分し，最後に z で積分する．この積分の順番は，関数 $f(x,y,z)$ と，積分領域 V によって変わってくる．一番簡単なのは，空間における直方体の内部で積分するときである．そのときは

$$I = \int_a^b \int_{\alpha_1}^{\beta_1} \int_\alpha^\beta f(x,y,z)\, dx\, dy\, dz$$

となる．この場合で，$f(x,y,z) = p(x)q(y)r(z)$ となっているときは，一変数の積分の積の形にかける．

$$I = \int_a^b \int_{\alpha_1}^{\beta_1} \int_\alpha^\beta p(x)q(y)r(z)\,dx\,dy\,dz = \int_\alpha^\beta p(x)\,dx \cdot \int_{\alpha_1}^{\beta_1} q(y)\,dy \cdot \int_a^b r(z)\,dz \tag{8.18}$$

$f(x,y,z) = 1$ のときは，3重積分の定義式 (8.17) からわかるように

$$I = \int_a^b \int_{\alpha_1(z)}^{\beta_1(z)} \int_{\alpha(y,z)}^{\beta(y,z)} 1\,dx\,dy\,dz = \lim_{n\to\infty} \sum_{i=1}^n \Delta V_i = V \tag{8.19}$$

となって，積分領域の体積となる．

例題 8.11 次の3重積分の値を求めよ．

(1) $\iiint_D \sin(x+y+z)\,dxdydz, \quad D : 0 \leqq x,y,z \leqq \dfrac{\pi}{2}$

(2) $\iiint_D xy^2z^3\,dxdydz, \quad D : 0 \leqq x,y,z \leqq 1$

(3) $\iiint_D \dfrac{1}{(x+y+z+1)^3}\,dxdydz, \quad D : x \geqq 0,\, y \geqq 0,\, z \geqq 0,\, x+y+z \leqq 1$

解答：問題が，どのタイプの3重積分かを見極めることが大事である．積分の値を I とおく．

(1) $I = \displaystyle\int_0^{\frac{\pi}{2}} \int_0^{\frac{\pi}{2}} \int_0^{\frac{\pi}{2}} \sin(x+y+z)\,dxdydz = \int_0^{\frac{\pi}{2}} \int_0^{\frac{\pi}{2}} \Big[-\cos(x+y+z)\Big]_0^{\frac{\pi}{2}}\,dydz$

$= \displaystyle\int_0^{\frac{\pi}{2}} \int_0^{\frac{\pi}{2}} \Big(\sin(y+z) + \cos(y+z)\Big)\,dydz = \int_0^{\frac{\pi}{2}} \Big[-\cos(y+z) + \sin(y+z)\Big]_0^{\frac{\pi}{2}}\,dz$

$= \displaystyle\int_0^{\frac{\pi}{2}} 2\cos z\,dz = \Big[2\sin z\Big]_0^{\frac{\pi}{2}} = 2$

(2) $I = \displaystyle\int_0^1 x\,dx \cdot \int_0^1 y^2\,dy \cdot \int_0^1 z^3\,dz = \left[\dfrac{1}{2}x^2\right]_0^1 \cdot \left[\dfrac{1}{3}y^3\right]_0^1 \cdot \left[\dfrac{1}{4}z^4\right]_0^1 = \dfrac{1}{24}$

(3) $I = \displaystyle\int_0^1 \int_0^{1-z} \int_0^{1-y-z} \dfrac{1}{(x+y+z+1)^3}\,dxdydz$

$= \displaystyle\int_0^1 \int_0^{1-z} \left(-\dfrac{1}{8} + \dfrac{1}{2}\dfrac{1}{(y+z+1)^2}\right)\,dydz = \int_0^1 \left[-\dfrac{1}{8}y - \dfrac{1}{2}\dfrac{1}{y+z+1}\right]_0^{1-z}\,dz$

$= \displaystyle\int_0^1 \left(-\dfrac{3}{8} + \dfrac{1}{8}z + \dfrac{1}{2}\dfrac{1}{z+1}\right)\,dz = \left[-\dfrac{3}{8}z + \dfrac{1}{16}z^2 + \dfrac{1}{2}\log(1+z)\right]_0^1 = \dfrac{1}{2}\log 2 - \dfrac{5}{16}$

8.5. 3重積分

3重積分の変数変換

3重積分の変数変換も，第8章3節の2重積分の場合と同じような考察で取り扱うことができる。変換を

$$x = x(u,v,w), \qquad y = y(u,v,w), \qquad z = z(u,v,w)$$

としたとき，体積比を与えるヤコビアンは

$$J = \frac{\partial(x,y,z)}{\partial(u,v,w)} = \begin{vmatrix} x_u & x_v & x_w \\ y_u & y_v & y_w \\ z_u & z_v & z_w \end{vmatrix} \tag{8.20}$$

となる。ここで，$x_u = \dfrac{\partial x}{\partial u}$，… を表す。変数変換の式は，(8.13) と同様にして，次の定理が成り立つ。

定理 8.4：3重積分の変数変換

変換 $x = x(u,v,w)$, $y = y(u,v,w)$, $z = z(u,v,w)$ によって，xyz 空間の領域 D と，uvw 空間の領域 K が1対1に対応している。このとき3重積分の変数変換式

$$\iiint_D f(x,y,z)\,dxdydz = \iiint_K f(x(u,v,w),\,y(u,v,w),\,z(u,v,w))\,|J|\,dudvdw \tag{8.21}$$

が成り立つ。J は，(8.20) で与えられる式で，第6章5節にも出てきたヤコビアンである。

例題 8.12 次の3重積分の値を求めよ。

(1) $\quad \iiint_D (x^2 + y^2 + z^2)\,dxdydz, \quad D: x^2 + y^2 + z^2 \leqq a^2$

(2) $\quad \iiint_D 1\,dxdydz, \quad D: 0 \leqq y+z \leqq 1,\ 0 \leqq z+x \leqq 2,\ 0 \leqq x+y \leqq 3$

解答：(1) は，第6章5.2節での球座標を使う。(2) は，平行6面体の体積を求める問題である。線形代数のベクトルの内積と外積の項を参照するとよい。

(1) 直交座標と球座標の関係は (6.18) で与えられている。これによると，$x^2 + y^2 + z^2 = r^2$ である。積分範囲は，$0 \leqq r \leqq a,\ 0 \leqq \theta \leqq \pi,\ 0 \leqq \varphi \leqq 2\pi$ である。また，その変換のヤコビアンも (6.19) にあり $J = r^2 \sin\theta$ である。

$$I = \int_0^{2\pi}\int_0^\pi\int_0^a r^2 \cdot r^2 \sin\theta\,drd\theta d\varphi = \int_0^a r^4\,dr \cdot \int_0^\pi \sin\theta\,d\theta \cdot \int_0^{2\pi} 1\,d\varphi = \frac{4}{5}\pi a^5$$

(2) $u = y+z$, $v = z+x$, $w = x+y$ と変換すると,積分範囲は

$$0 \leqq u \leqq 1, \quad 0 \leqq v \leqq 2, \quad 0 \leqq w \leqq 3$$

となる。
$$x = \frac{-u+v+w}{2}, \quad y = \frac{u-v+w}{2}, \quad z = \frac{u+v-w}{2}$$

変換のヤコビアン[注1)]は

$$J = \begin{vmatrix} -\frac{1}{2} & \frac{1}{2} & \frac{1}{2} \\ \frac{1}{2} & -\frac{1}{2} & \frac{1}{2} \\ \frac{1}{2} & \frac{1}{2} & -\frac{1}{2} \end{vmatrix} = \frac{1}{2}$$

となり,
$$I = \int_0^3 \int_0^2 \int_0^1 1 \cdot \frac{1}{2} \, dudvdw = \frac{1}{2} \cdot 1 \cdot 2 \cdot 3 = 3$$

問題 8.7 次の3重積分の値を求めよ。

(1) $\iiint_D \cos(x+y+z) \, dxdydz$, $\quad D : 0 \leqq x, y, z \leqq \frac{\pi}{2}$

(2) $\iiint_D x^3 y^2 z \, dxdydz$, $\quad D : 0 \leqq x \leqq 1, 0 \leqq y \leqq 2, 0 \leqq z \leqq 3$

(3) $\iiint_D 1 \, dxdydz$, $\quad D : x \geqq 0, y \geqq 0, z \geqq 0, x+2y+4z \leqq 12$

(4) $\iiint_D \frac{1}{\sqrt{x^2+y^2+z^2}} \, dxdydz$, $\quad D : a^2 \leqq x^2+y^2+z^2 \leqq b^2$

(5) $\iiint_D (y+z)e^{-2x} \, dxdydz$, $\quad D : \begin{cases} 0 \leqq x+y+z \leqq 1 \\ 0 \leqq x-y+z < \infty \\ 0 \leqq x+y-z < \infty \end{cases}$

(6) $\iiint_D 1 \, dxdydz$, $\quad D : \begin{cases} 0 \leqq -x+y+z \leqq 1 \\ 0 \leqq x-y+z \leqq 2 \\ 0 \leqq x+y-z \leqq 4 \end{cases}$

(7) $\iiint_D e^{-\sqrt{x^2+y^2+z^2}} \, dxdydz$, $\quad D : 0 \leqq x^2+y^2+z^2 < \infty$

(8) $\iiint_D \log(x^2+y^2+z^2) \, dxdydz$, $\quad D : 0 \leqq x^2+y^2+z^2 \leqq a^2$

[注1)] $\dfrac{\partial(u,v,w)}{\partial(x,y,z)} = \dfrac{1}{J}$ を計算してもよい。

8.6 体積と曲面積

立体の体積や，曲面積 (表面積) を求めることは，重積分の中心的な課題である。

8.6.1 体積

体積を求める問題は，これまでにも数多く解いてきた。ここでは，3 重積分の概念を基にして体積を求める。その一番の基となる式は (8.5) において $f(x,y,z) = 1$ とおいた式である。領域 D の体積は

$$\iiint_D 1 \cdot dxdydz = \lim_{n \to \infty} \sum_{i=1}^n \Delta V_i = V \tag{8.22}$$

となる。この式を累次積分で表したのが (8.19) である。その式において

$$S(z) = \int_{\alpha_1(z)}^{\beta_1(z)} \int_{\alpha(y,z)}^{\beta(y,z)} 1\, dx\, dy = \int_{\alpha_1(z)}^{\beta_1(z)} \bigl(\beta(y,z) - \alpha(y,z)\bigr) dy$$

とすると，体積は

$$V = \int_a^b S(z)\, dz \tag{8.23}$$

となる。ここで，$S(z)$ は，この立体を $z =$ 一定の面で切ったときの切り口の面積を表す。

また，体積の別の表示として次のようにも表せる。(8.19) における積分の順序を変えて

$$V = \iint_S \left(\int_{\alpha'(x,y)}^{\beta'(x,y)} 1 \cdot dz \right) dxdy = \iint_S \bigl(\beta'(x,y) - \alpha'(x,y)\bigr) dxdy \tag{8.24}$$

と書いた場合の $\bigl(\beta'(x,y) - \alpha'(x,y)\bigr) dxdy$ は，x,y 一定の地点の底面積が $dxdy$ で，高さが $\beta'(x,y) - \alpha'(x,y)$ の細い柱の体積となるとみてよい。それを，立体を xy 面に投影した領域 S で加えたものが，上記の体積を表す積分の式となる。

例題 8.13 楕円体 $0 \leqq \dfrac{x^2}{a^2} + \dfrac{y^2}{b^2} + \dfrac{z^2}{c^2} \leqq 1$ の体積を求めよ。

解答：体積の (8.22) 式の表示に従って求める。

$$V = \iiint_D 1 \cdot dxdydz, \qquad D : 0 \leqq \frac{x^2}{a^2} + \frac{y^2}{b^2} + \frac{z^2}{c^2} \leqq 1$$

変数変換 $x = ar\sin\theta\cos\varphi$, $y = br\sin\theta\sin\varphi$, $z = cr\cos\theta$ を行うと
$$V = \int_0^{2\pi}\int_0^\pi \int_0^1 abc \cdot r^2 \sin\theta \, dr d\theta d\varphi = abc\int_0^1 r^2 dr \int_0^\pi \sin\theta \, d\theta \int_0^{2\pi} 1 \, d\varphi = \frac{4}{3}\pi abc$$
となる。

例題 8.14 4つの平面 $-x+y+z = -1$, $x-y+z = 1$, $x+y-z = -2$, $x+y+z = 4$ で囲まれた4面体の体積を求めよ。

解答: $u = -x+y+z+1$, $v = x-y+z-1$, $w = x+y-z+2$ として, x, y, z を u, v, w で表し, $x+y+z = 4$ に代入すると, $u+v+w = 6$ となる. x, y, z 空間の四面体内部の領域 D には, u, v, w 空間では, 平面 $u = 0$, $v = 0$, $w = 0$ と平面 $u+v+w = 6$ で囲まれた四面体の内部の領域 K が対応する. $\dfrac{1}{J} = \dfrac{\partial(u,v,w)}{\partial(x,y,z)} = 4$ となるので
$$V = \iiint_D 1 \cdot dxdydz = \iiint_K 1 \cdot |J| dudvdw = \frac{1}{4}\int_0^6 \int_0^{6-w} \int_0^{6-v-w} 1 \cdot dudvdw = 9$$

例題 8.15 半球面 $x^2+y^2+z^2 = 4$, $z \geqq 0$ と放物面 $z = \dfrac{x^2+y^2}{3}$ で囲まれる立体の体積を求めよ。

解答: 交線を求めるために, 放物面の式からでる $x^2+y^2 = 3z$ を, 球面の式に代入すると, 方程式 $z^2+3z-4 = (z-1)(z+4) = 0$ となる. これより, $z = 1$ となる. $z =$ 一定の面で切ったときの切り口は円となる. その円の半径は, $0 \leqq z \leqq 1$ のときは, 半径は $\sqrt{3z}$ で, $1 \leqq z \leqq 2$ のときは, 半径は $\sqrt{4-z^2}$ である. 体積を表す (8.23) より
$$V = \int_0^1 \pi(\sqrt{3z})^2 \, dz + \int_1^2 \pi(4-z^2) \, dz = \frac{19}{6}\pi$$

例題 8.16 円柱 $x^2+y^2 \leqq 4$, $z \geqq 0$ と平面 $z = x+2y+6$ で囲まれる立体の体積を求めよ。

解答: z が立体の高さを表しているので, 体積を表す式 (8.24) より
$$V = \iint_D (x+2y+6) \, dxdy, \quad D : 0 \leqq x^2+y^2 \leqq 4$$
を計算すればよい. 極座標 $x = r\cos\theta$, $y = r\sin\theta$ に変換すると
$$V = \int_0^{2\pi}\int_0^2 (r\cos\theta + 2r\sin\theta + 6) \, rdrd\theta = 24\pi$$

8.6. 体積と曲面積

問題 8.8 次の平面,曲面で囲まれる立体の体積を求めよ.

(1) 球面 $x^2 + y^2 + z^2 = 2$ と,曲面 $z = \sqrt{x^2 + y^2}$

(2) 放物面 $z = x^2 + y^2$ と,平面 $z = 0$,楕円柱面 $\dfrac{x^2}{9} + \dfrac{y^2}{4} = 1$

(3) 楕円柱面 $\dfrac{x^2}{4} + y^2 = 1$ と二つの平面 $z = 0$, $z = x + 2y + 6$

(4) 4 つの平面 $-x + y + z = -1, x - 2y + z = 1, x + y - 3z = -3, x - z = 3$

(5) 二つの直円柱面 $x^2 + y^2 = a^2, x^2 + z^2 = a^2$

8.6.2 曲面積

図 8.6a において dS は,曲面 $z = f(x,y)$ の上の微小部分で,dS は,その面積である.ds は,その部分を xy 平面に投影したときの面積である.図 8.6b は,dS を原点まで平行移動して側面から見た図である.微小部分 dS の面と xy 平面とのなす角度を θ とすると $ds = dS \cos\theta$ の関係がある.(7.41) によって,曲面 $z - f(x,y) = 0$ 上の点 (x,y,z) における曲面に垂直なベクトルは $(-f_x, -f_y, 1)$ である.このベクトルと z 軸のなす角度 θ は,図に示すように dS 面と xy 面のなす角度に等しくなる.

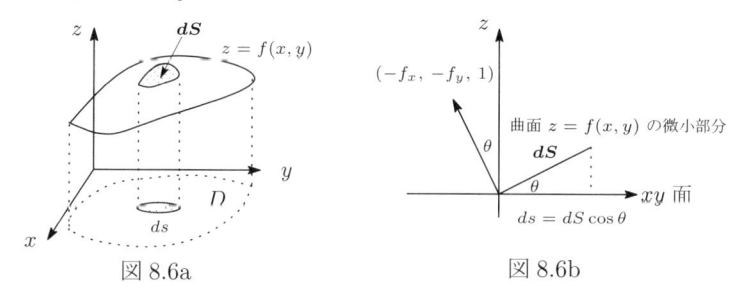

図 8.6a

図 8.6b

ベクトルの内積[注1] より,

$$\cos\theta = \frac{(-f_x, -f_y, 1) \cdot (0, 0, 1)}{|(-f_x, -f_y, 1)| \, |(0, 0, 1)|} = \frac{1}{\sqrt{f_x^2 + f_y^2 + 1}}$$

となる.これより,

$$dS = \frac{ds}{\cos\theta} = \sqrt{f_x^2 + f_y^2 + 1} \, ds$$

なる関係がある.

[注1] 線形代数のベクトルの内積を参照せよ.

そこで，曲面を xy 面に射影したときの領域を D として，その領域を細かく細分して番号付けをする．その小さな領域について上記の関係式をつくり加え合わせる．

$$\sum_{i=1}^{n} dS_i = \sum_{i=1}^{n} \sqrt{f_x^2(x_i, y_i) + f_y^2(x_i, y_i) + 1}\ ds_i$$

すべての $ds_i \to 0$ となるように分割を無限に細かくしていくと，2 重積分の定義 (8.4) より，曲面積を与える式が得られる．

定理 8.5：曲面積

曲面 $z = f(x, y)$ の，xy 面の領域 D に対応した曲面積は

$$S = \iint_D \sqrt{f_x^2(x, y) + f_y^2(x, y) + 1}\ dxdy \tag{8.25}$$

で表わされる．

例題 8.17 球面 $x^2 + y^2 + z^2 = a^2$ から円柱面 $x^2 + y^2 = b^2$，$z \geqq 0$ が切り取る部分の面積を求めよ．ただし，$a \geqq b$ である．

解答：球面の方程式から $z = \sqrt{a^2 - x^2 - y^2}$ より

$$z_x = \frac{-x}{\sqrt{a^2 - x^2 - y^2}}, \qquad z_y = \frac{-y}{\sqrt{a^2 - x^2 - y^2}}$$

となる．これより

$$S = \iint_D \sqrt{1 + z_x^2 + z_y^2}\ dxdy = \iint \frac{a}{\sqrt{a^2 - x^2 - y^2}}\ dxdy, \quad D : x^2 + y^2 \leqq b^2$$

積分変数を極座標に変換すると

$$S = \int_0^{2\pi} \int_0^b \frac{ar}{\sqrt{a^2 - r^2}}\ drd\theta = 2\pi a \left[-\sqrt{a^2 - r^2}\right]_0^b = 2\pi(a - \sqrt{a^2 - b^2})a$$

$b = a$ とすると，$S = 2\pi a^2$ となり，球の表面積は $4\pi a^2$ となる．

問題 8.9 次の問題を解け．

(1) 楕円柱面 $(x - a)^2 + \dfrac{y^2}{4} = a^2$ が，平面 $3x + 4y + 5z = 1$ から切り取る面積を求めよ．

(2) 二つの直円柱面 $x^2 + y^2 = a^2$，$x^2 + z^2 = a^2$ が囲む立体の表面積を求めよ．

(3) 曲面 $z = \dfrac{x^2 + y^2}{2}$ と円柱面 $x^2 + y^2 = a^2$，$z \geqq 0$ が囲む立体の表面積を求めよ．

8.7 線積分と面積分

この節では，力学や電磁気学で必要になる線積分，面積分について解説する。

8.7.1 線積分

図 8.7 にあるように xy 平面上の曲線 C を，t を媒介変数として $x = x(t), y = y(t)$ と表す。x, y が，曲線 C に沿って動いたときの関数 $f(x, y)$ の変化を求める。$f(x, y)$ の t による導関数は

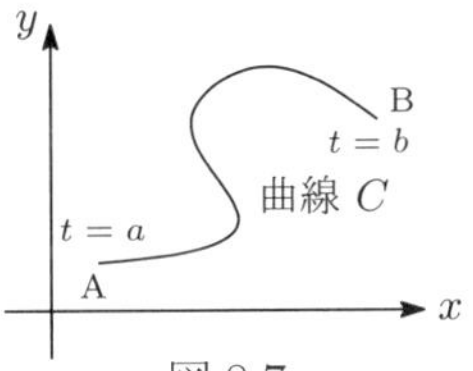

$$\frac{df(x,y)}{dt} = \frac{\partial f}{\partial x}\frac{dx}{dt} + \frac{\partial f}{\partial y}\frac{dy}{dt}$$

図 8.7

となる。$t = a$ から $t = b$ まで積分すると

$$\int_a^b \frac{df(x,y)}{dt}\,dt = \int_a^b \left(\frac{\partial f}{\partial x}\frac{dx}{dt} + \frac{\partial f}{\partial y}\frac{dy}{dt} \right) dt$$

この式を，

$$\int_C df = \int_C \left(f_x\,dx + f_y\,dy \right) \tag{8.26}$$

と表示して，曲線 C に沿った線積分という。物理的には，$(-f_x(x,y), -f_y(x,y))$ は，ポテンシャルが $f(x,y)$ である保存力のベクトル表示になっている。(8.26) は，この保存力のなす仕事量にマイナス符号をつけたものを表す。(f_x, f_y) は，位置座標 (x, y) の関数になっているので**ベクトル場**である。これに対して，ポテンシャル $f(x, y)$ は，**スカラー場**である。

一般的な線積分は，(8.26) における f_x, f_y が，関数の偏導関数になっていなくともよい。$\omega = P(x,y)\,dx + Q(x,y)\,dy$ と表すと，線積分は

$$\int_C \omega = \int_C (P(x,y)\,dx + Q(x,y)\,dy) \tag{8.27}$$

と表される。ω は，第 7 章 1 節で説明した微分形式の 1 形式である。曲線 C を，$x = x(t), y = y(t), a \leqq t \leqq b$ と表すと，(8.27) は，次の t についての積分で表される。

$$\int_C \omega = \int_a^b \left(P(x,y)\frac{dx}{dt} + Q(x,y)\frac{dy}{dt} \right) dt \tag{8.28}$$

例題 8.18 $\omega = P(x,y)\,dx + Q(x,y)\,dy = x^2 y\,dx - xy^2\,dy$ とする。曲線 C が，次の式で表されるときの線積分を求めよ。

(1) $x = t,\ y = t^2,\ 0 \leqq t \leqq 1$ 　　(2) $x = \cos t,\ y = \sin t,\ 0 \leqq t \leqq \frac{\pi}{2}$

解答：(1), (2) ともに，(8.28) の形にして計算する。

(1) $dx = dt,\ dy = 2t\,dt$ となるので
$$\int_C \omega = \int_0^1 (t^2 \cdot t^2 - t \cdot t^4 \cdot 2t)\,dt = \left[\frac{1}{5}t^5 - \frac{2}{7}t^7\right]_0^1 = -\frac{3}{35}$$

(2) $dx = -\sin t\,dt,\ dy = \cos t\,dt$ となるので
$$\int_C \omega = \int_0^{\frac{\pi}{2}} (\cos^2 t \cdot \sin t \cdot (-\sin t) - \cos t \cdot \sin^2 t \cdot \cos t)\,dt$$
$$= -\int_0^{\frac{\pi}{2}} \frac{1}{2}\sin^2 2t\,dt = -\frac{1}{4}\int_0^{\frac{\pi}{2}}(1 - \cos 4t)\,dt = -\frac{\pi}{8}$$

曲線 C が，図 8.8 のように閉じたループになっているときは，線積分の表示を
$$\oint_C \omega = \oint_C (P(x,y)\,dx + Q(x,y)\,dy) \tag{8.29}$$
とする。このときは，$x(a) = x(b),\ y(a) = y(b)$ である。t の積分形 (8.28) にしたとき，t が a から b まで変化すると点 (x,y) が，図 8.8 にある閉じた曲線 C を左回りに一周する。

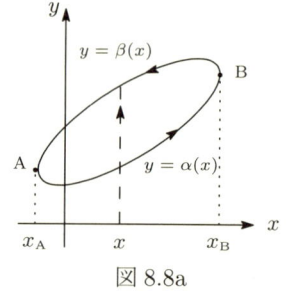

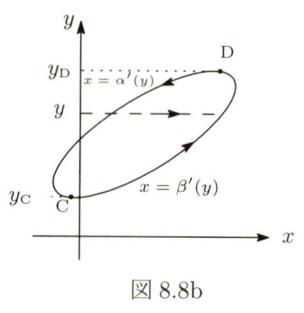

図 8.8a　　図 8.8b

ω が全微分 $\omega = f_x(x,y)dx + f_y(x,y)dy$ になっているときは
$$\oint_C \omega = \oint_C (f_x(x,y)\,dx + f_y(x,y)\,dy) = \int_a^b \left(f_x(x,y)\frac{dx}{dt} + f_y(x,y)\frac{dy}{dt}\right)dt$$
$$= \int_a^b \frac{d}{dt}f(x,y)\,dt = \Big[f(x,y)\Big]_a^b = f(x(b),y(b)) - f(x(a),y(a)) = 0$$

8.7. 線積分と面積分

となる．万有引力や電荷をもつ物体の間に働くクーロン力は，この型の力になっていて，ポテンシャルは，位置だけの関数となる．ここでは，$(-f_x, -f_y)$ が力の成分であり，$f(x, y)$ がポテンシャルにあたる．

図 8.8a で，AB 間の上側の曲線を $y = \beta(x)$，下側を $y = \alpha(x)$ とすると

$$\oint_C P(x,y)\,dx = \int_{x_B}^{x_A} P(x, \beta(x))\,dx + \int_{x_A}^{x_B} P(x, \alpha(x))\,dx$$

$$= \int_{x_A}^{x_B} \left(-P(x, \beta(x)) + P(x, \alpha(x))\right)dx = \int_{x_A}^{x_B} \left(\int_{\alpha(x)}^{\beta(x)} -\frac{\partial P(x,y)}{\partial y}\,dy\right)dx$$

$$= \iint_D -\frac{\partial P(x,y)}{\partial y}\,dxdy$$

ここで，D は，曲線 C の内部の閉じた領域である．図 8.8b でも，同様に考えると

$$\oint_C Q(x,y)\,dy = \iint_D \frac{\partial Q(x,y)}{\partial x}\,dxdy$$

となるので，つぎのグリーンの定理が導出できた．

定理 8.6：グリーンの定理

xy 平面内で閉じた曲線の内部の閉領域を D とする．D において，$P(x,y), Q(x,y)$ が微分可能であるとき

$$\oint_C (P(x,y)\,dx + Q(x,y)\,dy) = \iint_D \left(\frac{\partial Q(x,y)}{\partial x} - \frac{\partial P(x,y)}{\partial y}\right)dxdy \quad (8.30)$$

が成り立つ．

例題 8.19 $\omega = P(x,y)\,dx + Q(x,y)\,dy = x^2 y\,dx - xy^2\,dy$ とする．

次の領域でグリーンの定理が成り立つことを確かめよ．

(1) $y = x^2,\ y = 1,\ x = 0$ で囲む領域

(2) 曲線 $x = \cos t,\ y = \sin t,\ 0 \leqq t \leqq 2\pi$ の内部

解答：(8.30) の両辺をそれぞれ計算する．

(1) 左辺 $= \displaystyle\int_0^1 (x^2 \cdot x^2 - x \cdot x^4 \cdot 2x)dx + \int_1^0 x^2 dx = -\frac{44}{105}$

右辺 $= \displaystyle\int_0^1 \int_{x^2}^1 (-y^2 - x^2)\,dydx = \int_0^1 \left(-\frac{1}{3} - x^2 + \frac{1}{3}x^6 + x^4\right)dx = -\frac{44}{105}$

(2) 左辺 $= \int_0^{2\pi} (\cos^2 t \cdot \sin t \cdot (-\sin t) - \cos t \cdot \sin^2 t \cdot \cos t) dt = -\frac{1}{2}\pi$

右辺 $= \iint_{0 \leq x^2+y^2 \leq 1} (-x^2 - y^2) \, dxdy = -\int_0^{2\pi} \int_0^1 r^2 \cdot r dr d\theta = -\frac{1}{2}\pi$

問題 8.10 $\omega = P(x,y)\,dx + Q(x,y)\,dy = xy^2\,dx + x^2y\,dy$ とする。

曲線 C が，次の式で表されるときの線積分を求めよ。

(1) $x = t,\ y = t^2,\ 0 \leq t \leq 1$ 　　(2) $x = 2\cos t,\ y = \sin t,\ 0 \leq t \leq \frac{\pi}{4}$

問題 8.11 $\omega = P(x,y)\,dx + Q(x,y)\,dy = xy^2\,dx - x^2y\,dy$ とする。

次の領域でグリーンの定理が成り立つことを確かめよ。

(1) $y = x^3,\ y = 1,\ x = 0$ で囲む領域

(2) 曲線 $x = 2\cos t,\ y = \sin t,\ 0 \leq t \leq 2\pi$ の内部

8.7.2　面積分

これまで扱ってきた重積分は，xy 平面上の面積分であった。ここでは xyz 空間における一般の曲面上での積分を考える。

xyz 空間のベクトルを

$$\boldsymbol{A} = (\,P(x,y,z),\,Q(x,y,z),\,R(x,y,z)\,)$$

とする。このベクトルの，右図における曲面 $f(x,y,z) = 0$ の上の面積分を定義する。図にあるように，面上の微小な領域 $\boldsymbol{dS}$ を z 軸に沿って xy 面に投影した面積を dS_z とする。同様に，x 軸に沿って yz 面に投影した面積を dS_x，y 軸に沿って xz 面に投影した面積を dS_y とする。ただし，面 $\boldsymbol{dS}$ の法線ベクトルの成分の符号を持っている符号付き面積である。このとき面積分を

$$I = \iint_S \boldsymbol{A} \cdot \boldsymbol{dS} = \iint_{D_x} P(x,y,z)\,dS_x + \iint_{D_y} Q(x,y,z)\,dS_y + \iint_{D_z} R(x,y,z)\,dS_z \tag{8.31}$$

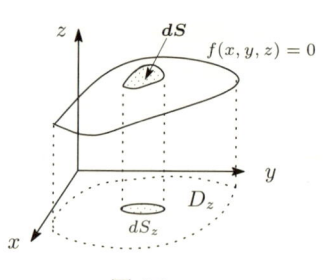

図 8.9

で定義する。ここで，D_z は図 8.9 にあるように，曲面全体を xy 面に射影した領域である。$D_x,\ D_y$ も同様である。

8.7. 線積分と面積分

ここで，$z = f(x, y)$ で表される曲面上の面積分を考えよう．第 8 章 6.2 節の曲面の表面積のところで考察したように，点 (x, y, z) における法線ベクトルは $(-f_x, -f_y, 1)$ となる．これより，面積分 (8.31) における曲面ベクトル dS は，$dS = (-f_x, -f_y, 1)\, dxdy$ となる．したがって，xy 面上の領域 D_z に対応した曲面上の面積分は，次の式で与えられる．

$$I = \iint_{D_z} \bigl(-P(x,y,z)f_x(x,y) - Q(x,y,z)f_y(x,y) + R(x,y,z)\bigr)\, dxdy \quad (8.32)$$

例題 8.20 ベクトル (x, y, z) の，$x, y, z \geqq 0$，$x + y + z = 1$ における面積分を計算せよ．

解答：平面を $z = 1 - x - y$ とすると $(f_x, f_y, 1) = (-1, -1, 1)$ である．

$D : x + y \leqq 1$，$x, y \geqq 0$ であるので，(8.32) より，

$$\iint_D (1 \cdot x + 1 \cdot y + 1 \cdot z)\, dxdy = \int_0^1 \int_0^{1-x} 1\, dydx = \int_0^1 (1 - x)\, dx = \frac{1}{2}$$

問題 8.12 次の計算をせよ．

(1) ベクトル (x, y, z) の，$x, y, z \geqq 0$，$x + 2y + 3z = 6$ における面積分を計算せよ．

(2) ベクトル (x, y, z) の，$x, y \geqq 0$，$z \leqq 0$，$2x + y - z = 2$ における面積分を計算せよ．

(3) ベクトル $(x+1, y+2, z+3)$ の，$z \geqq 0$，$x^2 + y^2 + z^2 = 1$ における面積分を計算せよ．

8.7.3 ストークスの定理とガウスの定理

空間における線積分と面積分の関係として**ストークスの定理**がある．また，空間における体積積分と面積分の関係に**ガウスの定理**がある．ストークスの定理は，グリーンの定理を 3 次元空間に拡張したものである．これらは，数学の科目としては**ベクトル解析**で取り扱われるが，ここでは，これまで学習した多変数の微分・積分の応用として，単純な領域の場合のストークスの定理とガウスの定理を証明[注1]する．

[注1] この節の理解には，線形代数で習うベクトルの内積と外積の知識が必要である．それらの説明を簡単にするが，詳しくは線形代数を参照せよ．

ストークスの定理

$$\oint_C \boldsymbol{A} \cdot d\boldsymbol{r} = \iint_S \mathrm{rot}\boldsymbol{A} \cdot d\boldsymbol{S} \tag{8.33}$$

S は，空間における単連結な曲面で，C は，それを取り囲む閉じた曲線である。$\boldsymbol{A}$ はベクトル場で，成分でかくと $\boldsymbol{A} = \big(A_x(x,y,z),\ A_y(x,y,z),\ A_z(x,y,z)\big)$ である。以後は，このベクトル場を $\boldsymbol{A} = (A_x,\ A_y,\ A_z)$ とかく。$\mathrm{rot}\boldsymbol{A}$ は，ベクトル場 $\boldsymbol{A}$ の回転 (ローテーション) と呼ばれるもので，次の式で定義される。

$$\mathrm{rot}\boldsymbol{A} = \nabla \times \boldsymbol{A} = \left(\frac{\partial A_z}{\partial y} - \frac{\partial A_y}{\partial z},\ \frac{\partial A_x}{\partial z} - \frac{\partial A_z}{\partial x},\ \frac{\partial A_y}{\partial x} - \frac{\partial A_x}{\partial y}\right)$$

媒介変数 u, v を導入して，空間における曲面 S を表す式を，

$$x = x(u,v),\ y = y(u,v),\ z = z(u,v)$$

とする。このとき，$d\boldsymbol{S}$ を，u, v で表すと

$$d\boldsymbol{S} = \frac{\partial \boldsymbol{r}}{\partial u} \times \frac{\partial \boldsymbol{r}}{\partial v} dudv = \left(\frac{\partial y}{\partial u}\frac{\partial z}{\partial v} - \frac{\partial z}{\partial u}\frac{\partial y}{\partial v},\ \frac{\partial z}{\partial u}\frac{\partial x}{\partial v} - \frac{\partial x}{\partial u}\frac{\partial z}{\partial v},\ \frac{\partial x}{\partial u}\frac{\partial y}{\partial v} - \frac{\partial y}{\partial u}\frac{\partial x}{\partial v}\right) dudv$$

となる。$d\boldsymbol{S}$ の方向は，面 S の上で反転することがないとする。上の式の $\times$，および，式 (8.33) における $\cdot$ は，二つのベクトルの外積と内積を表している。ベクトル $\boldsymbol{a}, \boldsymbol{b}$ の外積と内積は

$$\boldsymbol{a} \times \boldsymbol{b} = \big(a_y b_z - a_z b_y,\ a_z b_x - a_x b_z,\ a_x b_y - a_y b_x\big)$$
$$\boldsymbol{a} \cdot \boldsymbol{b} = a_x b_x + a_y b_y + a_z b_z$$

で定義される。これらの表示を用いて，ストークスの定理 (8.33) の右辺から左辺を導く。

$$I = \iint_S \mathrm{rot}\boldsymbol{A} \cdot d\boldsymbol{S} = \iint_{S_{u,v}} \mathrm{rot}\boldsymbol{A} \cdot \frac{\partial \boldsymbol{r}}{\partial u} \times \frac{\partial \boldsymbol{r}}{\partial v}\ dudv$$
$$= \iint_{S_{u,v}} \left[\left(\frac{\partial A_z}{\partial y} - \frac{\partial A_y}{\partial z}\right)\left(\frac{\partial y}{\partial u}\frac{\partial z}{\partial v} - \frac{\partial z}{\partial u}\frac{\partial y}{\partial v}\right) + \left(\frac{\partial A_x}{\partial z} - \frac{\partial A_z}{\partial x}\right)\left(\frac{\partial z}{\partial u}\frac{\partial x}{\partial v} - \frac{\partial x}{\partial u}\frac{\partial z}{\partial v}\right)\right.$$
$$\left. + \left(\frac{\partial A_y}{\partial x} - \frac{\partial A_x}{\partial y}\right)\left(\frac{\partial x}{\partial u}\frac{\partial y}{\partial v} - \frac{\partial y}{\partial u}\frac{\partial x}{\partial v}\right)\right]\ dudv$$

ここで，$S_{u,v}$ は，uv 平面における積分面で，面 S と 1 対 1 に対応している。この式を，A_x, A_y, A_z の x, y, z による微分の項でまとめると次のようになる。

$$I = \iint_{S_{u,v}} \left[\left(\frac{\partial A_x}{\partial x}\frac{\partial x}{\partial u} + \frac{\partial A_x}{\partial y}\frac{\partial y}{\partial u} + \frac{\partial A_x}{\partial z}\frac{\partial z}{\partial u}\right)\frac{\partial x}{\partial v} - \left(\frac{\partial A_x}{\partial x}\frac{\partial x}{\partial v} + \frac{\partial A_x}{\partial y}\frac{\partial y}{\partial v} + \frac{\partial A_x}{\partial z}\frac{\partial z}{\partial v}\right)\frac{\partial x}{\partial u}\right.$$

8.7. 線積分と面積分

$$+ \left(\frac{\partial A_y}{\partial x} \frac{\partial x}{\partial u} + \frac{\partial A_y}{\partial y} \frac{\partial y}{\partial u} + \frac{\partial A_y}{\partial z} \frac{\partial z}{\partial u} \right) \frac{\partial y}{\partial v} - \left(\frac{\partial A_y}{\partial x} \frac{\partial x}{\partial v} + \frac{\partial A_y}{\partial y} \frac{\partial y}{\partial v} + \frac{\partial A_y}{\partial z} \frac{\partial z}{\partial v} \right) \frac{\partial y}{\partial u}$$

$$+ \left(\frac{\partial A_z}{\partial x} \frac{\partial x}{\partial u} + \frac{\partial A_z}{\partial y} \frac{\partial y}{\partial u} + \frac{\partial A_z}{\partial z} \frac{\partial z}{\partial u} \right) \frac{\partial z}{\partial v} - \left(\frac{\partial A_z}{\partial x} \frac{\partial x}{\partial v} + \frac{\partial A_z}{\partial y} \frac{\partial y}{\partial v} + \frac{\partial A_z}{\partial z} \frac{\partial z}{\partial v} \right) \frac{\partial z}{\partial u} \Bigg] \, dudv$$

$$= \iint_{S_{u,v}} \left[\left(\frac{\partial A_x}{\partial u} \frac{\partial x}{\partial v} - \frac{\partial A_x}{\partial v} \frac{\partial x}{\partial u} \right) + \left(\frac{\partial A_y}{\partial u} \frac{\partial y}{\partial v} - \frac{\partial A_y}{\partial v} \frac{\partial y}{\partial u} \right) + \left(\frac{\partial A_z}{\partial u} \frac{\partial z}{\partial v} - \frac{\partial A_z}{\partial v} \frac{\partial z}{\partial u} \right) \right] \, dudv$$

最後の式への変形は，(6.13) を一般化した式を用いた。ここで

$$I_x = \iint_{S_{u,v}} \left(\frac{\partial A_x}{\partial u} \frac{\partial x}{\partial v} - \frac{\partial A_x}{\partial v} \frac{\partial x}{\partial u} \right) \, dudv$$

を次のように変形する。

$$I_x = \iint_{S_{u,v}} \left\{ \frac{\partial}{\partial u} \left(A_x \frac{\partial x}{\partial v} \right) - \frac{\partial}{\partial v} \left(A_x \frac{\partial x}{\partial u} \right) \right\} \, dudv$$

この式は，グリーンの定理 (8.30) より，

$$I_x = \oint_{C_{u,v}} \left(A_x \frac{\partial x}{\partial u} \, du + A_x \frac{\partial x}{\partial v} \, dv \right) = \oint_{C_{u,v}} A_x \left(\frac{\partial x}{\partial u} \, du + \frac{\partial x}{\partial v} \, dv \right) = \oint_C A_x(x,y,z) \, dx$$

となる。$C_{u,v}$ は，u,v 平面の積分領域 $S_{u,v}$ の境界である。他の 2 つの項も同様にして変形すると

$$\iint_S \mathrm{rot}\boldsymbol{A} \cdot d\boldsymbol{S} = \oint_C (A_x \, dx + A_y \, dy + A_z \, dz) = \oint_C \boldsymbol{A} \cdot d\boldsymbol{r}$$

が成りたつ。

ガウスの定理

$$\int_S \boldsymbol{A} \cdot d\boldsymbol{S} = \int_V \mathrm{div}\boldsymbol{A} \, dV \tag{8.34}$$

$\mathrm{div}\boldsymbol{A}$ は，ベクトル場 $\boldsymbol{A}$ の発散 (ダイバージェント) とよばれていて，次の式で定義される。

$$\mathrm{div}\boldsymbol{A} = \frac{\partial A_x}{\partial x} + \frac{\partial A_y}{\partial y} + \frac{\partial A_z}{\partial z}$$

(8.34) における V を一般の空間における単連結な領域とする。S をその表面とする。$d\boldsymbol{S}$ は，領域 V に対して外向きの微小な面積ベクトルである。簡単のために V を凸領域とする。凸領域 V の表面 S の曲面の方程式を $x = x_2(y,z)$, $x = x_1(y,z)$ で表す。ここで，$x_2(y,z) \geqq x_1(y,z)$ である。第 8 章 6.2 節と同じ考え方で，曲面 $x = x_2(y,z)$ の面積ベクトル $d\boldsymbol{S} = (dS_x, dS_y, dS_z)$ は

$$d\bm{S} = (dS_x, dS_y, dS_z) = \left(1, -\frac{\partial x_2}{\partial y}, -\frac{\partial x_2}{\partial z}\right) dydz$$

となる。曲面 $x = x_1(y, z)$ に対しては，$d\bm{S}$ は，領域 V の外側を向いているので

$$d\bm{S} = (dS_x, dS_y, dS_z) = \left(-1, \frac{\partial x_1}{\partial y}, \frac{\partial x_1}{\partial z}\right) dydz$$

となる。(8.34) の左辺は

$$\int_S \bm{A} \cdot d\bm{S} = \int_S \left(A_x \, dS_x + A_y \, dS_y + A_z \, dS_z\right) \tag{8.35}$$

となるが，この式の右辺の第1項を，上記の面積ベクトルの式を使って変形する。

$$\int_S A_x \, dS_x = \int_{S_x} \left(A_x(x_2, y, z) - A_x(x_1, y, z)\right) dydz$$

ここで，S_x は，領域 V を，yz 面に射影したときにできる領域である。

$$A_x(x_2, y, z) - A_x(x_1, y, z) = \int_{x_1}^{x_2} \frac{\partial A_x(x, y, z)}{\partial x} dx$$

とすることができるので

$$\int_S A_x \, dS_x = \int_V \frac{\partial A_x(x, y, z)}{\partial x} dxdydz$$

となる。(8.35) の右辺の第2項，第3項とも同じ考え方[注1]で変形できるので，ガウスの定理 (8.34) が成り立つ。

V が，凹領域を含む複雑な単連結な領域としても，領域 V を，いくつかの凸領域を加えたり引いたりして構成できるので、全体として上の式が成り立つことを証明することができる。これによって，V を，空間におけるいくつかの単連結な領域の合併集合の場合でも，Gauss の定理 (8.34) が成り立つことがわかる。

これらの定理は微分形式の理論では，非常に簡単に表現できる。n は，任意の自然数であり，ω を n 形式，$d\omega$ を ω の外微分とすると

$$\int_{\partial D} \omega = \int_D d\omega$$

で表される。ここで，∂D は，領域 D の境界を表す。$n = 1$ の場合が，ストークスの定理，$n = 2$ の場合が，ガウスの定理である。

[注1] 曲面 S は，$y_2 = y_2(x, z)$, $y_1 = y_1(x, z)$ $(y_2 \geqq y_1)$ で表すことができる。y_2 に対しては，$dS_y = dzdx$, y_1 に対しては，$dS_y = -dzdx$ である。z 成分についても同じである。

第9章 微分方程式

微分方程式については，第1章，および，第5章4.4節の「放物運動への応用」において，その重要性と，簡単な場合の解法について説明してきた．そこでは，単に積分して不定積分を求めれば解が得られたが，この章では，そのような単純な形ではなく，変形しなければ解が求まらないような微分方程式の解法を学ぶ．ばねによる運動や，電気回路で，抵抗だけでなく，コンデンサーや自己誘導が回路に組み込まれた電流についての微分方程式の解法は非常に重要である．

微分方程式の理論においては，1次微分を含むのを1階微分方程式，2次微分を含むのを2階微分方程式と呼ぶので，ここでもその呼称を使う．この章で取り扱う微分方程式の一般形は，y を未知関数として

$$\begin{aligned} y' + P(x, y) &= f(x) \\ y'' + ay' + by &= f(x) \end{aligned} \quad (9.1)$$

である．ここで，$P(x, y)$, $f(x)$ は与えられた関数であり，a, b は定数である．それぞれにおいて解の公式もあるが，大事なことは，解を求める道筋である解法を理解することである．

9.1　1階常微分方程式

変数が1つの微分を常微分というが，微分方程式でも変数が1つのものを**常微分方程式**という．これに対して変数が2つ以上のものを**偏微分方程式**という．(9.1) における，$P(x,y)$, $f(x)$ の形により場合分けして解説する．

9.1.1　変数分離形

変数分離形の一般形は，(9.1) において，$P(x, y) = -\dfrac{P(x)}{Q(y)}$, $f(x) = 0$ となっている微分方程式である．したがって

$$Q(y)\frac{dy}{dx} = P(x) \quad (9.2)$$

と書ける．これを全微分の形に書くと

$$Q(y)\,dy = P(x)\,dx$$

となり，両辺を積分すると解が求まる．

$$\int Q(y)\,dy = \int P(x)\,dx \tag{9.3}$$

例題 9.1 次の微分方程式を解け．

(1) $\dfrac{dy}{dx} = -2xy$ \qquad (2) $\dfrac{dy}{dx} = \dfrac{2y}{x}$

解答：いずれも (9.3) の形にして積分する．

(1) $\displaystyle\int \dfrac{1}{y}\,dy = -\int 2x\,dx$ を積分すると $\log|y| = -x^2 + \log|C|$ となる．

C は積分定数である．$|y| = |C|e^{-x^2}$, $y = Ce^{-x^2}$

このように，$\log|y|$ となっているときは，積分定数を $\log|C|$ とおくとよい．

(2) $\displaystyle\int \dfrac{1}{y}\,dy = \int \dfrac{2}{x}\,dx$ を積分すると

$\log|y| = 2\log|x| + \log|C| = \log|Cx^2| \implies y = Cx^2$ となる．

これより解は $y = Cx^2$ となる．この解法で，厳密に扱って絶対値を付けたが，そのことを念頭に置いておけば付けなくてもよい．以後，そのようにする．

以上の解において，積分定数 C が出てきた．この定数は，具体的な微分方程式においては極めて重要である．第 5 章 4.4 節の「放物運動への応用」において，この積分定数は，$t = 0$ における位置と速度を表現するものとして欠かすことができないものであった．積分定数は，このように初期条件，あるいは境界条件によって決定される定数であり，微分方程式の一般解においては必ず入れておかなければならないものである．

問題 9.1 次の微分方程式を，括弧内の条件のもとに解け．

注：(1) の括弧内の $y(0) = 1$ は，$x = 0$ で $y = 1$ を意味する．他も同じである．

(1) $\dfrac{dy}{dx} = y + 1$ \qquad $(y(0) = 1)$ \qquad (2) $\dfrac{dy}{dx} = 2xy$ \qquad $(y(0) = 1)$

(3) $(x^2 - 1)\dfrac{dy}{dx} = 2y$ \qquad $(y(2) = 1)$ \qquad (4) $x\dfrac{dy}{dx} = 2y$ \qquad $(y(1) = 1)$

(5) $(y - 1)\dfrac{dy}{dx} = -4x$ \qquad $(y(1) = 1)$ \qquad (6) $\dfrac{dy}{dx} = -y\tan x$ \qquad $(y(0) = 1)$

9.1.2 1階線形微分方程式

(9.1) において $P(x,y) = P(x)y$ となっている微分方程式である。

$$y' + P(x)\,y = f(x) \tag{9.4}$$

右辺が 0 の式を同次，そうでないのを非同次方程式という。この型の微分方程式の解法に**定数変化法**という方法がある。その定数変化法を例題によって説明する。

例題 9.2 次の微分方程式を定数変化法で解け。

(1) $xy' - 2y = x^3$ (2) $y' + y = e^{-x} + x$

解答：まず，第 1 段階として，右辺を 0 とおいて変数分離形にして解を求める。そして，第 2 段階として，そのようにして出てきた解の積分定数を $C(x)$ とおいて，その y を元の微分方程式に代入して $C(x)$ の微分方程式を導き，それを解いて $C(x)$ を求める。この 2 段階の手順で解を求める。

(1) 第 1 段階として右辺を 0 とする。

$xy' - 2y = 0 \implies \dfrac{1}{y}dy = \dfrac{2}{x}dx \implies \displaystyle\int \dfrac{1}{y}dy = \int \dfrac{2}{x}dx$

積分すると $\log y = 2\log x + \log C \implies y = Cx^2$

第 2 段階として $y = C(x)x^2$ とする。$y' = C'(x)x^2 + C(x)\cdot 2x$

この y' を元の微分方程式に代入する。

$x(C'(x)x^2 + C(x)\cdot 2x) - 2\cdot C(x)x^2 = x^3 \implies C'(x) = 1$

これを積分して $C(x) = x + C$ となるので，

解は $y = C(x)x^2 = (x+C)x^2 = Cx^2 + x^3$ となる。

(2) 第 1 段階として右辺を 0 とする。

$y' + y = 0 \implies \dfrac{1}{y}dy = -dx \implies \displaystyle\int \dfrac{1}{y}dy = -\int 1\cdot dx$

積分すると $\log y = -x + C \implies y = Ce^{-x}$

第 2 段階として $y = C(x)e^{-x}$ とする。$y' = C'(x)e^{-x} - C(x)\cdot e^{-x}$

この y' を元の微分方程式に代入する。

$(C'(x)e^{-x} - C(x)\cdot e^{-x}) + C(x)e^{-x} = e^{-x} + x \implies C'(x) = 1 + xe^x$

これを積分して $C(x) = \displaystyle\int (1 + xe^x)\,dx = x + xe^x - e^x + C$ となるので，

解は $y = Ce^{-x} + xe^{-x} + x - 1$ となる。

以上において，元の微分方程式に代入した段階で $C(x)$ の項は無くなったが，これは偶然ではなくて，この方法により必然的に無くなるのである．これが，定数変化法が有効である論拠である．

(1) の解は $y = Cx^2 + x^3$ となり，(2) の解は $y = Ce^{-x} + xe^{-x} + x - 1$ であった．いずれも，積分定数がついている項は，(9.4) の右辺が 0 の同次微分方程式の解になっている．$C = 0$ とおいた解を**特殊解**というが，その特殊解が，方程式の右辺 $f(x)$ を出す役目をしている．このことは，1 階の線形微分方程式 (9.4) だけでなく，線形微分方程式の解の一般的な構造である．

線形微分方程式の一般解 ＝ 同次微分方程式の一般解 ＋ 特殊解 (9.5)

となっている．

以上の解法で大事なことは，この型の微分方程式の解法としての定数変化法を明確に理解して数式の変形ができることである．この方法の解の公式もあるが，それは，敢えて載せないことにする．

問題 9.2 次の微分方程式を解け．

(1) $y' + y = 1$ (2) $y' - y = x$ (3) $y' + xy = x$

(4) $y' + \dfrac{y}{x} = \cos x$ (5) $y' - y = e^x$ (6) $y' - y = \sin x$

(7) $y' + y = x^2$ (8) $y' \sin x - y \cos x = 1$ (9) $xy' - y = x^3 e^{-x}$

9.2 2 階線形微分方程式

2 階線形微分方程式の一般形は

$$\frac{d^2 y}{dx^2} + a(x)\frac{dy}{dx} + b(x)y = f(x) \tag{9.6}$$

である．右辺が 0 の式を同次，そうでないのを非同次微分方程式という．

y_1, y_2 が同次方程式

$$\frac{d^2 y}{dx^2} + a(x)\frac{dy}{dx} + b(x)y = 0$$

の解とする．C_1, C_2 を定数として，この二つの解の線形結合 $y = C_1 y_1 + C_2 y_2$ もまた解になることを示す．

9.2. 2階線形微分方程式

$$\frac{d^2}{dx^2}(C_1y_1 + C_2y_2) + a(x)\frac{d}{dx}(C_1y_1 + C_2y_2) + b(x)(C_1y_1 + C_2y_2)$$
$$= C_1\left(\frac{d^2y_1}{dx^2} + a(x)\frac{dy_1}{dx} + b(x)y_1\right) + C_2\left(\frac{d^2y_2}{dx^2} + a(x)\frac{dy_2}{dx} + b(x)y_2\right) = 0$$

これより，次の定理が成り立つ．

―― 定理 9.1：2 階線形同次微分方程式の解 ――

y_1, y_2 が，2 階線形同次微分方程式

$$\frac{d^2y}{dx^2} + a(x)\frac{dy}{dx} + b(x)y = 0 \tag{9.7}$$

の解であるとき，C_1, C_2 を定数として，$y = C_1y_1 + C_2y_2$ もまた解になる．

また，2 階線形同次微分方程式の解について，次の重要な定理が成り立つ．証明に入る前に，証明に必要となる事項を説明しておく．

恒等的に $y_1y_2 = 0$ となるような解は除外する．y_1, y_2 が比例関係にないとき，$\frac{y_2}{y_1}$ は定数でないので $\left(\frac{y_1}{y_2}\right)' = \frac{y_1'y_2 - y_1y_2'}{y_2^2} \neq 0$ となる．逆に $y_1'y_2 - y_1y_2' \neq 0$ のとき，$\frac{y_1'}{y_1} - \frac{y_2'}{y_2} \neq 0$ を積分すると，C を定数として $\log\frac{y_1}{y_2} \neq C$ となって y_1, y_2 が比例関係にない．このような y_1, y_2 の関係を，関数として **1 次独立** という．比例関係にあるときは **1 次従属** という．

―― 定理 9.2：2 階線形同次微分方程式の解 ――

y_1, y_2 が，2 階線形同次微分方程式 (9.7) の解であり，かつ，1 次独立であるとき，(9.7) の任意の解は C_1, C_2 を定数として，$y = C_1y_1 + C_2y_2$ となる．

証明：y_1, y_2 は 1 次独立であるので，任意の関数 y に対して

$$y = c_1(x)y_1 + c_2(x)y_2, \qquad y' = c_1(x)y_1' + c_2(x)y_2'$$

となるような関数 $c_1(x), c_2(x)$ が存在する．なぜなら，上記の式を $c_1(x), c_2(x)$ を未知数とする連立方程式とみると，y_1, y_2 は 1 次独立であることより解が存在する．$y = c_1(x)y_1 + c_2(x)y_2$ を微分すると

$$y' = c_1'(x)y_1 + c_2'(x)y_2 + c_1(x)y_1' + c_2(x)y_2' = c_1'(x)y_1 + c_2'(x)y_2 + y'$$

となるので $c_1'(x)y_1 + c_2'(x)y_2 = 0$ となる．

また，y は，(9.7) の解であるので

$$y'' + a(x)y' + b(x)y = (c_1(x)y_1' + c_2(x)y_2')'$$
$$+ a(x)(c_1(x)y_1' + c_2(x)y_2') + b(x)(c_1(x)y_1 + c_2(x)y_2) = 0$$
$$\implies c_1'(x)y_1' + c_2'(x)y_2' = 0$$

よって

$$c_1'(x)y_1 + c_2'(x)y_2 = 0, \qquad c_1'(x)y_1' + c_2'(x)y_2' = 0$$

となる。この二つの式を $c_1'(x), c_2'(x)$ を未知数とする連立方程式とみると，y_1, y_2 が 1 次独立だから，解は $c_1'(x) = 0, c_2'(x) = 0$ となる。これより，C_1, C_2 を定数として，$c_1(x) = C_1, c_2(x) = C_2$ となる。よって，(9.7) の任意の解は $y = C_1 y_1 + C_2 y_2$ と書ける。

9.2.1 定数係数 2 階線形同次微分方程式

(9.7) において $a(x), b(x)$ が実数の定数で，$f(x) = 0$ である微分方程式の解法について解説する。

$$\frac{d^2 y}{dx^2} + a\frac{dy}{dx} + by = 0 \tag{9.8}$$

この式を

$$\left(\frac{d^2}{dx^2} + a\frac{d}{dx} + b\right)y = 0$$

と書いたときの y に作用している作用素を微分演算子という。この場合は，2 階の微分演算子であるが，1 階の微分演算子の積で書くことができる。λ_1, λ_2 を定数とする。

$$\left(\frac{d}{dx} - \lambda_1\right)\left(\frac{d}{dx} - \lambda_2\right) = \frac{d^2}{dx^2} - (\lambda_1 + \lambda_2)\frac{d}{dx} + \lambda_1 \lambda_2$$

となるので，$\lambda_1 + \lambda_2 = -a, \lambda_1 \lambda_2 = b$ であればよい。よって，λ_1, λ_2 は，2 次方程式

$$\lambda^2 + a\lambda + b = 0 \tag{9.9}$$

の解である。この 2 次方程式を，微分方程式 (9.8) の**特性方程式**という。これより (9.8) の解は

$$\left(\frac{d}{dx} - \lambda_1\right)\left(\frac{d}{dx} - \lambda_2\right)y = 0 \tag{9.10}$$

を解いて求めることができる。

9.2. 2階線形微分方程式

(9.10) において, $\left(\dfrac{d}{dx} - \lambda_2\right)y = z$ とおくと

$$\left(\dfrac{d}{dx} - \lambda_1\right)z = 0 \iff \dfrac{dz}{dx} - \lambda_1 z = 0$$

となる。これは変数分離形で簡単に解けて $z = Ae^{\lambda_1 x}$ となる。よって

$$\left(\dfrac{d}{dx} - \lambda_2\right)y = z = Ae^{\lambda_1 x} \iff \dfrac{dy}{dx} - \lambda_2 y = Ae^{\lambda_1 x}$$

この微分方程式も定数変化法で簡単に解ける。右辺を 0 として解くと $y = Ce^{\lambda_2 x}$ となる。$y = C(x)e^{\lambda_2 x}$ として, 上の方程式に代入すると

$$C'(x) = Ae^{(\lambda_1 - \lambda_2)x}$$

となる。$\lambda_1 = \lambda_2 = \lambda$ のときは, $C(x) = Ax + C_2$ となるので, $A = C_1$ とおいて解は

$$y = C(x)e^{\lambda_2 x} = (C_1 x + C_2)e^{\lambda x} \tag{9.11}$$

となる。$\lambda_1 \neq \lambda_2$ のときは, $C(x) = \dfrac{A}{\lambda_1 - \lambda_2}e^{(\lambda_1 - \lambda_2)x} + C_2$ となり, このときの解は, $\dfrac{A}{\lambda_1 - \lambda_2} = C_1$ とおくと

$$y = C(x)e^{\lambda_2 x} = C_1 e^{\lambda_1 x} + C_2 e^{\lambda_2 x} \tag{9.12}$$

となる。λ_1, λ_2 が虚数になる場合は変形しなければならない。a, b は実数であるので, p, q を実数として $\lambda_1 = p + iq, \lambda_2 = p - iq$ と書ける。よって

$$y = C_1 e^{(p+iq)x} + C_2 e^{(p-iq)x} = e^{px}\left(C_1 e^{iqx} + C_2 e^{-iqx}\right)$$

ここで, オイラーの公式 (4.22)

$$e^{ix} = \cos x + i\sin x$$

を用いると, 解は

$$y = e^{px}(A\cos qx + B\sin qx) \tag{9.13}$$

となる。以上の解法を念頭において, 解をまとめると次のようになる。

定理 9.3：定数係数 2 階線形同次微分方程式の解

微分方程式 $\dfrac{d^2y}{dx^2} + a\dfrac{dy}{dx} + by = 0$ の解は，
特性方程式 $\lambda^2 + a\lambda + b = 0$ の解 λ_1, λ_2 によって，つぎのように分類される。

(1) λ_1, λ_2 が実数で，異なるとき
$$y = C_1 e^{\lambda_1 x} + C_2 e^{\lambda_2 x}$$

(2) $\lambda_1 = \lambda_2 = \lambda$ のとき
$$y = (C_1 x + C_2) e^{\lambda x}$$

(3) p, q を実数として $\lambda_1 = p + iq, \lambda_2 = p - iq$ のとき
$$y = e^{px}(A \cos qx + B \sin qx)$$

例題 9.3 次の微分方程式を解け。

(1) $y'' - y' - 2y = 0$　　(2) $y'' + 2y' + y = 0$　　(3) $y'' + 2y' + 2y = 0$

解答：(1) は，微分演算子を使って解答する。(2), (3) は定理 9.3 を使う。

(1) 特性方程式 $\lambda^2 - \lambda - 2 = 0$ より $\lambda = 2, -1$ となるので微分演算子を使うと
$\left(\dfrac{d}{dx} - 2\right)\left(\dfrac{d}{dx} + 1\right)y = 0$, $\left(\dfrac{d}{dx} + 1\right)y = z$ とおくと $\dfrac{dz}{dx} - 2z = 0$ より
$z = Ce^{2x}$ となる。$\dfrac{dy}{dx} + y = Ce^{2x}$ を定数変化法で解くと $y = C_1 e^{2x} + C_2 e^{-x}$

(2) 特性方程式 $\lambda^2 + 2\lambda + 1 = 0$ より $\lambda = -1$ となるので，定理 9.3 の (2) より，解は $y = (C_1 x + C_2)e^{-x}$ となる。

(3) 特性方程式 $\lambda^2 + 2\lambda + 2 = 0$ より $\lambda = -1 \pm i$ となるので，定理 9.3 の (3) より，解は $y = e^{-x}(A \cos x + B \sin x)$ となる。

例題 9.4 次の微分方程式を，指定された初期条件のもとに解け。ここでは，$y(0) = \alpha$ は，$x = 0$ のとき，$y = \alpha$ を意味する。他の表記も同じである。

(1) $y'' + y' - 2y = 0$,　　$y(0) = 0$,　　$y'(0) = -3$

(2) $y'' - 2y' + 2y = 0$,　　$y(0) = 1$,　　$y'(0) = 3$

9.2. 2階線形微分方程式

解答：定理 9.3 で解を求め，初期条件を入れて積分定数を決める。

(1) 特性方程式 $\lambda^2 + \lambda - 2 = 0$ より $\lambda = 1, -2$ となるので，定理 9.3 の (1) より，
$y = C_1 e^x + C_2 e^{-2x}$ となる。$y(0) = C_1 + C_2 = 0$, $y'(0) = C_1 - 2C_2 = -3$ より
$C_1 = -1, C_2 = 1$ となるので解は $y = -e^x + e^{-2x}$

(2) 特性方程式 $\lambda^2 - 2\lambda + 2 = 0$ より $\lambda = 1 \pm i$ となるので，定理 9.3 の (3) より，
$y = e^x(C_1 \cos x + C_2 \sin x)$ となる。$y(0) = C_1 = 1$,
$y' = e^x((C_1 + C_2)\cos x + (-C_1 + C_2)\sin x)$ となり，$y'(0) = C_1 + C_2 = 3$
$C_1 = 1, C_2 = 2$ となるので解は $y = e^x(\cos x + 2\sin x)$

問題 9.3 次の微分方程式を，微分演算子を使って解け。

(1) $y'' + y' - 6y = 0$ (2) $y'' + 4y' + 4y = 0$ (3) $y'' - 4y' + 5y = 0$

問題 9.4 次の微分方程式を解け。

(1) $y'' - y' - 6y = 0$ (2) $y'' - 4y' + 4y = 0$ (3) $y'' - 6y' + 9y = 0$

(4) $y'' - 3y' + 2y = 0$ (5) $y'' + 4y' + 5y = 0$ (6) $y'' + y = 0$

問題 9.5 次の微分方程式を，指定された初期条件のもとに解け。
注：(1) の $y(0) = -1$ は，$x = 0$ のとき，$y = -1$ を意味する。他の表記も同じである。

(1) $y'' + 2y' - 3y = 0$, $y(0) = -1$, $y'(0) = -5$
(2) $y'' - 4y' + 5y = 0$, $y(0) = 2$, $y'(0) = 1$
(3) $y'' + 4y = 0$, $y(0) = 3$, $y'(0) = -2$
(4) $y'' + 4y' + 4y = 0$, $y(0) = 3$, $y'(0) = -4$

9.2.2 定数係数 2 階線形非同次微分方程式

(9.6) において $a(x), b(x)$ が定数の微分方程式の解法について解説する。

$$\frac{d^2y}{dx^2} + a\frac{dy}{dx} + by = f(x) \tag{9.14}$$

この微分方程式の解は，(9.5) に示すように，右辺を 0 とした同次方程式の解に，特殊解を加えたものになっている。一方，定理 9.2 によって，2 階の線形同次微

分方程式の独立な解は y_1, y_2 の 2 個である．したがって，特殊解を y_s で表すと (9.14) の一般解は

$$y = C_1 y_1 + C_2 y_2 + y_s \tag{9.15}$$

とかける．この特殊解が，y_{s1}, y_{s2} の 2 個あったとすると $y_{s1} - y_{s2}$ は，同次方程式の解であるから，a_1, a_2 を定数として $y_{s1} = y_{s2} + a_1 y_1 + a_2 y_2$ となり，結局，(9.15) と同じ形の解を与える．したがって，特殊解は 1 個見つかれば十分である．

(9.14) の解法であるが，同次方程式 (9.8) と同様に微分演算子を使って求めることができる．(9.10) に代わるものは

$$\left(\frac{d}{dx} - \lambda_1\right)\left(\frac{d}{dx} - \lambda_2\right) y = f(x) \tag{9.16}$$

である．$z = \left(\dfrac{d}{dx} - \lambda_2\right) y$ とおいて，$\dfrac{dz}{dx} - \lambda_1 z = f(x)$ を導き，定数変化法を使って解を求めればよい．しかし，計算は，大概の場合複雑になってしまう．ここでは，$f(x)$ を簡単な基本的な関数として解を求めるための簡便な方法を紹介する．例題によって説明する．

例題 9.5 次の微分方程式を解け．

(1) $y'' - y' - 2y = x^2$ (2) $y'' + 2y' + y = e^{-x} + 8e^x$ (3) $y'' + 2y' + 2y = 5\sin x$

解答：いずれも同次方程式は例題 9.4 の問題となっている．

(1) 特殊解があれば $y_s = ax^2 + bx + c$ となっているはずである．$y'_s = 2ax + b$, $y''_s = 2a$ を方程式に代入すると

$$2a - (2ax + b) - 2(ax^2 + bx + c) = -2ax^2 - 2(a+b)x + 2a - b - 2c = x^2$$

となる．係数を比較して $-2a = 1$, $a + b = 0$, $2a - b - 2c = 0$ より
$a = -\frac{1}{2}$, $b = \frac{1}{2}$, $c = -\frac{3}{4}$ となるので，特殊解は $y_s = -\frac{1}{2}x^2 + \frac{1}{2}x - \frac{3}{4}$ となる．
例題 9.4 の (1) の答えより，解は $y = C_1 e^{2x} + C_2 e^{-x} - \frac{1}{2}x^2 + \frac{1}{2}x - \frac{3}{4}$

(2) 特殊解があれば $y_s = ae^{-x} + be^x$ となっているはずである．$y'_s = -ae^{-x} + be^x$, $y''_s = ae^{-x} + be^x$ を方程式に代入すると

$$ae^{-x} + be^x + 2(-ae^{-x} + be^x) + (ae^{-x} + be^x) = 4be^x = 8e^x$$

となる．係数を比較して $b = 2$ となる．しかし，a は消えてしまって決めることができない．これは，e^{-x} が "同次方程式の解" になっているからである．

9.2. 2階線形微分方程式

このときは，$y_s = s(x)e^{-x}$ とおく．$y_s' = (s'(x) - s(x))e^{-x}$，
$y_s'' = (s''(x) - 2s'(x) + s(x))e^{-x}$ を方程式に代入すると $s''(x) = 1$ になって
$s(x) = \frac{1}{2}x^2 + ax + b$ となる．よって，方程式の右辺の e^{-x} を出す特殊解は
$y_s = \frac{1}{2}x^2 e^{-x}$ となる．$8e^x$ を出す特殊解と合わせると $y_s = \frac{1}{2}x^2 e^{-x} + 2e^x$ となる．結局解は $y = (ax+b)e^{-x} + \frac{1}{2}x^2 e^{-x} + 2e^x$ となる．

(3) 特殊解があれば $y_s = a\cos x + b\sin x$ となっているはずである．
$y_s' = -a\sin x + b\cos x$, $y_s'' = -a\cos x - b\sin x$ を方程式に代入すると
$(-a\cos x - b\sin x) + 2(-a\sin x + b\cos x) + 2(a\cos x + b\sin x)$
$= (a + 2b)\cos x + (-2a + b)\sin x = 5\sin x$

となる．係数を比較して $a + 2b = 0$, $-2a + b = 5$ より
$a = -2$, $b = 1$ となるので，特殊解は $y_s = -2\cos x + \sin x$ となる．
例題 9.3 の (3) の答えより，解は $y = e^{-x}(A\cos x + B\sin x) - 2\cos x + \sin x$

以上より次の手順で特殊解を見つければよい．

(1) $f(x)$ が n 次の整式のときは $y_s = \displaystyle\sum_{k=0}^{n} a_n x^n$

(2) $f(x) = e^{\alpha x}$ のときは，$y_s = ae^{\alpha x}$

(3) $f(x) = c\cos x + d\sin x$ のときは，$y_s = a\cos x + b\sin x$

と置いて，y_s を微分方程式に代入して，両辺を比較して係数に対する連立方程式から特殊解を決める．ここで注意しなければいけないのは次の点である．

(a) $f(x)$ が，同次方程式の解になっているときは，(2) の解答で示しているように，$y_s = s(x)f(x)$ として微分方程式へ代入して，$s(x)$ に関する微分方程式を導く．$e^{\alpha x}$ が，同次方程式の重解のときは $y_s = ax^2 e^{\alpha x}$，単純解のときは $y_s = axe^{\alpha x}$ とおいて，特殊解となるように a を決める．同次方程式の解が $\cos \alpha x$ か，あるいは $\sin \alpha x$ であれば $y_s = x(a\cos \alpha x + b\sin \alpha x)$ とおいて，a, b に関する連立方程式を導く．

(b) $f(x)$ が，例題 9.5 の (2) のように，$f(x) = f_1(x) + f_2(x)$ となっているときは，$f_1(x)$, $f_2(x)$ を出す特殊解を求めて加えればよい．

問題 9.6 次の微分方程式の一般解を求めよ．

(1) $y'' + 4y' + 3y = 3x^2 + 2x - 6$ (2) $y'' + 2y' + 2y = e^{-x} + 2x$

(3) $y'' - y' - 2y = e^{2x} + x$ (4) $y'' + 3y' + 2y = e^x + e^{-x}$

(5) $y'' - 4y' + 5y = 8\cos x$ (6) $y'' + y = \sin x + \cos x$

9.3 微分方程式の応用

微分方程式の応用については，第 5 章 4.4 節の「放物運動への応用」において既に解説してきた。そこでは，単に積分するだけで解が求まる簡単な微分方程式であった。ここでは，この章で学んだ解法を使って解を求める微分方程式が出てくるような応用問題を取り扱う。具体的には，空気抵抗がある放物運動，強制力があるバネによる振動，抵抗とインダクタンス（自己誘導）のある回路の電流を求める問題，生物の増殖の問題を取り扱う。

9.3.1 空気抵抗がある放物運動

速度に比例する空気抵抗が働くとする。水平方向に x 軸，鉛直上方に y 軸をとる。抵抗係数を k とすると，運動方程式は次のようになる。

$$m\frac{dv_x}{dt} = -kv_x \tag{9.17}$$

$$m\frac{dv_y}{dt} = -mg - kv_y \tag{9.18}$$

ここで，m は粒子の質量，$v_x, v_y, \frac{dv_x}{dt}, \frac{dv_y}{dt}$ は，それぞれ，x 軸方向，y 軸方向の速度と加速度である。g は重力加速度で $g = 9.8\,\text{m/s}^2$ とする。$-mg$ は，y 軸方向に粒子に作用している重力である。x 軸方向の運動方程式 (9.17) は，変数分離法，y 軸方向の方程式 (9.18) は定数変化法で解ける。例題において，具体的に解法を説明していくが，できれば独自に解いたほうが良い。

例題 9.6 高さ 2m の所から，速度 30m/s で，水平方向に対して仰角 40° の方向に，質量 100g の物体を投げた。空気抵抗を $-0.01(v_x, v_y)$ として次の問いに答えよ。数値を求めるときは，電卓を使い小数第 2 位まで求めよ。

(1) 初期条件を数式で表せ。

(2) 運動方程式を書き，その解を求めよ。

(3) 最高点に達するまでの時間と最高点の高度を求めよ。

(4) 着地する時間と到達距離を求めよ。

解答 x 軸を水平方向，y 軸を鉛直上方にとる。

(1) $x(0) = 0, y(0) = 2, v_x(0) = 30\cos 40°, v_y(0) = 30\sin 40°$

9.3. 微分方程式の応用

(2) $100\,\text{g} = 0.1\,\text{kg}$ だから

$$0.1\frac{dv_x}{dt} = -0.01v_x \qquad \Longrightarrow \qquad \frac{dv_x}{dt} = -0.1v_x \tag{9.19}$$

$$0.1\frac{dv_y}{dt} = -0.1g - 0.01v_y \qquad \Longrightarrow \qquad \frac{dv_y}{dt} = -g - 0.1v_y \tag{9.20}$$

微分方程式 (9.19) は、変数分離法で簡単に解ける。

$$\frac{dv_x}{v_x} = -0.1\,dt \implies \int \frac{dv_x}{v_x} = \int -0.1\,dt \implies v_x = Ce^{-0.1t}$$

初期条件より $v_x(0) = C = 30\cos 40°$ となるので，$v_x = 30\cos 40°\,e^{-0.1t}$ となる。

$$\frac{dx}{dt} = v_x \implies x = \int v_x\,dt = \int 30\cos 40°\,e^{-0.1t}\,dt = -300\cos 40°\,e^{-0.1t} + C$$

初期条件より $x(0) = -300\cos 40° + C = 0$ となるので，

$$x = 300\cos 40°(1 - e^{-0.1t}) \tag{9.21}$$

となる。微分方程式 (9.20) は，変数分離法でも解けるが，ここでは，定数変化法で解く。v_x の解法を参照して，$v_y = C(t)e^{-0.1t}$ とおくと

$$\frac{d}{dt}C(t) = -g\,e^{0.1t} \implies C(t) = -10g\,e^{0.1t} + C \implies v_y = Ce^{-0.1t} - 10g$$

初期条件より

$$v_y(0) = C - 10g = 30\sin 40° \implies v_y = (30\sin 40° + 10g)e^{-0.1t} - 10g$$

となるので

$$\frac{dy}{dt} = v_y \implies y = \int v_y\,dt = \int \left((30\sin 40° + 10g)e^{-0.1t} - 10g\right)dt$$
$$= -10(30\sin 40° + 10g)e^{-0.1t} - 10gt + C$$

初期条件より $y(0) = -10(30\sin 40° + 10g) + C = 2$ となるので，

$$y = 10(30\sin 40° + 10g)(1 - e^{-0.1t}) - 10gt + 2 \tag{9.22}$$

となる。

(3) 最高点では $v_y = (30\sin 40° + 10g)e^{-0.1t} - 10g = 0$ であるから

$$t = 10 \log\left(\frac{30\sin 40° + 10g}{10g}\right) = 1.796 \text{ s}$$

これを，(9.22) に代入して，最高点における高度は 18.80 m となる。

(4) 着地したときは $y = 0$ であるので，第 4 章 6 節のニュートン法で，着地の時刻を求める。方程式 $y = 0$ の解の漸化式は，$\dot{y} = v_y$ であるので

$$t_{n+1} = t_n - \frac{y(t_n)}{v_y(t_n)} = t_n - \frac{10(30\sin 40° + 10g)(1 - e^{-0.1t_n}) - 10gt_n + 2}{(30\sin 40° + 10g)e^{-0.1t_n} - 10g}$$

となる。$t_1 = 3$ とすると $t_2 = 4.078$ → $t_3 = 3.834$ → $t_4 = 3.822$ → $t_5 = 3.820$ となるので着地の時刻は $t = 3.82$ としてよい。
この値を (9.21) に代入して，到達距離は 72.98 m となる

問題 9.7 高さ 1m の所から，速度 20m/s で，水平方向に対して仰角 50° の方向に，質量 100g の物体を投げた。空気抵抗を $-0.02(v_x, v_y)$ として次の問いに答えよ。$g = 9.8 \text{ m/s}^2$ とする。数値を求めるときは，電卓を使い小数第 2 位まで求めよ。

(1) 初期条件を数式で表せ。
(2) 運動方程式を書き，その解を求めよ。
(3) 最高点に達するまでの時間と最高点の高度を求めよ。
(4) 着地する時間と到達距離を求めよ。

9.3.2 強制振動

振動の現象は，実際問題としてよく現れる。たとえば振り子の振動，バネによる振動，太鼓の振動，地震による建物の振動等いくらでもある。ここでは，その振動の典型として，図で示したようなバネによる物体の振動を考える。物体の質量は m で，自然の長さが l のバネに結ばれている。原点の位置に物体があるときに，バネによる力は働かないとする。物体の位置は，図の左端の点で表す。

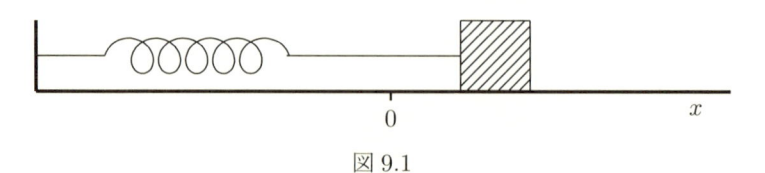

図 9.1

9.3. 微分方程式の応用

バネによる物体の振動の一般的な運動方程式は次の式で与えられる。

$$m\ddot{x} + 2f\dot{x} + kx = A_0 \sin \omega t \tag{9.23}$$

ここで，k はバネ定数，$2f$ は速度に比例する抵抗力の係数，右辺は周期的な外力を表す。この微分方程式は，(9.14) における定数係数 2 階非同次微分方程式であり，その一般的な解法が存在するので解を求めることができる。いろいろなパターンの解が存在するが，ここでは，次の例題を解くことに留める。

例題 9.7 次の $x = x(t)$ に関する微分方程式を解け。

$$\ddot{x} + 4\dot{x} + 5x = 8\cos t$$

初期条件は $x(0) = 2$, $\dot{x}(0) = 2$ である。

解答 特性方程式は $\lambda^2 + 4\lambda + 5 = 0$ より，$\lambda = -2 \pm i$ となるので，同次方程式の解は，$x_0 = e^{-2t}(A\cos t + B\sin t)$ となる。

特殊解を $x_s = a\cos t + b\sin t$ とおくと，$\dot{x}_s = -a\sin t + b\cos t$, $\ddot{x}_s = -a\cos t - b\sin t$ となる。これらを微分方程式に代入して，x_s が解である条件を求めると $4(a+b) = 8$, $4(-a+b) = 0$ となるので，$a = b = 1$ となる。よって，特殊解は $x_s = \cos t + \sin t$ となる。

これより，一般解は $x = e^{-2t}(A\cos t + B\sin t) + \cos t + \sin t$ となる。初期条件より $A = 1$, $B = 3$ となるので，解は $x = e^{-2t}(\cos t + 3\sin t) + \cos t + \sin t$ である。解の概形は，図 9.2 となる。指数関数の入った項は時間が経つにつれて急速に減衰して，特殊解の項の寄与で物体は振動を続ける。

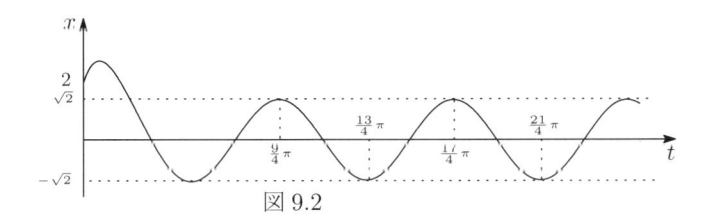

図 9.2

問題 9.8 次の $x = x(t)$ に関する微分方程式を解け。
初期条件は $x(0) = 0$, $\dot{x}(0) = 2$ である。

$$\ddot{x} + 2\dot{x} + 2x = 5\sin t$$

9.3.3 電気回路

電気回路を流れる電流の時間的変化を調べる微分方程式は, 定数係数非同次微分方程式 (9.14) になる。右図に示すような電気回路に流れる電流の方程式を求める。回路に抵抗 R, 自己インダクタンス L, 電気容量 C のコンデンサーが配置されている。R, L, C は時間 t に依存しない定数とする。スイッチを閉じると, 起電力 E によって, この回路に電流 I が流れる。

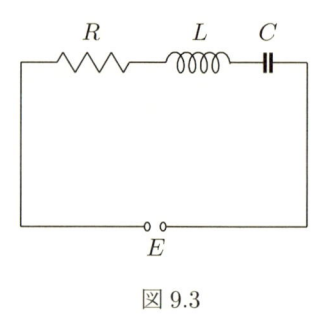

図 9.3

電流 I の方程式は, 抵抗, コンデンサーによる電圧の降下を考えると

$$RI = E(t) - L\frac{dI}{dt} - \frac{Q}{C}$$

となる。I と Q の間には関係 $I = \dfrac{dQ}{dt}$ があるので, 両辺を微分すると

$$L\frac{d^2I}{dt^2} + R\frac{dI}{dt} + \frac{I}{C} = \frac{dE(t)}{dt} \tag{9.24}$$

となる。コンデンサーが配置されていないときは, 1 階線形微分方程式となる。

$$L\frac{dI}{dt} + RI = E(t) \tag{9.25}$$

(9.24) は, 既に解説したタイプの微分方程式であるのでここでは取り扱わない。(9.25) は, 9 章 1.2 節で紹介した定数変化法で解ける。ここでは, 起電力が定数 E である簡単な場合の解を求めておこう。初期条件を $I(0) = 0$ とすると, 解は

$$I = \frac{E}{R}\left(1 - e^{-\frac{R}{L}t}\right)$$

となる。電流は, 図 9.4 に示すように変化をして, 時間が経つとオームの法則 $E = RI$ が成り立つ。

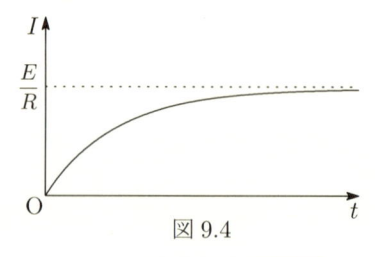

図 9.4

問題解答

第 1 章

問題 1.1 (1) $v = \dfrac{dx}{dt} = 2t+1$, $a = \dfrac{dv}{dt} = 2$

(2) $v = \displaystyle\int 1\,dt = t+C \longrightarrow v = t+1$, $x = \displaystyle\int (t+1)\,dt = \dfrac{1}{2}t^2+t+C \longrightarrow x = \dfrac{1}{2}t^2+t+1$

問題 1.2 (1) $4x-3$ (2) $3x^2-5$ (3) $12x^3$ (4) $-6x+2$ (5) $6x^2+6$ (6) $-8x^3+1$

問題 1.3 (1) $f'(x) = 2x-3,\qquad y = -1\cdot(x-1)-1 = -x$

(2) $f'(x) = 4x,\qquad y = 4\cdot(x-1)-3 = 4x-7$

(3) $f'(x) = -6x+4,\qquad y = -2\cdot(x-1)+1 = -2x+3$

(4) $f'(x) = 3x^2-3,\qquad y = 0\cdot(x-1)-2 = -2$

(5) $f'(x) = 6x^2-3,\qquad y = 3\cdot(x-1)-6 = 3x-9$

(6) $f'(x) = 4x^3-5,\qquad y = -1\cdot(x-1)-4 = -x-3$

問題 1.4 (1) $-x^2+x+C$ (2) $\dfrac{1}{3}x^3-2x^2+2x+C$ (3) $-x^3+2x^2+C$

(4) $\dfrac{1}{4}x^4-\dfrac{3}{2}x^2+C$ (5) $\dfrac{1}{2}x^4-\dfrac{3}{2}x^2-5x+C$ (6) $-\dfrac{1}{5}x^5+x^2+C$

問題 1.5 (1) $\dfrac{9}{2}$ (2) $\dfrac{1}{6}$ (3) 4 (4) $\dfrac{256}{3}$ (5) $\dfrac{9}{2}$ (6) $\dfrac{125}{6}$

第 2 章

問題 2.1 : (1) 2 (2) -1 (3) $\dfrac{1}{2}$ (4) 4 (5) $\dfrac{5}{3}$ (6) 1

問題 2.2 と **問題 2.3** は，定理 2.7 の中間値の定理を使う．

問題 2.4 (1), (2), (3) における関数は合成関数であるので，定理 2.4 の合成関数の連続性，定理 2.5 の初等関数の連続性より，いずれの関数も連続である．

問題 2.5 $y = -2\left(x + \dfrac{3}{4}\right)^2 + 2$ であるので, 頂点が $\left(-\dfrac{3}{4}, 2\right)$, 中心の軸が $x = -\dfrac{3}{4}$ の上に凸の放物線である. 図は略する.

問題 2.6 (1) $(x-1)(x^2+x+1)$ (2) $(x^2-x+2)(x^2+x+2)$

(3) $x(x-2)(x+2)(x-1)(x+1)$

問題 2.7

(1) (2)

問題 2.8 (1) $\dfrac{1}{x-3} - \dfrac{1}{x-2}$ (2) $\dfrac{2}{x+2} - \dfrac{1}{x+1}$ (3) $x - 1 + \dfrac{27}{5}\dfrac{1}{x+3} + \dfrac{8}{5}\dfrac{1}{x-2}$

(4) $\dfrac{1}{3}\left(\dfrac{1}{x-1} + \dfrac{-x+1}{x^2+x+1}\right)$ (5) $\dfrac{1}{4}\left(\dfrac{1}{x-1} - \dfrac{1}{x+1} + \dfrac{2}{x^2+1}\right)$

(6) $\dfrac{1}{18}\left(\dfrac{1}{x-1} - \dfrac{9}{x+1} + \dfrac{8}{x+2} + \dfrac{6}{(x+2)^2}\right)$

問題 2.9

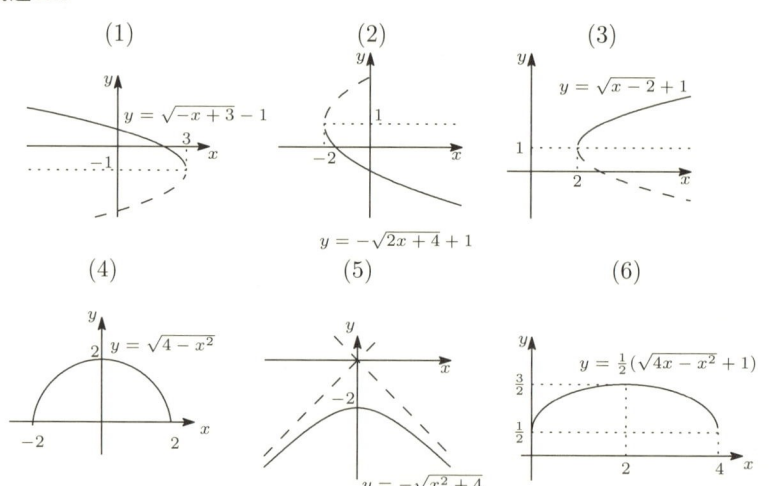

問題 2.10 $AC = 16.14$m, $BC = 13.18$m, $AP = 26.21$m, $CP = 20.66$m, $BP = 24.50$m

235

問題 2.11 O より AC に垂線を下し，その足を H として，△OAH と △OCH の合同を示す。△OAC は正三角形となるので AC = OA = $\frac{1}{2}a$ となる。BC = $\sqrt{\text{AB}^2 - \text{AC}^2} = \frac{\sqrt{3}}{2}a$
$\sin 30° = \frac{1}{2}$, $\cos 30° = \frac{\sqrt{3}}{2}$, $\tan 30° = \frac{1}{\sqrt{3}}$, $\sin 60° = \frac{\sqrt{3}}{2}$, $\cos 60° = \frac{1}{2}$, $\tan 60° = \sqrt{3}$

問題 2.12 $\text{AB}^2 = \text{AC}^2 + \text{BC}^2$, AC = BC より $\sin 45° = \cos 45° = \frac{\sqrt{2}}{2}$, $\tan 45° = 1$

問題 2.13

度数法	30°	45°	60°	90°	120°	28.65°	36°	160.43°
弧度法	$\frac{\pi}{6}$	$\frac{\pi}{4}$	$\frac{\pi}{3}$	$\frac{\pi}{2}$	$\frac{2\pi}{3}$	0.5 ラジアン	0.63 ラジアン	2.8 ラジアン

問題 2.14 周期は (1) の関数は π (2) は，4π (3) は $\frac{3}{2}\pi$ である。図は省略

問題 2.15 (1) $\frac{7}{12}\pi = 105°$, $\sin 105° = \frac{\sqrt{2}+\sqrt{6}}{4}$ (2) $\frac{1}{12}\pi = 15°$, $\cos 15° = \frac{\sqrt{6}+\sqrt{2}}{4}$

問題 2.16 (1) $y = 2\sin\left(x - \frac{\pi}{3}\right)$ (2) $y = \frac{\sqrt{2}}{2}\sin\left(2x + \frac{\pi}{4}\right) + \frac{1}{2}$

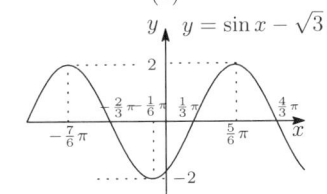

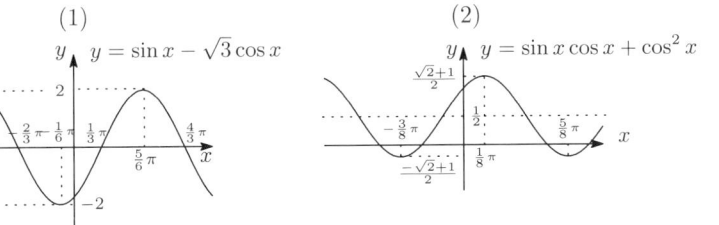

(1) $y = \sin x - \sqrt{3}\cos x$

(2) $y = \sin x \cos x + \cos^2 x$

問題 2.17 (1) $\frac{\sin 4x + \sin 2x}{2}$ (2) $\frac{\cos 2x - \cos 4x}{2}$ (3) $\frac{\cos 4x + \cos 2x}{2}$

問題 2.18 (1) $2\cos 2x \sin x$ (2) $2\cos 2x \cos x$

問題 2.19 (1) $r = \frac{1}{6}\pi, \frac{5}{6}\pi$ (2) $x = \frac{1}{4}\pi, \frac{1}{2}\pi, \frac{3}{4}\pi$

問題 2.20 (1) $\sin 3x = 3\sin x - 4\sin^3 x$ (2) $\cos 3x = 4\cos^3 x - 3\cos x$

問題 2.21 $\cos 3\theta = \cos(90° - 2\theta)$ を使う。 $\sin 18° = \frac{\sqrt{5}-1}{4}$

問題 2.22 (1) 2 (2) a (3) $a^6 b^{-4}$ (4) $\frac{1}{2}$ (5) 1 (6) $\frac{a^{\frac{1}{2}} + a^{-\frac{1}{2}}}{2}$

問題 2.23 すべて 4 の指数にそろえる。 $\sqrt[5]{64} < (0.25)^{-\frac{5}{8}} < 4^{\frac{2}{3}} < 4^{0.7} < (\sqrt{2})^3$

問題 **2.24** (1) 9 (2) 3 (3) 4 (4) -3 (5) -3 (6) 5 (7) $\dfrac{1}{2}$

問題 **2.25** (1) $x = \dfrac{2}{3}$ と $x = -2$ (2) $x = 6$

問題 **2.26** (1) $-\dfrac{\pi}{4}$ (2) $\dfrac{\pi}{3}$ (3) $-\dfrac{\pi}{6}$ (4) $\dfrac{\pi}{3}$ (5) π (6) $\dfrac{\pi}{4}$
(7) $28.13°$ (8) $48.19°$ (9) $84.29°$

問題 **2.27** (1) $y = u^3,\ u = -x + 2$ (2) $y = u^2,\ u = \sin x$
(3) $y = \cos u,\ u = x^3$ (4) $y = e^u,\ u = -x$ (5) $y = \log_e u,\ u = \sin x$
(6) $y = u^{\frac{1}{2}},\ u = x^2 + 1$ (7) $y = \sin u,\ u = 2x$ (8) $y = \sin^{-1} u,\ u = 2x$

第 3 章

問題 **3.1** (1) $-9x^2 + 2x$ (2) $3x^2 - 4x + 1$ (3) $\dfrac{-x^2 + 2x + 1}{(x^2 + 1)^2}$ (4) $15x^2 - 2x$
(5) $3x^2 + 4x - 1$ (6) $\dfrac{3}{(x+1)^2}$ (7) $x^3 + x^2 - 3$ (8) $12x^3 - 6x^2 + 3$
(9) $\dfrac{-2x^2 - 6x - 2}{(x^2 - 1)^2}$

問題 **3.2** (1) $3(x+1)^2$ (2) $6(3x - 2)$ (3) $\dfrac{-2}{(2x-1)^2}$ (4) $-8(-2x+1)^3$
(5) $3(2x+1)(x^2 + x + 1)^2$ (6) $\dfrac{2}{(-x+1)^3}$ (7) $-10(x-1)(-x^2 + 2x + 1)^4$
(8) $(14x - 3)(2x - 3)^5$ (9) $\dfrac{-4x + 7}{(2x+1)^4}$ (10) $(18x - 3)(2x+1)^3(x-1)^4$
(11) $15x^2(x^3 + 1)^4$ (12) $\dfrac{-4x}{(x^2+1)^3}$

問題 **3.3** (1) $-\dfrac{1}{2\sqrt{x}}$ (2) $-\dfrac{1}{2}$ (3) $\dfrac{1}{4\sqrt{x+1}}$ (4) $\dfrac{1}{3\sqrt[3]{x^2}}$ (5) $-\dfrac{1}{3}$ (6) $-\dfrac{1}{\sqrt{x-1}}$

問題 **3.4** (1) $3(x+1)^2$ (2) $-8(-2x+1)^3$ (3) $\dfrac{3}{2}(x-1)^2$ (4) $\dfrac{1}{(x+1)^2}$
(5) $\dfrac{6}{(-2x+1)^4}$ (6) $\dfrac{-x-1}{(x-1)^3}$ (7) $6x(x^2+1)^2$ (8) $3(-2x+1)(-x^2 + x + 1)^2$
(9) $\dfrac{-x^2 + 1}{(x^2+1)^2}$ (10) $-4x(x^2+1)^{-3}$ (11) $-3(2x-1)(x^2 - x + 1)^{-4}$

(12) $\dfrac{-2x}{(x^2+1)^2}$ (13) $-4x(1-x^2)$ (14) $-(4x-2)(2x^2-2x+1)^{-2}$

(15) $\dfrac{x^2+1}{(1-x^2)^2}$

問題 3.5 (1) $\dfrac{1}{2\sqrt{x-2}}$ (2) $\dfrac{-1}{\sqrt{-2x+1}}$ (3) $1+\dfrac{1}{\sqrt{x}}$ (4) $\dfrac{-1}{2\sqrt{x}(\sqrt{x}+1)^2}$

(5) $\dfrac{1}{\sqrt[3]{x^2}}-\dfrac{1}{\sqrt[4]{x^3}}$ (6) $\dfrac{x}{\sqrt{x^2+1}}+1$ (7) $3x(x^2+1)^{\frac{1}{2}}$ (8) $\dfrac{1-2x^2}{\sqrt{1-x^2}}$

(9) $\dfrac{1}{\sqrt{(x^2+1)^3}}$

問題 3.6 (1) $-2\sin(2x+1)$ (2) $2\sin x\cos x+\sin x$ (3) $2x\sin x+x^2\cos x$

(4) $\sin x+\dfrac{\sin x}{\cos^2 x}$ (5) $\dfrac{-2(x^2+1)\sin 2x-2x\cos 2x}{(x^2+1)^2}$ (6) $\sin 3x+3(x-1)\cos 3x$

(7) $\cos^3 x-2\sin^2 x\cos x$ (8) $4x(x^2-1)\cos 2x-2(x^2-1)^2\sin 2x$

(9) $\dfrac{\cos x-\sin x}{2\sqrt{\sin x+\cos x}}$ (10) $\dfrac{\cos\sqrt{x}}{2\sqrt{x}}$ (11) $\dfrac{x\cos x-\sin x}{x^2}$ (12) $-a\omega\sin(\omega x+\delta)$

問題 3.7 (1) $(1-2x)e^{-2x}$ (2) $-\dfrac{(x+1)\,e^{-x}}{x^2}$ (3) $e^{-x}(\cos x-\sin x)$

(4) $-2^{-x}\log_e 2$ (5) $\dfrac{-4}{(e^x-e^{-x})^2}$ (6) $-xe^{-\frac{x^2}{2}}$ (7) $e^x(\cos 2x-2\sin 2x)$

(8) $\dfrac{e^{-x}-1}{(x+e^{-x})^2}$ (9) $-2(x+1)e^{-(x+1)^2}$ (10) $e^{\sin x}\cos x$ (11) $-\dfrac{1}{\sqrt{x}}e^{-2\sqrt{x}}$

(12) $\dfrac{-e^x+e^{-x}}{(e^x+e^{-x})^2}$

問題 3.8 2項定理より

$$\left(1+\dfrac{1}{n}\right)^n=\sum_{k=0}^{n}\dfrac{n!}{(n-k)!k!}\dfrac{1}{n^k}=\sum_{k=0}^{n}1\left(1-\dfrac{1}{n}\right)\left(1-\dfrac{2}{n}\right)\cdots\left(1-\dfrac{k-1}{n}\right)\dfrac{1}{k!}$$

$$\left(1+\dfrac{1}{n+1}\right)^{n+1}=\sum_{k=0}^{n+1}1\left(1-\dfrac{1}{n+1}\right)\left(1-\dfrac{2}{n+1}\right)\cdots\left(1-\dfrac{k-1}{n+1}\right)\dfrac{1}{k!}$$

より $\left(1+\dfrac{1}{n}\right)^n<\left(1+\dfrac{1}{n+1}\right)^{n+1}$ となって $\left(1+\dfrac{1}{n}\right)^n$ は単調増加数列である。
一方 $\left(1+\dfrac{1}{n}\right)^n<\sum_{k=0}^{n}\dfrac{1}{k!}<1+\sum_{k=0}^{\infty}\dfrac{1}{2^k}=3$ となって各項は 3 より小さい。

問題 3.9 (1) $\log x + 1$ (2) $1 - \dfrac{2x}{x^2+1}$ (3) $\dfrac{1}{x} + \dfrac{\cos x}{\sin x}$ (4) $-\sin x \cdot \log|x| + \dfrac{\cos x}{x}$

(5) $\dfrac{1}{\cos x \sin x}$ (6) $\dfrac{e^x - e^{-x}}{e^x + e^{-x}}$ (7) $\dfrac{\cos(\log x)}{x}$ (8) $\dfrac{1}{3x}$ (9) $\dfrac{6x}{(x^2-1)}$

(10) $\dfrac{\cos x}{\sin x}$ (11) $-\dfrac{2\sin x}{\cos x}$ (12) $-\dfrac{1}{\sqrt{x^2+a^2}}$

問題 3.10 (1) $\dfrac{1}{\sqrt{a^2-x^2}}$ (2) $\dfrac{a}{x^2+a^2}$ (3) $\dfrac{1}{\sqrt{a^2-(x+b)^2}}$ (4) $\dfrac{a}{(x+b)^2+a^2}$

(5) $\dfrac{2\tan^{-1} x}{x^2+1}$ (6) $\dfrac{1}{\sqrt{x-x^2}}$ (7) $\dfrac{1}{(1+x)\sqrt{x}}$ (8) $\dfrac{-1}{\sqrt{x-x^2}}$ (9) $\dfrac{-1}{\sqrt{x-x^2}}$

問題 3.11 (1) $y^{(3)} = -4\sin 2x$ (2) $y^{(3)} = x\sin x - 3\cos x$

(3) $y^{(3)} = (-x+3)e^{-x}$ (4) $y^{(3)} = -\dfrac{1}{x^2}$

問題 3.12 (1) $y^{(n)} = a^n \sin\left(ax + \dfrac{n\pi}{2}\right)$ (2) $y^{(n)} = a^n \cos\left(ax + \dfrac{n\pi}{2}\right)$

(3) $y^{(n)} = a^n e^{ax}$

問題 3.13 (1) $y^{(3)} = (-x^2+6)\cos x - 6x\sin x$ (2) $y^{(3)} = -2e^x(\sin x + \cos x)$

(3) $y^{(3)} = \left(\log x + \dfrac{3}{x} - \dfrac{3}{x^2} + \dfrac{2}{x^3}\right)e^x$

問題 3.14 (1) $y^{(n)} = (x^2 - n^2 + n)\cos\left(x + \dfrac{n\pi}{2}\right) + 2nx\sin\left(x + \dfrac{n\pi}{2}\right)$

(2) $y^{(n)} = (-1)^n(x^2 - 2nx + n^2 - n)e^{-x}$

(3) $y' = \log x + 1$, $n \geqq 2$ のとき, $y^{(n)} = (-1)^{n-2}(n-2)!\, x^{-n+1}$

問題 3.15 (1) $\dfrac{dy}{dx} = \dfrac{\frac{dy}{dt}}{\frac{dx}{dt}} = \dfrac{\cos t - \cos 2t}{-\sin t + \sin 2t}$ (2) $\dfrac{dy}{dx} = \dfrac{\frac{dy}{dt}}{\frac{dx}{dt}} = \dfrac{-\cos t + \cos 2t}{\sin t + \sin 2t}$

問題 3.16 (1) $u_x = -6x^2 + 6xy - 5y^2$, $u_y = 3x^2 - 10xy - 3y^2$

(2) $u_x = 2x\cos y - y\cos x$, $u_y = -x^2 \sin y - \sin x$

(3) $u_x = -2xe^{-(x^2+y^2)}$, $u_y = -2ye^{-(x^2+y^2)}$

(4) $u_x = -2x\sin(x^2+y) + \cos(x+y^2)$, $u_y = -\sin(x^2+y) + 2y\cos(x+y^2)$

(5) $u_x = 2xy\log xy^2 + xy$, $u_y = x^2 \log xy^2 + 2x^2$

(6) $u_x = -3x^2 y^2 e^{-x^3 y^2}$, $u_y = -2x^3 y e^{-x^3 y^2}$

問題 3.17

(1) $u_x = -2xte^{-(x^2+2y^2)t}$, $u_y = -4yte^{-(x^2+2y^2)t}$, $u_t = -(x^2+2y^2)e^{-(x^2+2y^2)t}$

(2) $u_x = 2xyt\cos(x^2 yt)$, $u_y = x^2 t\cos(x^2 yt)$, $u_t = x^2 y\cos(x^2 yt)$

(3) $u = 2\log|x| - xyt$, $u_x = \dfrac{2}{x} - yt$, $u_y = -xt$, $u_t = -xy$

第 4 章

問題 4.1 (1) $y = 4x - 12$ (2) $y = -\dfrac{\pi}{2}\left(x - \dfrac{\pi}{2}\right)$ (3) $y = 3x - 8$ (4) $y = \dfrac{1}{2}$

(5) $y = x$ (6) $y = \dfrac{1}{2}x + 1$

問題 4.2 (1) $y = -x + 2\sqrt{2}$ (2) $y = x + 3$ (3) $y = 2x - 1$ (4) $y = \dfrac{1}{\sqrt{3}}x + \dfrac{2}{\sqrt{3}}$

問題 4.3 (1) $v_x = -3\sin t - 3\sin 3t$, $v_y = 3\cos t - 3\cos 3t$

$a_x = -3\cos t - 9\cos 3t$, $a_y = -3\sin t + 9\sin 3t$

(2) $v_x = 2$, $v_y = -2t + 3$, $\quad a_x = 0$, $a_y = -2$

(3) $v_x = \dfrac{1}{3} + \cos t$, $v_y = \sin t + \cos t$, $\quad a_x = -\sin t$, $a_y = \cos t - \sin t$

問題 4.4 速度: $v_x = \dfrac{1}{\sqrt{t^2 + 2}}$, $v_y = \dfrac{t}{\sqrt{t^2 + 2}}$

運動量: $p_x = m$, $p_y = mt$, 力: $\dfrac{dp_x}{dt} = 0$, $\dfrac{dp_y}{dt} = m$

問題 4.5 $f'(x) = 2xe^{-x} - x^2 e^{-x} = -x(x - 2)e^{-x} \implies 0 \leqq x \leqq 2$ のとき $f'(x) \geqq 0$
$x > 2$ のとき $f'(x) < 0$ だから, $f(x)$ は, $x = 2$ で最大値をとる。$f(2) = 4e^{-2}$

問題 4.6 $f'(x) = \log x + 1 \implies 0 \leqq x \leqq e^{-1}$ のとき $f'(x) \leqq 0$

$x \geqq e^{-1}$ のとき $f'(x) \geqq 0$ だから, $f(x)$ は, $0 \leqq x \leqq e^{-1}$ で減少して,
$x = e^{-1}$ で最小値 $-e^{-1}$ をとり, $x > e^{-1}$ で増加する。

問題 4.7 (1) $f(x) = x - \log\left(1 + x + \dfrac{1}{2}x^2\right)$,

$f'(x) = 1 - \dfrac{1 + x}{1 + x + \frac{1}{2}x^2} = \dfrac{\frac{1}{2}x^2}{1 + x + \frac{1}{2}x^2}$ より $x \geqq 0$ で $f'(x) \geqq 0$ で, $f(x)$ は増加関数となる。$f(0) = 0 \leqq x - \log\left(1 + x + \frac{1}{2}x^2\right) \implies \log\left(1 + x + \frac{1}{2}x^2\right) \leqq x$

(2) $g(x) = \sin x - \dfrac{2}{\pi}x$, $g'(x) = \cos x - \dfrac{2}{\pi}$ となる。$\cos x$ は, $0 \leqq x \leqq \dfrac{\pi}{2}$ では減少関数である。$g'(0) > 0$, $g'\left(\dfrac{\pi}{2}\right) < 0$ であるから, $0 < x < \dfrac{\pi}{2}$ において, $g'(x) = \cos x - \dfrac{2}{\pi} = 0$ となる x がひとつ存在する。それを α とする。$0 \leqq x \leqq \alpha$ では $g'(x) \geqq 0$ だから $g(x)$ は増加関数, $\alpha \leqq x \leqq \dfrac{\pi}{2}$ では $g'(x) \leqq 0$ だから $g(x)$ は減少関数, これより, $g(x)$ は $x = 0, \dfrac{\pi}{2}$ で最小となる。$g(0) = g\left(\dfrac{\pi}{2}\right) = 0$ だから, $0 \leqq x \leqq \dfrac{\pi}{2}$ では $g(x) \geqq 0$ となる。よって, 不等式が証明できた。

問題 4.8 (1) 3 (2) 2 (3) 0 (4) $\dfrac{3}{2}$ (5) 2 (6) $\dfrac{1}{2}$

問題 4.9 (1) $y' = -x^2 + 2x = -x(x-2)$, $y'' = -2(x-1)$

増減表

x	$-\infty$		0		2		∞
y'		$-$	0	$+$	0	$-$	
y	∞	↘	0	↗	$\dfrac{4}{3}$	↘	$-\infty$

凹凸表

x		1	
y''	$+$	1	$-$
y	$\cup$	-2	$\cap$

(2) $y' = (x+1)x(x-2)$, $y'' = 3x^2 - 2x - 2 = 3\left(x - \dfrac{1+\sqrt{7}}{3}\right)\left(x - \dfrac{1-\sqrt{7}}{3}\right)$

増減表

x	$-\infty$		-1		0		2		∞
y'		$-$	0	$+$	0	$-$	0	$+$	
y	∞	↘	$-\dfrac{5}{12}$	↗	0	↘	$-\dfrac{8}{3}$	↗	∞

(3) $y' = \dfrac{(x+1)(x-1)}{x^2}$, $y'' = \dfrac{2}{x^3}$

増減表

x	$-\infty$		-1		0		1		∞
y'		$+$	0	$-$	$-\infty \mid -\infty$	$-$	0	$+$	
y	∞	↗	-2	↘	$-\infty \mid \infty$	↘	2	↗	∞

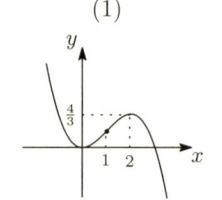

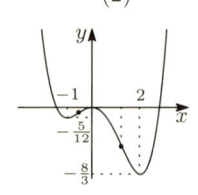

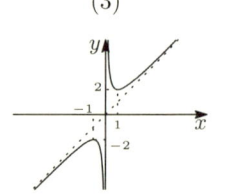

(1) (2) (3)

(4) $y' = \dfrac{-2(x+1)}{(x^2+2x+2)^2}$, $y'' = \dfrac{6(x+1-\frac{1}{\sqrt{3}})(x+1+\frac{1}{\sqrt{3}})}{(x^2+2x+2)^3}$

増減表

x	$-\infty$		-1		∞
y'		$+$	0	$-$	
y	0	↗	1	↘	0

凹凸表

x		$-1 - \dfrac{1}{\sqrt{3}}$		$-1 + \dfrac{1}{\sqrt{3}}$	
y''	$+$	0	$-$	0	$+$
y	$\cup$	$\dfrac{3}{4}$	$\cap$	$\dfrac{3}{4}$	$\cup$

(5) $y' = -(x-1)e^{-x}$, $y'' = (x-2)e^{-x}$

増減表

x	$-\infty$		1		∞
y'		$+$	0	$-$	
y	$-\infty$	↗	e^{-1}	↘	0

凹凸表

x		2	
y''	$-$	0	$+$
y	$\cap$	$2e^{-2}$	$\cup$

(6) $y' = -xe^{-\frac{x^2}{2}}$, $y'' = (x-1)(x+1)e^{-\frac{x^2}{2}}$

増減表

x	$-\infty$		0		∞
y'		$+$	0	$-$	
y	0	↗	1	↘	0

凹凸表

x		-1		1	
y''	$+$	0	$-$	0	$+$
y	$\cup$	$e^{-\frac{1}{2}}$	$\cap$	$e^{-\frac{1}{2}}$	$\cup$

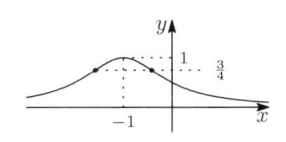

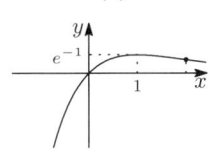

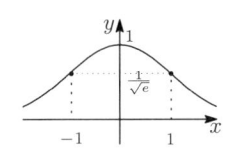

(4)　　　　　(5)　　　　　(6)

(7) $y' = -2\cos x \left(\sin x - \dfrac{1}{2}\right)$, $y'' = -2\cos 2x - \sin x$

増減表

x	0		$\frac{\pi}{6}$		$\frac{\pi}{2}$		$\frac{5\pi}{6}$		$\frac{3\pi}{2}$		2π
y'		$+$	0	$-$	0	$+$	0	$-$	0	$+$	
y	1	↗	$\frac{5}{4}$	↘	1	↗	$\frac{5}{4}$	↘	-1	↗	1

(8) $y' = -2\left(\cos 2x - \dfrac{1}{2}\right)$, $y'' = 4\sin 2x$

増減表

x	$-\frac{\pi}{2}$		$-\frac{\pi}{6}$		$\frac{\pi}{6}$		$\frac{\pi}{2}$
y'		$+$	0	$-$	0	$+$	
y	$-\frac{\pi}{2}$	↗	$-\frac{\pi}{6}+\frac{\sqrt{3}}{2}$	↘	$\frac{\pi}{6}-\frac{\sqrt{3}}{2}$	↗	$\frac{\pi}{2}$

(9) $y' = -(x-1)(x+1)e^{-\frac{x^2}{2}}$, $y'' = x(x^2-3)e^{-\frac{x^2}{2}}$

増減表

x	$-\infty$		-1		1		∞
y'		$-$	0	$+$	0	$-$	
y	0	↘	$-e^{-\frac{1}{2}}$	↗	$e^{-\frac{1}{2}}$	↘	0

(7) (8) (9)

(10) $y' = x(2\log x + 1)$, $y'' = 2\log x + 3$ (11) $y' = 1 - \dfrac{2}{x}$, $y'' = \dfrac{2}{x^2} > 0$

増減表

x	0		$e^{-\frac{1}{2}}$		∞
y'		$-$	0	$+$	
y	0	↘	$-\frac{1}{2}e^{-1}$	↗	∞

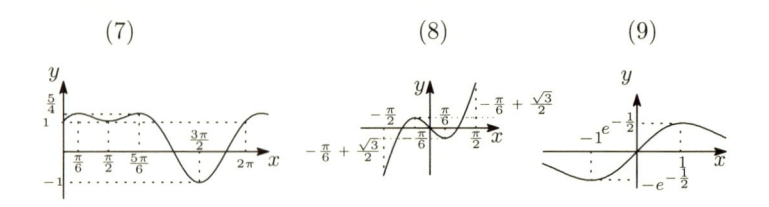

増減表

x	0		2		∞
y'		$-$	0	$+$	
y	∞	↘	$2 - 2\log 2$	↗	∞

(12) $y' = -\dfrac{5}{3}\left(x - \dfrac{3}{5}\right)(1-x)^{-\frac{1}{3}}$, $y'' = \dfrac{10}{9}\left(x - \dfrac{6}{5}\right)(1-x)^{\frac{4}{3}}$

増減表

x	$-\infty$		$\frac{3}{5}$		1		∞
y'		$+$	0	$-$		$+$	
y	$-\infty$	↗	$\frac{3}{5}\left(\frac{2}{5}\right)^{\frac{2}{3}}$	↘	0	↗	∞

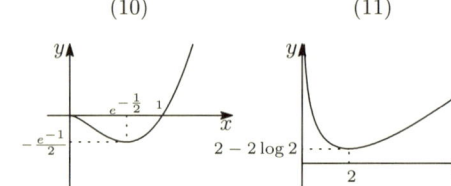

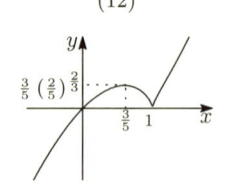

(10) (11) (12)

問題 **4.10** $F'(x) = -\left(f^{(n)}(x) - k\right)\dfrac{(b-x)^{n-1}}{(n-1)!}$ 問題 **4.11** $c_6 = 1.521379$

第 5 章

問題 **5.1** (1) $x^3 - \dfrac{1}{2}x^2 + x + C$ (2) $\dfrac{1}{2}x^4 - \dfrac{4}{3}x^3 + 4x + C$ (3) $\dfrac{1}{5}x^{10} + x^6 + C$
(4) $\dfrac{1}{3}x^3 - 2x - 2\log|x| + C$ (5) $\log|x| + \dfrac{2}{x} - \dfrac{1}{2x^2} + C$ (6) $\dfrac{1}{2}x^2 - 3x + 3\log|x| + \dfrac{1}{x} + C$
(7) $2x^{\frac{3}{2}} - 4x^{\frac{1}{2}} + C$ (8) $x - 4x^{\frac{1}{2}} + \log|x| + C$ (9) $3x^{\frac{1}{3}} + 4x^{\frac{1}{4}} + C$

問題 **5.2** (1) $-5\cos x - 2\sin x + C$ (2) $3\sin x + \cos x + C$ (3) $2\tan x + x + C$

243

問題 5.3 (1) $3e^x + 2\cos x + C$ (2) $x^3 - 5e^x + C$ (3) $3x^{\frac{5}{3}} + 4e^x + C$
(4) $3e^x + 5\sin x + C$ (5) $-3x^{-1} - 2e^x + C$ (6) $15x^{\frac{1}{3}} - 4e^x + C$

問題 5.4 (1) $-\frac{1}{8}(-2x+3)^4 + C$ (2) $\frac{1}{2}\log|2x+5| + C$ (3) $-\frac{1}{3}\cos(3x-4) + C$
(4) $\frac{1}{3}e^{3x} + C$

問題 5.5 (1) $-\frac{1}{8}(1-x^2)^4 + C$ (2) $-\frac{1}{4}\cos^4 x + C$ (3) $-e^{-\frac{x^2}{2}} + C$
(4) $\frac{1}{6}(x^2 - 2x + 3)^3 + C$ (5) $\frac{1}{2(1-x^2)} + C$ (6) $\frac{1}{2}(\log x)^2 + C$
(7) $-\log|\cos x| + C$ (8) $-\sqrt{1-x^2} + C$ (9) $-\frac{1}{\sin x} + C$

問題 5.6 (1) $\frac{2}{5}(x+1)^{\frac{5}{2}} - \frac{2}{3}(x+1)^{\frac{3}{2}} + C$ (2) $\frac{1}{7}(x-1)^7 + \frac{1}{6}(x-1)^6 + C$
(3) $\frac{1}{\sqrt{3}}\tan^{-1}\frac{x-2}{\sqrt{3}} + C$ (4) $\frac{3}{2}\frac{1}{(x-2)^2} + \frac{1}{x-2} + C$
(5) $\log(x + 2 + \sqrt{x^2 + 4x + 6}) + C$ (6) $\sin^{-1}\frac{x-1}{\sqrt{2}} + C$

問題 5.7 (1) $-x\cos x + \sin x + C$ (2) $x^2 \sin x + 2x\cos x - 2\sin x + C$
(3) $-\frac{1}{4}(2x+1)e^{-2x} + C$ (4) $\frac{1}{3}x^3\left(\log x - \frac{1}{3}\right) + C$ (5) $(x^2 - 4x + 5)e^x + C$
(6) $\frac{1}{2}(x+1)\sin 2x + \frac{1}{4}\cos 2x + C$

問題 5.8 (1) $\frac{1}{5}\log\left|\frac{x-2}{x+3}\right| + C$ (2) $\frac{3}{5}\log|x-3| + \frac{2}{5}\log|x+2| + C$
(3) $x + \frac{25}{7}\log|x-5| - \frac{4}{7}\log|x+2| + C$ (4) $\log|x| - \log|x-1| - \frac{1}{x-1} + C$
(5) $\frac{1}{2}\tan^{-1}\frac{x}{2} + C$ (6) $\frac{1}{2}\log\frac{x^2}{x^2+1} + C$ (7) $\tan^{-1}(x+1) + C$ (8) $-\frac{1}{x+2} + C$
(9) $\frac{1}{12}\log|x-2| - \frac{1}{24}\log(x^2 + 2x + 4) - \frac{1}{4\sqrt{3}}\tan^{-1}\frac{x+1}{\sqrt{3}} + C$

問題 5.9 (1) $-\frac{1}{6}\cos 3x + \frac{1}{2}\cos x + C$ (2) $\frac{1}{4}\sin 2x - \frac{1}{8}\sin 4x + C$ (3) $\frac{1}{2}x + \frac{1}{4}\sin 2x + C$
(4) $\frac{1}{4}\sin 2x + \frac{1}{8}\sin 4x + C$ (5) $\frac{1}{4}x^2 - \frac{1}{4}x\sin 2x - \frac{1}{8}\cos 2x + C$ (6) $\log\left|\tan\frac{1}{2}x\right| + C$
(7) $\frac{1}{12}\sin 3x + \frac{3}{4}\sin x + C$ (8) $\tan\frac{x}{2} + C$ (9) $\log\left|\tan\frac{x}{2}\right| - \log\left|1 + \tan\frac{x}{2}\right| + C$

問題 5.10 (1) $\sin^{-1}\dfrac{x-1}{\sqrt{2}} + \dfrac{x-1}{2}\sqrt{1+2x-x^2} + C$ (2) $\dfrac{(a\sin bx - b\cos bx)e^{ax}}{a^2+b^2} + C$
(3) $\dfrac{1}{2}\left((x-1)\sqrt{x^2-2x+2} + \log(x-1+\sqrt{x^2-2x+2})\right) + C$ (4) $\dfrac{(a\cos bx + b\sin bx)e^{ax}}{a^2+b^2} + C$

問題 5.11 (1) 20 (2) $\log 2 - \dfrac{1}{2}$ (3) $\dfrac{1}{3}$ (4) $\dfrac{3}{8}$ (5) $\dfrac{e^2 - e^{-2} - 4}{2}$ (6) $\dfrac{1}{2}\log 3$

問題 5.12 (1) 2 (2) $\dfrac{\pi}{2}$ (3) 2

問題 5.13 (1) 224 (2) $\dfrac{\sqrt{3}}{4}$ (3) $\dfrac{2+\sqrt{6}-\sqrt{2}}{2}$ (4) $\dfrac{e}{3}$ (5) $\dfrac{26}{3}$ (6) $\dfrac{1}{2}\log 5$
(7) 4 (8) $\dfrac{1}{4}$ (9) $\dfrac{1}{2}$ (10) $\dfrac{35}{6}$ (11) $-\dfrac{1}{2}\log 5$ (12) $\dfrac{3}{2}$ (13) $\log\dfrac{3}{2}$
(14) $\dfrac{\pi - \log 2}{5}$ (15) $\log\dfrac{9}{2}$ (16) π (17) $\dfrac{5}{12}$ (18) $-\dfrac{3}{16}$

問題 5.14 (1) $-\dfrac{2}{3}\sqrt{2}$ (2) $\dfrac{2}{7}$ (3) $\dfrac{24}{35}$ (4) $\dfrac{2\sqrt{3}}{9}\pi$ (5) π (6) 1 (7) $\dfrac{3}{4}\pi$
(8) $\dfrac{1}{2}\pi$ (9) $\dfrac{\sqrt{2}}{4}\pi$ (10) $\dfrac{1}{2}(2\sqrt{3} - \log(2+\sqrt{3}))$ (11) $\log(\sqrt{2}+1)$ (12) $\dfrac{2\sqrt{3}}{9}\pi$

問題 5.15 (1) -2 (2) $\pi^2 - 4$ (3) 2 (4) $\dfrac{1}{3}\log 2 - \dfrac{1}{9}$ (5) 1 (6) $\dfrac{3}{4}\pi$

問題 5.16 (1) 4 (2) 8 (3) 1 (4) $\dfrac{16}{15}$ (5) $\dfrac{8}{15}$ (6) 図 3.3a : $6\pi a^2$, 図 3.3b : $2\pi a^2$

問題 5.17 (1) $V_1 = \dfrac{2\sqrt{3}}{9}a^3,\ V_2 = \pi a^3 - \dfrac{2\sqrt{3}}{9}a^3$ (2) $V = \dfrac{11}{24}\pi a^3$

問題 5.18 (1) $V = 2\pi^2 br^2$ (2) $V = \dfrac{\pi}{3}ab^2$

問題 5.19 (1) $2\pi a$ (2) 12 (3) 図 3.3a, 図 3.3b とも $16a$ **問題 5.20** $\sqrt{2} + \log(\sqrt{2}+1)$

問題 5.21 (1) 20m/s (2) $v_x = 10$ m/s, $v_y = -gt + 10\sqrt{3}$ m/s
(3) $x = 10t + x_0 = 10\,t$ m, $y = -\dfrac{g}{2}t^2 + 10\sqrt{3}\,t + 2$ m
(4) 最高点の時刻 $= \dfrac{10\sqrt{3}}{g} = 1.77$ s, 最高の高さ $= \dfrac{150}{g} + 2 = 17.31$ m,
(5) $y = -\dfrac{g}{200}x^2 + \sqrt{3}\,x + 2$ (6) $y = 0$ において x を求める。到達距離$=36.47$m

問題 5.22 台形公式 $I = \dfrac{0.1}{2}\left\{1 + \dfrac{1}{2} + 2\displaystyle\sum_{i=1}^{9}\dfrac{1}{1+(0.1\times i)^3}\right\} = 0.83502275584\cdots$

シンプソンの公式
$I = \dfrac{0.1}{3}\left\{1 + \dfrac{1}{2} + 2\displaystyle\sum_{i=1}^{4}\dfrac{1}{1+(0.1\times 2i)^3} + 4\displaystyle\sum_{i=1}^{5}\dfrac{1}{1+(0.1\times(2i-1))^3}\right\} = 0.835653\cdots$

真値 : $\dfrac{1}{3}\ln 2 + \dfrac{\sqrt{3}}{9}\pi = 0.835648848264\cdots$

第 6 章

問題 6.1 (1) 2 (2) 0 (3) なし (4) 1 (5) なし (6) 1

問題 6.2 (1) $z_x = 3x^2 + 4xy - 3y^2,\ z_y = 2x^2 - 6xy$ (2) $z_x = \dfrac{2}{x},\ z_y = \dfrac{1}{y}$

(3) $z_x = \dfrac{-y(x^2 - y^2)}{(x^2 + y^2)^2},\ z_y = \dfrac{x(x^2 - y^2)}{(x^2 + y^2)^2}$ (4) $z_x = (1 - xy)e^{-xy},\ z_y = -x^2 e^{-xy}$

(5) $z_x = (2x+y)e^{x^2+xy-y^2},\ z_y = (x-2y)e^{x^2+xy-y^2}$ (6) $z_x = -\dfrac{2x}{t}e^{-\frac{x^2}{t}},\ z_t = \dfrac{x^2}{t^2}e^{-\frac{x^2}{t}}$

(7) $z_x = \dfrac{1}{2(x + \sqrt{xy})},\ z_y = \dfrac{1}{2(\sqrt{xy} + y)}$ (8) $z_x = \dfrac{x - 2y}{\sqrt{x^2 - 4xy + y^2}},\ z_y = \dfrac{-2x + y}{\sqrt{x^2 - 4xy + y^2}}$

(9) $u_x = 2xz,\ u_y = -2yz,\ u_z = x^2 - y^2$ (10) $u_x = \dfrac{1}{x},\ u_y = \dfrac{2}{y},\ u_z = \dfrac{3}{z}$

(11) $u_x = 2e^{-t}\cos 2x,\ u_y = -3e^{-t}\sin 3y,\ u_t = -e^{-t}(\sin 2x + \cos 3y)$

(12) $u_x = z\cos(x + y)z,\ u_y = z\cos(x + y)z,\ u_z = (x + y)\cos(x + y)z$

(13) $u_x = y^2 z^3 e^{xy^2 z^3},\ u_y = 2xyz^3 e^{xy^2 z^3},\ u_z = 3xy^2 z^2 e^{xy^2 z^3}$

(14) $u_x = -yz\sin(xyz),\ u_y = -xz\sin(xyz),\ u_z = -xy\sin(xyz)$

(15) $u_x = y^{\frac{1}{2}} z^{\frac{1}{3}},\ u_y = \dfrac{1}{2}xy^{-\frac{1}{2}} z^{\frac{1}{3}},\ u_z = \dfrac{1}{3}xy^{\frac{1}{2}} z^{-\frac{2}{3}}$

問題 6.3 (1) $\alpha = 4$, (2) $\alpha = -2$, (3) $\alpha = \frac{1}{2}$, (4) $\alpha = 0$

問題 6.4 (1) $z_x = -x(x^2 + y^2)^{-\frac{3}{2}},\ z_y = -y(x^2 + y^2)^{-\frac{3}{2}}$
$\implies (z_x)^2 + (z_y)^2 = \dfrac{1}{(x^2 + y^2)^2} = z^4$

(2) $z_x = 2x + 2xf'(x^2 + y^2),\ z_y = 2yf'(x^2 + y^2)$
$\implies yz_x - xz_y = y(2x + 2xf'(x^2 + y^2)) - x \cdot 2yf'(x^2 + y^2) = 2xy$

(3) $z_x = 3x^2 \cdot f(x^2 - y^2) + x^3 \cdot 2xf'(x^2 - y^2),\ z_y = x^3 \cdot (-2y)f'(x^2 - y^2)$
$\implies yz_x + xz_y = y\left(3x^2 \cdot f(x^2 - y^2) + x^3 \cdot 2xf'(x^2 - y^2)\right)$
$\qquad + x\left(x^3 \cdot (-2y)f'(x^2 - y^2)\right) = \dfrac{3y}{x}z$

(4) $z_x = 3x^2 y^2 f'(x^3 - y^3),\ z_y = 2yf(x^3 - y^3) - 3y^4 f'(x^3 - y^3)$
$\implies \dfrac{z_x}{x^2} + \dfrac{z_y}{y^2} = \dfrac{2}{y}f(x^3 - y^3) = \dfrac{2z}{y^3}$

(5) $z_x = af'(ax + by),\ z_y = bf'(ax + by) \implies bz_x = abf'(ax + by) = az_y$

問題 6.5 (1) $\Delta z = 0$ (2) $\Delta z = \dfrac{-5}{(x+2y)^2}$ (3) $\Delta z = -(x^2+y^2)\cos xy$

問題 6.6 (1) $z_x = 3x^2 - 4xy - 3y^2$, $z_{xx} = 6x - 4y$, $z_{yx} = -4x - 6y$
$z_y = -2x^2 - 6xy$, $z_{yy} = -6x$

(2) $z_x = 3x^2y - y^3$, $z_{xx} = 6xy$, $z_{yx} = 3x^2 - 3y^2$, $z_y = x^3 - 3xy^2$, $z_{yy} = -6xy$

(3) $z_x = \dfrac{2}{x}$, $z_{xx} = -\dfrac{2}{x^2}$, $z_{yx} = 0$, $z_y = -\dfrac{3}{y}$, $z_{yy} = \dfrac{3}{y^2}$

(4) $z_x = -e^{-x-2y}$, $z_{xx} = e^{-x-2y}$, $z_{yx} = 2e^{-x-2y}$, $z_y = -2e^{-x-2y}$, $z_{yy} = 4e^{-x-2y}$

(5) $z_x = \sin 2(x-y)$, $z_{xx} = 2\cos 2(x-y)$, $z_{yx} = -2\cos 2(x-y)$,
$z_y = -\sin 2(x-y)$, $z_{yy} = 2\cos 2(x-y)$

(6) $u_x = \dfrac{1}{2}x^{-\frac{1}{2}}y^{\frac{1}{3}}$, $u_{xx} = -\dfrac{1}{4}x^{-\frac{3}{2}}y^{\frac{1}{3}}$, $u_{yx} = \dfrac{1}{6}x^{-\frac{1}{2}}y^{-\frac{2}{3}}$,
$u_y = \dfrac{1}{3}x^{\frac{1}{2}}y^{-\frac{2}{3}}$, $u_{yy} = -\dfrac{2}{9}x^{\frac{1}{2}}y^{-\frac{5}{3}}$

(7) $u_x = a\cos(ax+by+cz)$, $u_{xx} = -a^2\sin(ax+by+cz)$, $u_{yx} = -ab\sin(ax+by+cz)$,
$u_{zx} = -ac\sin(ax+by+cz)$, $u_y = b\cos(ax+by+cz)$, $u_{yy} = -b^2\sin(ax+by+cz)$
$u_{zy} = -bc\sin(ax+by+cz)$, $u_z = c\cos(ax+by+cz)$, $u_{zz} = -c^2\sin(ax+by+cz)$

(8) $u_x = y^2z^3$, $u_{xx} = 0$, $u_{yx} = 2yz^3$, $u_{zx} = 3y^2z^2$, $u_y = 2xyz^3$, $u_{yy} = 2xz^3$
$u_{zy} = 6xyz^2$, $u_z = 3xy^2z^2$, $u_{zz} = 6xy^2z$

(9) $u_x = \dfrac{3}{x}$, $u_{xx} = \dfrac{-3}{x^2}$, $u_{yx} = 0$, $u_{zx} = 0$, $u_y = \dfrac{2}{y}$, $u_{yy} = \dfrac{-2}{y^2}$
$u_{zy} = 0$, $u_z = \dfrac{1}{z}$, $u_{zz} = \dfrac{-1}{z^2}$

問題 6.7 (1) $\dfrac{\partial \phi}{\partial x} = -\dfrac{\partial}{\partial x}\dfrac{k}{r} = -\dfrac{d}{dr}\dfrac{k}{r}\cdot\dfrac{\partial r}{\partial x} = \dfrac{k}{r^2}\dfrac{x}{r}$, $\dfrac{\partial \phi}{\partial y} = \dfrac{k}{r^2}\dfrac{y}{r}$, $\dfrac{\partial \phi}{\partial z} = \dfrac{k}{r^2}\dfrac{z}{r}$

$\boldsymbol{F} = -\nabla\phi = -\dfrac{k}{r^2}\left(\dfrac{x}{r}, \dfrac{y}{r}, \dfrac{z}{r}\right)$

(2) $\dfrac{\partial^2 \phi}{\partial x^2} = \dfrac{\partial}{\partial x}\dfrac{k}{r^3}x = \dfrac{k}{r^3} + x\dfrac{\partial}{\partial x}\dfrac{k}{r^3} = \dfrac{k}{r^3} + x\dfrac{d}{dr}\dfrac{k}{r^3}\cdot\dfrac{\partial r}{\partial x} = \dfrac{k}{r^3} + x\dfrac{-3k}{r^4}\cdot\dfrac{x}{r}$
$= \dfrac{k}{r^3} + \dfrac{-3kx^2}{r^5}$, $\dfrac{\partial^2 \phi}{\partial y^2} = \dfrac{k}{r^3} + \dfrac{-3ky^2}{r^5}$, $\dfrac{\partial^2 \phi}{\partial z^2} = \dfrac{k}{r^3} + \dfrac{-3kz^2}{r^5}$

$\Delta \phi = \dfrac{\partial^2 \phi}{\partial x^2} + \dfrac{\partial^2 \phi}{\partial y^2} + \dfrac{\partial^2 \phi}{\partial z^2} = \dfrac{3k}{r^3} + \dfrac{-3k(x^2+y^2+z^2)}{r^5} = 0$

問題 6.8 (1) $\dfrac{dz}{dt} = -2e^{-t^2}(t\cos 2t + \sin 2t)$ (2) $\dfrac{dz}{dt} = \sin 2t(\cos 2t - 2\sin^2 t)$

(3) $\dfrac{dz}{dt} = \dfrac{t}{\sqrt{t^2+1}}\log 2t + \dfrac{\sqrt{t^2+1}}{t}$

問題 **6.9** (1) $z_x = 2(x-3y)(2x+y)^2(5x-8y)$, $z_y = -3(x-3y)(2x+y)^2(3x+5y)$

(2) $z_x = -\sin 2x \sin(2x+3y) + 2\cos^2 x \cos(2x+3y) = 2\cos x \cos 3(x+y)$,
$z_y = 3\cos^2 x \cos(2x+3y)$

(3) $z_x = \dfrac{x}{\sqrt{x^2+y^2}}\log 2x + \dfrac{\sqrt{x^2+y^2}}{x}$, $z_y = \dfrac{y}{\sqrt{x^2+y^2}}\log 2x$

(4) $z_x = e^{-x}(-\sin(x-2y) + \cos(x-2y))$, $z_y = -2e^{-x}\cos(x-2y)$

(5) $z_x = -\sin 2x \sin^2 y$, $z_y = \cos^2 x \sin 2y$

(6) $z_x = 2xe^{-x^2}\left(-\log(x^2+y^2) + \dfrac{1}{x^2+y^2}\right)$, $z_y = \dfrac{2ye^{-x^2}}{x^2+y^2}$

問題 **6.10** $f_x = f'(u)$, $f_{xx} = f''(u)$ $f_t = -cf'(u)$, $f_{tt} = c^2 f''(u)$
$g(v)$ も同様。これより $z_{tt} - c^2 z_{xx} = 0$

問題 **6.11** (1) $v_x = \dfrac{dr\cos\theta}{dt} = \dot{r}\cos\theta - r\dot{\theta}\sin\theta$, $v_y = \dfrac{dr\sin\theta}{dt} = \dot{r}\sin\theta + r\dot{\theta}\cos\theta$

$$\begin{pmatrix} v_r \\ v_\theta \end{pmatrix} = \begin{pmatrix} \cos\theta & \sin\theta \\ -\sin\theta & \cos\theta \end{pmatrix} \begin{pmatrix} \dot{r}\cos\theta - r\dot{\theta}\sin\theta \\ \dot{r}\sin\theta + r\dot{\theta}\cos\theta \end{pmatrix} = \begin{pmatrix} \dot{r} \\ r\dot{\theta} \end{pmatrix}$$

(2) $a_x = \dfrac{dv_x}{dt} = \ddot{r}\cos\theta - 2\dot{r}\dot{\theta}\sin\theta - r\ddot{\theta}\sin\theta - r\dot{\theta}^2\cos\theta$,

$a_y = \dfrac{dv_y}{dt} = \ddot{r}\sin\theta + 2\dot{r}\dot{\theta}\cos\theta + r\ddot{\theta}\cos\theta - r\dot{\theta}^2\sin\theta$

$$\begin{pmatrix} a_r \\ a_\theta \end{pmatrix} = \begin{pmatrix} \cos\theta & \sin\theta \\ -\sin\theta & \cos\theta \end{pmatrix} \begin{pmatrix} \ddot{r}\cos\theta - 2\dot{r}\dot{\theta}\sin\theta - r\ddot{\theta}\sin\theta - r\dot{\theta}^2\cos\theta \\ \ddot{r}\sin\theta + 2\dot{r}\dot{\theta}\cos\theta + r\ddot{\theta}\cos\theta - r\dot{\theta}^2\sin\theta \end{pmatrix} = \begin{pmatrix} \ddot{r} - r\dot{\theta}^2 \\ r\ddot{\theta} + 2\dot{r}\dot{\theta} \end{pmatrix},$$

問題 **6.12** $\dfrac{\partial u}{\partial r} = \dfrac{\partial u}{\partial x}\sin\theta\cos\varphi + \dfrac{\partial u}{\partial y}\sin\theta\sin\varphi + \dfrac{\partial u}{\partial z}\cos\theta$

$\dfrac{1}{r}\dfrac{\partial u}{\partial \theta} = \dfrac{\partial u}{\partial x}\cos\theta\cos\varphi + \dfrac{\partial u}{\partial y}\cos\theta\sin\varphi - \dfrac{\partial u}{\partial z}\sin\theta$,

$\dfrac{1}{r\sin\theta}\dfrac{\partial u}{\partial \varphi} = -\dfrac{\partial u}{\partial x}\sin\varphi + \dfrac{\partial u}{\partial y}\cos\varphi$, この3つの式を2乗して加える。

問題 **6.13** (1) $\dfrac{2v}{u}$ (2) 5 (3) $\dfrac{u-v}{2\sqrt{uv}}$ (4) 3 (5) $2(v^2-u^2)$ (6) u

問題 **6.14** (1) $u = x$, $v = xy$ と変換 $\dfrac{\partial z}{\partial x} = \dfrac{\partial z}{\partial u} + y\dfrac{\partial z}{\partial v}$, $\dfrac{\partial z}{\partial y} = x\dfrac{\partial z}{\partial v}$

$x\left(\dfrac{\partial z}{\partial u} + y\dfrac{\partial z}{\partial v}\right) = y \cdot x\dfrac{\partial z}{\partial v} \implies \dfrac{\partial z}{\partial u} = 0 \implies z = f(v) = f(xy)$

(2) $u = x$, $v = x^2 - y^2$ と変換 $\quad \dfrac{\partial z}{\partial x} = \dfrac{\partial z}{\partial u} + 2x\dfrac{\partial z}{\partial v}, \quad \dfrac{\partial z}{\partial y} = -2y\dfrac{\partial z}{\partial v}$

$y\left(\dfrac{\partial z}{\partial u} + 2x\dfrac{\partial z}{\partial v}\right) + x \cdot (-2y)\dfrac{\partial z}{\partial v} = 0 \implies \dfrac{\partial z}{\partial u} = 0 \implies z = f(v) = f(x^2 - y^2)$

問題 6.15 $I = \dfrac{\partial^2}{\partial x^2} + \dfrac{\partial^2}{\partial x \partial y} - 6\dfrac{\partial^2}{\partial y^2} = \left(\dfrac{\partial}{\partial x} + 3\dfrac{\partial}{\partial y}\right)\left(\dfrac{\partial}{\partial x} - 2\dfrac{\partial}{\partial y}\right)$ と分解できる。

$u = 2x + y$, $v = 3x - y$ より

$\dfrac{\partial}{\partial x} + 3\dfrac{\partial}{\partial y} = 5\dfrac{\partial}{\partial u}, \ \dfrac{\partial}{\partial x} - 2\dfrac{\partial}{\partial y} = 5\dfrac{\partial}{\partial v}$ を示せるので, $I = 25\dfrac{\partial^2}{\partial u \partial v}$

$\dfrac{\partial^2 z}{\partial x^2} + \dfrac{\partial^2 z}{\partial x \partial y} - 6\dfrac{\partial^2 z}{\partial y^2} = 25\dfrac{\partial^2 z}{\partial u \partial v} = 25\dfrac{\partial}{\partial u}\left(\dfrac{\partial z}{\partial v}\right) = 0$ となるので

$g(v)$ を，2 回微分可能な任意関数として $\dfrac{\partial z}{\partial v} = g'(v)$ となる。

これを v で積分して解は $z = f(u) + g(v) = f(2x + y) + g(3x - y)$ となる。
ここで，$f(u)$ も，2 回微分可能な任意関数である。

問題 6.16 $\dfrac{\partial}{\partial x} = \cos\theta\dfrac{\partial}{\partial r} - \dfrac{\sin\theta}{r}\dfrac{\partial}{\partial \theta}, \ \dfrac{\partial}{\partial y} = \sin\theta\dfrac{\partial}{\partial r} + \dfrac{\cos\theta}{r}\dfrac{\partial}{\partial \theta},$

$\dfrac{\partial^2}{\partial x^2} = \cos^2\theta\dfrac{\partial^2}{\partial r^2} + \dfrac{\sin^2\theta}{r}\dfrac{\partial}{\partial r} + \dfrac{\sin^2\theta}{r^2}\dfrac{\partial^2}{\partial \theta^2} + \dfrac{2\cos\theta\sin\theta}{r^2}\dfrac{\partial}{\partial \theta} - \dfrac{2\cos\theta\sin\theta}{r}\dfrac{\partial^2}{\partial r\partial \theta}$

$\dfrac{\partial^2}{\partial y^2} = \sin^2\theta\dfrac{\partial^2}{\partial r^2} + \dfrac{\cos^2\theta}{r}\dfrac{\partial}{\partial r} + \dfrac{\cos^2\theta}{r^2}\dfrac{\partial^2}{\partial \theta^2} - \dfrac{2\cos\theta\sin\theta}{r^2}\dfrac{\partial}{\partial \theta} + \dfrac{2\cos\theta\sin\theta}{r}\dfrac{\partial^2}{\partial r\partial \theta}$

となるので，ラプラシアンは, $\Delta = \dfrac{\partial^2}{\partial x^2} + \dfrac{\partial^2}{\partial y^2} = \dfrac{\partial^2}{\partial r^2} + \dfrac{1}{r}\dfrac{\partial}{\partial r} + \dfrac{1}{r^2}\dfrac{\partial^2}{\partial \theta^2}$ となる。

問題 6.17 $\dfrac{\partial}{\partial x} = \sin\theta\cos\varphi\dfrac{\partial}{\partial r} + \dfrac{\cos\theta\cos\varphi}{r}\dfrac{\partial}{\partial \theta} - \dfrac{\sin\varphi}{r\sin\theta}\dfrac{\partial}{\partial \varphi}$

$\dfrac{\partial}{\partial y} = \sin\theta\sin\varphi\dfrac{\partial}{\partial r} + \dfrac{\cos\theta\sin\varphi}{r}\dfrac{\partial}{\partial \theta} + \dfrac{\cos\varphi}{r\sin\theta}\dfrac{\partial}{\partial \varphi}$

$\dfrac{\partial}{\partial z} = \cos\theta\dfrac{\partial}{\partial r} - \dfrac{\sin\theta}{r}\dfrac{\partial}{\partial \theta}$

$\Delta = \dfrac{\partial^2}{\partial x^2} + \dfrac{\partial^2}{\partial y^2} + \dfrac{\partial^2}{\partial z^2} = \dfrac{\partial^2}{\partial r^2} + \dfrac{2}{r}\dfrac{\partial}{\partial r} + \dfrac{1}{r^2}\dfrac{\partial^2}{\partial \theta^2} + \dfrac{\cos\theta}{r^2\sin\theta}\dfrac{\partial}{\partial \theta} + \dfrac{1}{r^2\sin^2\theta}\dfrac{\partial^2}{\partial \varphi^2}$

積の微分法より

$\dfrac{1}{r^2}\dfrac{\partial}{\partial r}\left(r^2\dfrac{\partial z}{\partial r}\right) = \dfrac{\partial^2 z}{\partial r^2} + \dfrac{2}{r}\dfrac{\partial z}{\partial r}, \quad \dfrac{1}{\sin\theta}\dfrac{\partial}{\partial \theta}\left(\sin\theta\dfrac{\partial z}{\partial \theta}\right) = \dfrac{\partial^2 z}{\partial \theta^2} + \dfrac{\cos\theta}{\sin\theta}\dfrac{\partial z}{\partial \theta}$

であるので

$\Delta = \dfrac{1}{r^2}\dfrac{\partial}{\partial r}r^2\dfrac{\partial}{\partial r} + \dfrac{1}{r^2}\left(\dfrac{1}{\sin\theta}\dfrac{\partial}{\partial \theta}\sin\theta\dfrac{\partial}{\partial \theta} + \dfrac{1}{\sin^2\theta}\dfrac{\partial^2}{\partial \varphi^2}\right)$

第 7 章

問題 7.1 (1) $du = dx + 2ydy + 3z^2 dz$

(2) $du = 3x^2 y^2 z dx + 2x^3 yz dy + x^3 y^2 dz$

(3) $du = -yz\sin(xyz)dx - xz\sin(xyz)dy - xy\sin(xyz)dz$

(4) $du = -e^{-x-2y+z}dx - 2e^{-x-2y+z}dy + e^{-x-2y+z}dz$

(5) $du = 2x\cos(x^2 - y + 3z)dx - \cos(x^2 - y + 3z)dy + 3\cos(x^2 - y + 3z)dz$

(6) $du = \dfrac{3}{x}dx + \dfrac{2}{y}dy + \dfrac{1}{z}dz$

問題 7.2 (1) $dx = \cos\theta\, dr - r\sin\theta\, d\theta, \ dy = \sin\theta\, dr + r\cos\theta\, d\theta$

(2) $dx \wedge dy = \bigl(\cos\theta\, dr - r\sin\theta\, d\theta\bigr) \wedge \bigl(\sin\theta\, dr + r\cos\theta\, d\theta\bigr) = r\, dr \wedge d\theta$

問題 7.3 (1) $f(x,y) = \dfrac{y^4}{x^3}$, $f(5.98, 3.01) = 0.383827$, 真値 $= 0.3838507\cdots$

(2) $f(x,y) = \dfrac{y^4}{x^2}$, $f(2.97, 6.02) = 148.8912$, 真値 $= 148.8925\cdots$

(3) $f(x,y) = x^4 y^3$, $f(3.04, 5.98) = 18265.2408$, 真値 $= 18264.0836\cdots$

問題 7.4 (1) 極大値 $f(4, -1) = 18$ (2) 極小値 $f(1, 1) = -1$ (3) 極値なし

(4) 極小値 $f(1, 1) = -1$ (5) 極小値 $f(1, -1) = f(-1, 1) = -2$

(6) 極小値 $f(0, -1) = -2e^{-1}$ (7) 極小値 $f(0, 0) = 0$

(8) 極大値 $f(1, 0) = f(-1, 0) = e^{-1}$

問題 7.5 (1) $xyz = xy(3a - x - y) = f(x,y)$ とすると $f(a,a) = a^3$ が最大値となる。

(2) ヘロンの公式より $S^2 = f(x,y) = a(a-x)(a-y)(a-z) = a(a-x)(a-y)(x+y-a)$

となり, $f\left(\dfrac{2a}{3}, \dfrac{2a}{3}\right) = \dfrac{1}{27}a^4$ が最大値である。$S_{Max} = \dfrac{\sqrt{3}}{9}a^2$

(3) 三角形の内角を x, y, z とすると, $x + y + z = \pi$ である。正弦定理より, 三角形の周の長さは $f(x,y) = 2a(\sin x + \sin y + \sin(x+y))$ となり $f\left(\dfrac{\pi}{3}, \dfrac{\pi}{3}\right) = 3\sqrt{3}a$ が最大値である。

問題 7.6 (1) 点 $(0, 1), (-1, 1)$ での接線は $y = -\dfrac{1}{2}x + 1, \ y = x + 2$

(2) 点 $(2, 2), (0, 2), (-2, 2)$ での接線は $y = -x + 4, \ y = \dfrac{1}{3}x + 2, \ y = -\dfrac{1}{2}x + 1$

問題 7.7 (1) $\dfrac{x_0 x}{a^2} - \dfrac{y_0 y}{b^2} = 1$ (2) $y_0 y = 2p(x + x_0)$

問題 7.8 (1) 極値を与える点は $\left(\dfrac{1}{\sqrt{2}}, -\sqrt{2}\right), \ \left(-\dfrac{1}{\sqrt{2}}, \sqrt{2}\right)$ となり

$y = \sqrt{2}$ は極大値, $y = -\sqrt{2}$ は極小値

(2) 極値を与える点は $(2, 1)$ となり, $y = 1$ は極大値

(3) 極値を与える点は $(2, -2)$, $(-2, 2)$ となり, $y = -2$ は極大値, $y = 2$ は極小値

(4) 極値を与える点は $(1, 2)$ となり, $y = 2$ は極大値

問題 7.9 複合は同順である。

(1) $f(\pm 1, \pm 1) = \pm 4$ (2) $f(\pm 1, \mp 2) = \pm 5$

(3) $f(\pm 1, \pm 1) = 1$, $f(\pm 1, \mp 1) = -1$ (4) $f\left(\pm 1, \mp \frac{1}{3}\right) = \pm \frac{2}{3}$

問題 7.10 $r = a$, $h = 2a$, $S_{Max} = 6\pi a^2$

問題 7.11 (1) $f(\pm\sqrt{6}, 0, 0) = 6$, $f(0, \pm\sqrt{3}, 0) = 3$, $f(0, 0, \pm\sqrt{2}) = 2$

(2) $f(\pm 1, \pm 1, \pm 2) = \pm 6$ 複合同順

問題 7.12 体積は $V = xyz$, 表面積は $S = 2(xy+yz+zx) = 6a^2 \implies x = y = z = a$

問題 7.13 $x = \dfrac{3}{2}$, $y = 1$, $z = \dfrac{1}{2}$ のとき $x^2 + y^2 + z^2$ の最小値は $\dfrac{7}{2}$

問題 7.14 (1) 接線は $y = -(x-1) + 1 = -x + 2$, 法線は $y = (x-1) + 1 = x$

(2) 接線は $y = -8(x+1) + 1 = -8x - 7$, 法線は $y = \dfrac{1}{8}(x+1) + 1 = \dfrac{1}{8}x + \dfrac{9}{8}$

問題 7.15 (1) 接平面 : $0 \cdot (x-1) + 3 \cdot (y-2) - 1 \cdot (z-3) = 0 \implies 3y - z = 3$

法線 : $(x-1, y-2, z-3) = t(0, 3, -1) \implies x - 1 = 0, y - 2 = 3t, z - 3 = -t$

(2) 接平面 : $8 \cdot (x+1) + 1 \cdot (y-1) - 1 \cdot (z+3) = 0 \implies 8x + y - z = -4$

法線 : $(x+1, y-1, z+3) = t(8, 1, -1) \implies x + 1 = 8t, y - 1 = t, z + 3 = -t$

(3) 接平面 : $2 \cdot (x-3) + 3 \cdot (y-2) + 6 \cdot (z+1) = 0 \implies 2x + 3y + 6z = 6$

法線 : $(x-3, y-2, z+1) = t(2, 3, 6) \implies x - 3 = 2t, y - 2 = 3t, z + 1 = 6t$

問題 7.16 $xdx + ydy - zdz = 0$ より法線ベクトルは $(3, 4, -5)$

接平面 : $3 \cdot (x-3) + 4 \cdot (y-4) - 5 \cdot (z-5) = 0 \implies 3x + 4y - 5z = 0$

法線 : $(x-3, y-4, z-5) = t(3, 4, -5) \implies x - 3 = 3t, y - 4 = 4t, z - 5 = -5t$

第 8 章

問題 8.1 (2), (6), (7), (9) は, (8.8) 式にあるように一変数の積分の積の形に書ける。

(1) $\dfrac{8}{3}$ (2) $\dfrac{1}{6}(b^2 - a^2)(d^3 - c^3)$ (3) $\dfrac{8}{3}(\sqrt{2} - 1)$ (4) $-\pi - 2$

(5) -3 (6) $\dfrac{1}{2}(e - 1)$ (7) 2 (8) $\dfrac{2}{3}\log 2 - \dfrac{5}{12}$ (9) 2

問題 8.2 (1) $\dfrac{4}{3}$ (2) $\dfrac{128}{5}$ (3) $\dfrac{1}{9}$ (4) $\dfrac{16}{3}$ (5) π (6) $\dfrac{\pi^2}{8} - 1$

(7) 2　　(8) $\log 2 - \dfrac{3}{4}$　　(9) $\dfrac{3}{4}$　　(10) $\dfrac{1}{16}$

問題 **8.3** (1) $\dfrac{1}{2}$　　(2) $\dfrac{7}{3}$　　(3) $\dfrac{1}{2}$　　(4) 2　　(5) 2　　(6) 4　　(7) $\dfrac{25}{3}$

問題 **8.4** (1) $\displaystyle\int_0^1 \int_{-\sqrt{y}}^{\sqrt{y}} f(x,y)\,dxdy$　　(2) $\displaystyle\int_{-2}^0 \int_{-\frac{y}{2}}^1 f(x,y)\,dxdy + \int_0^1 \int_y^1 f(x,y)\,dxdy$

(3) $\displaystyle\int_0^1 \int_0^{2\sqrt{1-y^2}} f(x,y)\,dxdy$　　(4) $\displaystyle\int_{-4}^0 \int_0^{\sqrt{x+4}} f(x,y)\,dydx$

問題 **8.5** (1) $\dfrac{1}{4}$　　(2) 7　　(3) 2　　(4) $\dfrac{1}{2}$　　(5) $\dfrac{\pi}{3}$　　(6) $\pi(8\log 2 - 3)$

(7) $-\dfrac{3}{2}\pi$　　(8) $\dfrac{1}{4}$　　(9) $8e^{-1}$　　(10) $\dfrac{\pi}{4}\log 2$

問題 **8.6** (1) 2　　(2) 2　　(3) $8\pi(\log 2 - 1)$　　(4) $\dfrac{\pi}{2}$　　(5) $2\sqrt{3}\pi$

問題 **8.7** (1) -2　　(2) 3　　(3) 36　　(4) $2\pi(b^2 - a^2)$　　(5) $-\dfrac{1}{8}$

(6) 2　　(7) 8π　　(8) $\dfrac{8\pi a^3}{3}\left(\log a - \dfrac{1}{3}\right)$

問題 **8.8** (1) $\dfrac{4}{3}\pi(\sqrt{2}-1)$　　(2) $\dfrac{39}{2}\pi$　　(3) 12π　　(4) 18　　(5) $\dfrac{16}{3}a^3$

問題 **8.9** (1) $2\sqrt{2}\,\pi a^2$　　(2) $16a^2$　　(3) $S = \pi\left(\dfrac{2}{3}\left((a^2+1)^{\frac{3}{2}} - 1\right) + a^3 + a^2\right)$

問題 **8.10** (1) $\dfrac{1}{2}$　　(2) $\dfrac{1}{2}$

問題 **8.11** (1) 左辺 − 右辺 $= -\dfrac{3}{4}$　　(2) 左辺 = 右辺 = 0

問題 **8.12** (1) 18　　(2) -2　　(3) 5π

第 9 章

問題 **9.1** (1) $y = 2e^x - 1$　　(2) $y = e^{x^2}$　　(3) $y = \dfrac{3(x-1)}{x+1}$　　(4) $y = x^?$

(5) $y = \pm 2\sqrt{1-x^2} + 1$　　(6) $y = \cos x$

問題 **9.2** (1) $y = Ce^{-x} + 1$　　(2) $y = Ce^x - x - 1$　　(3) $y = Ce^{-\frac{x^2}{2}} + 1$

(4) $y = \dfrac{C}{x} + \dfrac{x\sin x + \cos x}{x}$　　(5) $y = e^x(x + C)$　　(6) $y = Ce^x - \dfrac{\sin x + \cos x}{2}$

(7) $y = Ce^{-x} + x^2 - 2x + 2$　　(8) $y = C\sin x - \cos x$　　(9) $y = Cx - (x^2 + x)e^{-x}$

問題 9.3 (1) $\left(\dfrac{d^2}{dx^2}+\dfrac{d}{dx}-6\right)y=\left(\dfrac{d}{dx}+3\right)\left(\dfrac{d}{dx}-2\right)y=\left(\dfrac{d}{dx}+3\right)z=0$

$z=C_1e^{-3x} \implies \left(\dfrac{d}{dx}-2\right)y=C_1e^{-3x} \implies y=C(x)e^{2x}$

$\implies C'(x)=C_1e^{-5x} \implies C(x)=C_1e^{-5x}+C_2 \implies y=C_1e^{-3x}+C_2e^{2x}$

(2) $\left(\dfrac{d^2}{dx^2}+4\dfrac{d}{dx}+4\right)y=\left(\dfrac{d}{dx}+2\right)\left(\dfrac{d}{dx}+2\right)y=\left(\dfrac{d}{dx}+2\right)z=0$

$z=C_1e^{-2x} \implies \left(\dfrac{d}{dx}+2\right)y=C_1e^{-2x} \implies y=C(x)e^{-2x}$

$\implies C'(x)=C_1 \implies C(x)=C_1x+C_2 \implies y=(C_1x+C_2)e^{-2x}$

(3) $\left(\dfrac{d^2}{dx^2}-4\dfrac{d}{dx}+5\right)y=\left(\dfrac{d}{dx}-2+i\right)\left(\dfrac{d}{dx}-2-i\right)y=\left(\dfrac{d}{dx}-2+i\right)z=0$

$z=C_1e^{(2-i)x} \implies \left(\dfrac{d}{dx}-2-i\right)y=C_1e^{(2-i)x} \implies y=C(x)e^{(2+i)x}$

$\implies C'(x)=C_1e^{-2ix} \implies C(x)=C_1e^{-2ix}+C_2$

$\implies y=C_1e^{(2-i)x}+C_2e^{(2+i)x}=e^{2x}(A\cos x+B\sin x)$

問題 9.4 (1) $y=C_1e^{3x}+C_2e^{-2x}$ (2) $y=(C_1x+C_2)e^{2x}$ (3) $y=(C_1x+C_2)e^{3x}$

(4) $y=C_1e^x+C_2e^{2x}$ (5) $y=e^{-2x}(A\cos x+B\sin x)$ (6) $y=A\cos x+B\sin x$

問題 9.5 (1) $y=e^{-3x}-2e^x$ (2) $y=e^{2x}(2\cos x-3\sin x)$ (3) $y=3\cos 2x-\sin 2x$

(4) $y=(2x+3)e^{-2x}$

問題 9.6 (1) $y=C_1e^{-3x}+C_2e^{-x}+x^2-2x$ (2) $y=e^{-x}(A\cos x+B\sin x)+e^{-x}+x-1$

(3) $y=C_1e^{2x}+C_2e^{-x}+\dfrac{1}{3}xe^{2x}-\dfrac{1}{2}x+\dfrac{1}{4}$ (4) $y=C_1e^{-2x}+C_2e^{-x}+\dfrac{1}{6}e^x+xe^{-x}$

(5) $y=e^{2x}(A\cos x+B\sin x)+\cos x-\sin x$ (6) $y=A\cos x+B\sin x-\dfrac{1}{2}x(\cos x-\sin x)$

問題 9.7 (1) $x(0)=0,\ y(0)=1,\ v_x(0)=20\cos 50°,\ v_y(0)=20\sin 50°$

(2) $0.1\dfrac{dv_x}{dt}=-0.02v_x,\ 0.1\dfrac{dv_y}{dt}=-0.1g-0.02v_y$

解は $v_x=20\cos 50°e^{-0.2t},\ v_y=20\sin 50°e^{-0.2t}-5g(1-e^{-0.2t})$

$x=100\cos 50°(1-e^{-0.2t}),\ y=(100\cos 50°+25g)(1-e^{-0.2t})-5gt+1$

(3) $t=1.36\,\text{s}$ のとき最高点で, 高度は 10.95m となる。

(4) $t=2.93\,\text{s}$ のとき落下して, 到達距離は 28.54m となる。

問題 9.8 $x=e^{-t}(2\cos t+3\sin t)-2\cos t+\sin t$

索 引

一次従属, 221
一次独立, 221
1階線形微分方程式, 219, 221
一般解, 220
陰関数, 171
陰関数の極値, 174

ウェッジ積, 163

オイラーの公式, 98

加速度, 2, 81
関数, 14, 76, 143
関数の級数展開, 95
関数の極限, 15
関数の極限 … 2変数関数, 145
関数のグラフ, 89
ガンマ関数, 200

逆関数, 50
球座標, 158
強制振動, 230
極座標, 156
曲線の接線, 7, 79
曲線の長さ, 135
曲面積, 205

グラフの凹凸, 91
グラフの増加, 減少, 90

原始関数, 104

広義積分, 121
広義積分 … 重積分, 199
高次導関数, 71
高次偏導関数, 149

合成関数, 20, 52
合成関数の微分法, 57
コーシーの平均値の定理, 87
弧度法, 35

最大値, 最小値の存在定理, 23
三角関数, 33
三角関数の加法定理, 40
三角関数の合成, 41
三角関数の微分, 65
三角関数の不定積分, 106
三角比, 33
3重積分, 188, 201
3変数関数, 144

指数関数, 44
指数関数の微分, 67
指数関数の不定積分, 106
指数法則, 45
実数の連続性, 15
重積分, 186
重積分の定義, 187
重積分の変数変換, 196
従属変数, 15, 143
常微分, 147
常微分方程式, 217
シンプソンの公式, 141

整式関数, 1, 5, 24
積分, 3, 11, 101
積分順序の交換, 194
積分定数, 4, 12, 104
積分変数, 104
接平面, 184
線積分, 209
全微分, 162

速度, 2, 81

台形公式, 140
対数関数, 47
対数関数の微分, 69
対数の法則, 49
体積 ⋯ 重積分, 205
体積 ⋯ 単積分, 133
多変数関数, 144

値域, 15, 143
置換積分法 ⋯ 定積分, 125
置換積分法 ⋯ 不定積分, 107
中間値の定理, 22
調和関数, 152

定義域, 15, 143
定数変化法, 219
定積分, 120
定積分の近似計算, 140
テイラー展開, 96
テイラーの定理, 95, 166
電気回路, 232

導関数, 7, 56
同次関数, 148
特殊解, 220, 226
独立変数, 15, 143
度数法, 35

ナブラ, 152

2 変数関数, 143
2 変数関数の極値, 167
2 変数関数の合成関数, 155
2 変数の変数変換, 156
ニュートン, 1, 11, 100, 101

媒介変数表示の関数の導関数, 75

被積分関数, 104
微分, 3, 7, 56
微分演算子, 222
微分形式, 163
微分係数, 79

微分公式 ⋯ 和, 定数倍, 積, 商, 56
微分積分学の基本定理, 11, 103
微分方程式, 217

符号付き面積, 103, 120
物体の速度と加速度, 2, 81
不定積分, 12, 104
部分積分法 ⋯ 定積分, 128
部分積分法 ⋯ 不定積分, 112
分数関数, 27
分数関数の不定積分, 113

平均値の定理, 84
ベータ関数, 200
変曲点, 92
変数分離形, 217
偏導関数, 147
偏微分, 76, 143
偏微分方程式, 217

法線, 184
方程式の近似解 ⋯ ニュートン法, 99
放物運動, 137, 228

マクローリン展開, 97, 166

無理関数, 31
無理関数の微分, 62
無理関数の不定積分, 104

面積, 129
面積分, 212

ヤコビアン, 157, 159, 197

有理関数, 24
有理関数の微分, 60
有理関数の不定積分, 104

ライプニッツ, 11
ライプニッツの公式, 74
ラグランジェの未定乗数法, 176
ラジアン, 35
ラプラシアン, 152

累乗根, 45

連続関数, 19, 146

ロピタルの定理, 88

著者略歴

奥村吉孝
（おく むら よし たか）

1967年　京都大学理学部物理学科卒業
1972年　京都大学大学院理学研究科博士
　　　　課程物理学第二専攻修了
　　　　理学博士（京都大学）
1975年　中部工業大学講師
現　在　中部大学工学部教授

主要著書

応用数学（プレアデス出版，2011年）
線形代数（プレアデス出版，2012年）

Ⓒ　奥村吉孝　2013

2013年2月28日　初版発行
2015年3月31日　初版第3刷発行

基礎から学び考える力をつける
微分積分学

著　者　奥村吉孝
発行者　山本　格

発行所　株式会社　培風館
東京都千代田区九段南4-3-12・郵便番号102-8260
電話(03)3262-5256(代表)・振替00140-7-44725

D.T.P. アベリー・平文社印刷・牧製本
PRINTED IN JAPAN

ISBN 978-4-563-00480-4　C3041